甘肃草原生态保护技术

韩天虎　主编

甘肃科学技术出版社
甘肃·兰州

图书在版编目（CIP）数据

甘肃草原生态保护技术 / 韩天虎主编. -- 兰州 ：甘肃科学技术出版社，2023.9
ISBN 978-7-5424-3134-9

Ⅰ. ①甘… Ⅱ. ①韩… Ⅲ. ① 草原保护-生态环境保护-甘肃 Ⅳ. ①S812.6

中国国家版本馆CIP数据核字(2023)第170846号

甘肃草原生态保护技术

韩天虎　主编

责任编辑　马婧怡
封面设计　李万军

出　版　甘肃科学技术出版社
社　址　兰州市城关区曹家巷 1 号　　730030
电　话　0931-2131576（编辑部）　0931-8773237（发行部）

发　行　甘肃科学技术出版社　　　印　刷　甘肃海通印务有限责任公司
开　本　787 毫米×1092 毫米　1/16　印　张　20.75　字　数　430 千
版　次　2023 年 11 月第 1 版
印　次　2023 年 11 月第 1 次印刷
印　数　1~500
书　号　ISBN　978-7-5424-3134-9　　定　价　98.00 元

编　委　会

主　　编： 韩天虎

副 主 编： 金加明　张永辉　王汝富

编写人员： 李智燕　王　斌　耿小丽

李　霞　李晓鹏　柳小妮

花立明　陈本建　张吉宇

前　言

草原是陆地最重要的生态系统之一，就分布面积而言，占全球陆地生态总面积的16.4%，是陆地表面最大的绿色植被层，是维护生态系统的天然屏障，对于调节气候、涵养水分、防风固沙、保持水土、改良土壤、净化空气和维护生物多样性等有着至关重要的支撑作用。同时，草原作为一种可再生的自然资源，也是发展经济的重要物质基础，对于人类社会的可持续发展具有非常重要的作用。据统计资料显示，中国共有不同草原类型面积约$4\times10^8hm^2$，占中国土地面积的40%以上，在世界上仅次于澳大利亚，位居第二。草原既是中国陆地生态系统的重要主体和生态文明建设的主战场之一，也是广大牧民群众基本的生产生活资料和实现乡村振兴的重要依托。

草原生态对于人类社会发展具有着不可或缺的功能性。北京师范大学环境学教授董世魁提出：草原具有"支持功能、调节功能、供给功能、文化功能"四大生态功能，为生态安全和人类的生活福祉提供了保障。从草原支持功能来讲，主要是支持土壤形成及水文、生物代谢化学循环，以及其他生态学过程。在这些过程中，都是由草原生物多样性主要参与和支撑的。比如，土壤形成过程中，微生物的作用非常之大。生物代谢化学循环过程中，动物、植物、微生物都有参与。生态学过程中，植物演替、动物种群增长等，都与草原生物多样性相关。从草原调节功能来讲，对气候的调节一是草原上的植物通过蒸腾作用，减少地面热量，起到降温作用；二是通过控制温室气体，尤其是减少二氧化碳的排放，起到调节气候的作用。草原还可以调节径流。草原上的植物和它的生态系统，就像水库一样，把天然降水和冰川融水，都储存在生草土中，可以起到调节旱涝的作用，为下游保证水资源供应，类似自然水库的调蓄作用。从草原供给功能来讲，草原生态系统提供了大量草畜产品和植物产品，这些产品的来源，主要是生物多样性。草原上河流淡水的供给，也是因为草原生态系统提供了涵养水源的功能。从草原文化功能来讲，草原上的生物多样性与草原民族文化的传承是分不开的。草原上的很多植物，可以制作为绘画的颜料或者染色的染料，很多草原动物的皮毛，可以做藏袍、蒙古袍、帐篷等。藏族、蒙古族的姑娘出嫁时，娘家要很隆重地给姑娘陪嫁一定数量的牛羊、草场等。草原上还有各种节庆活动，如赛马、那达慕等，这些都是生物多样性的文化价值的体现。

然而，由于自然原因和人为活动的共同作用，从20世纪60年代起，中国草原出现大面积退化甚至逐渐消失的现象。据国务院发展研究中心2009年发布的资料显示，目前中国90%的草原存在不同程度的退化，其中严重退化草原近$1.8\times10^{8}hm^{2}$，并且退化面积以每年$2\times10^{6}hm^{2}$的速度继续扩张，天然草原面积每年减少约6.5×10^{5}~$7\times10^{5}hm^{2}$，草原质量不断下降，主要草原产草量平均下降幅度达20%。

因此，全面开展草原生态修复，加强草原生态保护，事关生态文明建设大局和牧业经济社会持续健康发展。由于甘肃省地域情况复杂，不同地区技术需求不同，本书编写时间仓促，存在诸多不足，敬请读者批评指正。

目　录

第一篇　草原生态修复技术

第二篇　草原生态监测技术

第三篇　草原有害生物防治技术

第四篇 草产业生产技术

第一篇

草原生态修复技术

第一章　草原生态的现状及目标任务

一、自然状况

（一）草原类型多样分布广泛

甘肃草原分布广泛，遍布甘肃省14个市（州）及所辖的86个县（市、区）。其中，甘南高原、祁连山地和河西走廊是甘肃天然草原的主要分布区，草原面积占甘肃省草原总面积的65%，形成了草原过渡性明显、类型多样、区系复杂、牧草种类成分丰富、地域差异性显著和生态脆弱等特点。甘肃草地类型多样，依据《中国草地分类系统》划分标准，在全国18个草地类型中甘肃就有14个，分别为：暖性稀树灌草丛类、暖性灌草丛类、暖性草丛类、温性草甸草原类、温性草原类、温性荒漠草原类、温性草原化荒漠类、温性荒漠类、高寒荒漠类、高寒草原类、高寒草甸类、高寒灌丛草甸类、低平地草甸类和沼泽类。

（二）草原野生动植物资源丰富

分布在天然草原上的植物共有154科，716属，2129种。其中，饲用植物有73科，288属，1662种。草原上还分布着大量具有经济、药用价值的植物资源，如甘草、麻黄草、冬虫夏草、雪莲、苁蓉、锁阳等。草原上繁衍的野生动物有682种，且多为国家重点保护动物，如藏羚羊、岩羊、野牦牛、野驴、野骆驼、鹿、雪豹、雪鸡、猞猁、旱獭等。甘肃草原区人工放牧和管理的主要草食家畜及珍贵遗传资源共有35种，主要有牦牛、藏羊、河曲马、山丹马、岔口驿马、早胜牛、庆阳驴、甘肃高山细毛羊、兰州大尾羊、滩羊、河西绒山羊、骆驼等。

（三）草原是甘肃省面积最大的绿色生态屏障

草原具有水源涵养、水土保持、防风固沙、气候调节和维护生物多样性等多重生态功能。甘南草原是长江、黄河的重要水源补给区和涵养地，祁连山地草原是石羊河、黑河和疏勒河三大内陆河的发源地。草原从东到西绵延1500km，以其特有的耐旱、耐寒、抗盐碱、抗瘠薄等特性和不同的植被类型，牢牢地锁住了黄土高原的水土流失，阻挡着腾格里、巴丹吉林和库姆塔格三大沙漠向绿洲入侵的步伐，肩负着防止国土荒漠化及沙尘暴的历史重任。保护好天然草原，对于维护国家生态安全，促进生态文明建设具有十分重要的战略意义。

（四）草原是牧民的生产资料和传统的畜牧业生产基地

甘肃天然草原的集中分布地区，也是少数民族集中居住的地区，甘肃省以草原牧业为主的牧业县有10个，居住在其中的牧民约占少数民族总数的1/4，草原提供了满足人类生产生活所需的肉、奶、皮、毛等各种畜产品，是牧民生存与发展最重要的物质生产资料。甘肃省天然草原年总贮鲜草量5千多万吨，理论载畜量为1520万个羊单位，为食草家畜提供饲草和营养，长期以来都是畜牧业，尤其是传统畜牧业的生产基地，草原畜牧业一直都是甘肃国民经济的支柱产业之一。

（五）草原是游牧文化的摇篮

由青藏高原东北缘一线向北接祁连山脉，沿古“丝绸之路”向西绵延数百千米，到达阿尔金山山地与走廊地带，形成了一个半月形的多样化草原游牧文化圈。这里既有草原、荒漠、冰川、雪山、湖泊等丰富多彩的自然风光，也有寺院、佛塔、古长城遗址、石窟壁画等人文景观。一代又一代的游牧民族在草原上栖息、繁衍，形成了特有的观念、信仰、风俗、习惯，草原孕育了绚丽灿烂的游牧文化。

二、草原生态保护建设取得的成效

（一）草原生态环境持续向好

从2013年起，甘肃省委、省政府研究建立健全草原生态保护考核机制，将“草原植被盖度”指标纳入市州政府领导班子政绩考核和甘肃省经济社会发展考核范围，着力推动各地党委政府坚持绿色发展、可持续发展，形成了“统一领导、齐抓共管、分工负责、各司其职”的草原工作新机制。各地聚焦目标任务，完善配套政策，落实保障措施，主动担当作为，凝心聚力推进草原生态保护各项工作。甘肃省草原生态环境整体趋好，草原植被加快恢复，草原生态和生产功能稳步提升。2020年，甘肃省草原植被盖度达到53.02%，草原干草产量达到1.433×10^7 t。

（二）草原法规制度不断完善

甘肃省各地认真贯彻落实《草原法》《甘肃省草原条例》，先后出台《甘肃省草原禁牧办法》《甘肃省草畜平衡管理办法》《甘肃省草原防火办法》，制订完善《甘肃省草原火灾应急预案》《甘肃省草原虫灾应急预案》，建立起了一套较为完备的草原生态保护法律和制度体系，为依法治草、依法兴草奠定了良好的法治和政策环境。完善了草原行政执法与刑事司法衔接信息平台和工作机制，形成草原行政执法部门和司法机关共同保护草原资源和生态环境的新局面。通过联合执法、多发区监管、无人机巡查等手段，切实强化禁牧和草畜平衡区监管，聘用草原管护员1.5万名，加大巡查管控力度。"十三五"期间，立案查处草原违法案件451起，结案409起。

（三）草原工程建设成效显著

组织实施了退牧还草、退耕还草、草原生态修复治理、草原鼠虫害防治等一系列草原生态保护工程项目，实施区域主要包括甘南、张掖、武威、酒泉、庆阳等市州草原面积较大的重点县（市、区），实施了草原围栏、补播改良、治虫灭鼠、毒杂草防除等草原改良措施。工程区部分重度退化草原植被发生顺向演替。监测显示，工程区内草原植被盖度、高度和产草量比工程区外分别提高3.9%、8.6%和8.7%，草原植物种数由工程实施前的28种/m^{2}增加到42种/m^2，优良的禾本科牧草种群比例由工程实施前的48%增加到60%左右。青藏高原区一些消失的沼泽逐步出现，黄河流量明显增大，区域降雨量明显增加，水土流失得到初步治理。

（四）灾害预警网络基本构建

建成了以各级林草部门为主体，相关科研、教学、技术推广单位为支撑，草原技术人员广泛参与的草原监测工作机制，形成了省、市、县三级草原生态监测网络，共建立

图1　宣传和培训

覆盖甘肃省所有草原类型和各种草原生态区域的草原监测站点1154个，逐步探索出了以“3S”技术为支撑，地面调查为基础，定性分析与定量分析相结合，典型区调查与路线调查相结合，定位监测、周期性监测与专题监测相结合，地面监测（样地监测和路线监测）与遥感监测（RS）相结合的草原监测方法，全面开展了草原植被关键期物候监测、牧草生长盛期生产力监测、草原生态保护政策和工程实施效果监测等工作，为制订草原生态保护政策和农牧民合理利用草原提供了有力支撑。设立了17个草原鼠虫害测报站，建成6个草原有害生物灾害监测预警中心（站），坚持“统防统治”与购买社会化服务相结合。“十三五”期间，共完成草原鼠害防治3601.6万亩*、草原虫害防治2196.5万亩。

（五）草种繁育体系日趋成熟

组建了甘肃省草品种审定委员会，制（修）订了《甘肃省草品种审定委员会章程》《甘肃省草品种审定办法》《甘肃省草品种区域试验站管理办法》。启动认定了一批省级草种质资源库、草种质资源圃、草品种区域试验站，构建了甘肃省草种区域试验网络平台，提升了试验站管理考核责任和技术规范，草种资源保护与管理体系逐步完善。草种繁育基地区域布局日趋合理，建成了河西绿洲高产牧草草种基地，黄土高原区乡土耐旱和特色草种基地，高寒草原区高寒补播牧草草种基地，实现了由农户分散制种向规模化、规范化制种基地集中，形成了基地+农户+企业的全产业链模式，为甘肃省草原资源保护与发展提供了物质基础。

（六）草原科技支撑不断提升

切实发挥好兰州大学、甘肃农业大学等专家团队的智库作用，推动成立“甘肃省草业技术创新战略联盟”“甘肃省草产业协会”“甘肃省草业标准化技术委员会”，逐步形成了“政、产、学、研、推”紧密结合、协作攻关的科技研发工作机制，科技创新利用能力不断提升。立足甘肃广阔的草原资源开展技术研究，在退化草原治理、草类鼠虫病害综合防控、牧草新品种选育等研究方面取得了重大突破。“十三五”期间，组织实施各类科研项目80多项，探索形成退化草原植被恢复重建本土化植物应用、草原鼠害绿色防控、草原资源动态监测等30多项可复制、能推广、见成效的技术模式，共制订发布草业地方标准101项，为推进草原生态保护提供了强有力的技术支持。

（七）信息宣传和培训持续加强

深入开展“大美草原守护行动”，组织开展“依法保护草原、建设美丽中国”草原普

*亩：中国市制土地面积单位，15亩等于1公顷。

法宣传月活动、“绿色发展生态甘肃”草原生态保护全媒体采访等活动，进一步加大草原法律法规宣传教育，着力营造全社会守护大美草原的共识。“十三五”期间在甘肃林业网、甘肃农业信息网发布文章1019篇，“陇草心语”公众号发布文章470篇，编辑出版“绿色发展生态甘肃”宣传图册，发布宣传短视频。通过主题宣传活动，提升了全社会对草原的科学认识，扩大了影响力，为新时代林业草原工作营造了良好氛围、凝聚了强大力量。持续开展基层草原工作技术推广人员科技培训，累计对甘肃省14个市州、50多个县区的1000多名技术人员进行了草原鼠虫害防治、人工草地建设、草原生态监测等技术培训。多批次组织派遣各级技术人员赴省内外科研教学基地实地学习，全方位开展人才培养和合作交流，有效提升能力水平。

三、发展机遇

（一）生态文明建设为草原生态保护指明了目标方向

党的十八大以来，以把生态文明建设作为“五位一体”总体布局和“四个全面”战略布局的重要内容，形成系统完整的生态文明思想。生态文明建设是关系中华民族永续发展的根本大计，生态兴则文明兴，生态衰则文明衰，良好生态环境是最普惠的民生福祉。要像保护眼睛一样保护生态环境，像对待生命一样对待生态环境。党的十九大报告明确指出，统筹山水林田湖草系统治理，“草”第一次被纳入生态文明建设，成为建设美丽中国的重要内容，草原生态保护被提到了历史性的高度。

（二）国家重大战略为草原生态保护提供了强大支撑

甘肃地处“青藏高原生态屏障”“黄土高原—川滇生态屏障”“北方防沙带”的交会区，是西部乃至全国重要的生态安全屏障。黄河流域生态保护和高质量发展、青藏高原生态环境保护和可持续发展等在国家战略中明确，生态建设任务繁重的地区多是草原地区，草原事业在生态保护和修复自然生态系统、构建国家生态安全屏障、促进绿色发展、建设美丽甘肃等一系列重大历史使命中，具有不可替代的作用。必须坚持走绿色发展之路，既保护好草原生态，又利用好草原资源，让绿水青山更好地转化为金山银山，让草原更好地造福牧民群众，努力实现生态美与百姓富的有机统一。

（三）顶层设计为草原治理体系和治理能力提升奠定了基础

新一轮机构改革后，甘肃省自上而下完成了林草职能整合，实现了对林业和草原的统一管理，标志着草原工作进入了新时代，开启了新篇章。国务院办公厅印发的《关于加强草原保护修复的若干意见》和甘肃省政府办公厅印发的《关于加强草原保护修复的实施意见》是新阶段贯彻落实新发展理念、构建草原生态保护新发展格局的顶层设计，是指导今后一段时期甘肃草原生态保护修复的纲领性文件，明确了新阶段加强草原保护修复的指导思想、工作原则、主要目标、工作措施，为我们做好草原保护修复工作指明了方向，提供了根本遵循。

（四）全面推行林长制为草原生态保护工作提供了机制保障

中共中央办公厅、国务院办公厅印发的《关于全面推行林长制的意见》，甘肃省委、省政府印发的《关于全面推行林长制的实施意见》，明确全面推行省市县乡村五级林长体系，构建党政同责、属地负责、部门协同、源头治理、全域覆盖的长效机制，建立和推行由各级党委和政府主要负责同志担任“双林长”的工作机制，实施严格的保护制度，持续推进造林绿化、开展重点区域生态修复、提升林草质量和效益、防范重大森林草原灾害和生态风险、深化森林草原领域改革以及加强林草资源监测监管等七大任务，压实增绿、护绿、用绿的主体责任，实现了林草监管体制和治理体系的重大创新，为全面推进草原事业高质量发展提供了重要的制度保障。

（五）双碳目标为草原生态保护高质量发展提出了新要求

碳达峰、碳中和纳入生态文明建设总体布局，成为实现草原高质量发展的重要切入点和重要抓手，彰显了中国坚持绿色低碳发展的战略定力和积极应对气候变化、推动构建人类命运共同体的大国担当，要牢固树立“绿水青山就是金山银山”理念，按照山水林田湖草沙是生命共同体系统工程的理念，系统实施森林、草原、湿地、荒漠改善及水土保持等自然碳汇生态工程，增加自然碳汇，助推实现碳中和目标。坚定不移走以生态优先、绿色发展为导向的高质量发展新路子，坚持科学绿化，推进生态修复，把绿色生态优势转化为发展优势，把绿色生态产业打造为支撑甘肃国民经济发展的重要产业。

四、面临的挑战

（一）制约因素繁多，草原生态脆弱问题依然存在

甘肃所处地理位置特殊，西北地区普遍干旱，黄土高原区水土流失不断，河西地区荒漠化和风沙危害严重，高山草原区低温寒冷，甘肃草原区是自然环境条件最差、最脆弱的区域。草原生态环境受高温、干旱、暴风雪等极端天气，人类活动、牲畜采食，以及病、虫、鼠等生物发生情况的影响较大。据监测，目前甘肃省仍有近70%的草原存在不同程度的退化，草原鼠虫害、毒杂草等危害严重，2020年发生草原鼠害面积

4251万亩,发生草原虫害面积1489万亩,天然草原毒草危害面积1800万亩,草原资源和环境承受的压力巨大,全面保护和系统修复草原的任务异常艰巨。

（二）投入资金不足,草原治理修复任务十分艰巨

经过近年来草原生态保护政策和项目的实施,甘肃省草原生态环境得到有效改善,但长期以来掠夺式的经营和无序状态的开发使用,再加上草原保护资金、政策等方面的投入仍旧不足,草原生态环境局部恶化的现象还没有彻底改变,草原生态功能恢复仍处于初期阶段,草原生态系统整体还不稳定,治理修复力度还有不足,草原保护建设实施成果急需巩固和加强,草原治理修复任务十分艰巨,资金需求依然较大。

（三）执法人员偏少,草原监督执法能力和水平较低

目前,甘肃省县级林草局单设比例仅有37%,大部分县市区草原保护工作由自然资源部门负责,工作力量、协调衔接等都有缺陷。各级草原监督管理和技术推广机构撤并,使得草原监管力量大幅削弱,技术推广机构明显不足,人员流失严重,现有的执法人员执法水平还有待提升,执法手段还比较落后,草原资源保护利用监督"弱化",草原违法行为无法及时发现和查处,这与当前草原生态保护工作的需要还存在很大差距。

（四）产业规模较小,草产业经营主体带动能力弱

近些年,在市场自然调控作用的影响下,草产品、草种业种植基地、生产、加工能力等虽然得到了快速地发展,但初级产品多、精深加工少、产品附加值低、产业链不长等情况还普遍存在,促进草产业发展的长效机制还没有完全形成。科学合理的利益共享、风险共挡体系尚未建立,存在产业区域布局不合理,品牌建设滞后,缺少规模化、规范化、科学化管理的经营主体,现有的企业带动能力还不强,市场竞争力还比较弱等现实问题。

（五）科研转化缓慢,草原生态保护科技应用能力不强

草原科技体系不够健全,科研经费投入严重不足,缺少国家重大科研专项支持,对草原生态演替、退化机理、草原生态评价等基础研究不够,在治理关键技术及模式、技术规程、检验标准等方面还没有形成规范性、可操作性的系列实用成果。现有的研究成果多处于理论和试验研究阶段,在草原保护工作实际中得到推广和应用还需要很长一段时间,科技转化进度十分缓慢,总体上,科技应用能力还比较薄弱。

（六）保护意识薄弱,致富增收与生态保护矛盾突出

部分农牧民草原生态保护意识还不到位,入脑入心有差距。尤其是近几年牛羊肉价格持续高位运行,再加上传统放牧方式与舍饲养殖相比,具有成本低、技术含量

低等明显优点，这些都在很大程度上刺激了草原放牧养殖业。另一方面，按照《甘肃省草原条例》等法律法规，超载过牧、禁牧区偷牧等违法行为的处罚金额少、违法成本低，在经济利益的驱动下，通过增加载畜量来致富增收的想法始终存在，产业转型、禁牧、草畜平衡等草原保护制度落实还存在困难，农牧民的草原保护意识还需提高。

五、目标任务

近年来，甘肃省草原质量明显提升，草原保护成效明显，高质量发展理念深入人心，草原生态功能进一步增强，草原生态总体状况进一步好转，局部恶化趋势得到基本控制，草原保障体系逐步完善，优质生态产品供给能力得到一定提升，产业富民惠民成效显著。

到2025年，草原生态保护制度体系基本建立，草畜矛盾得到明显改善，重点区域退化草原得到有效治理，草原退化趋势得到基本遏制，草原生态持续好转，草原质量稳步提升，生态稳定性明显增强，落实禁牧和草畜平衡面积2亿亩以上，甘肃省草原综合植被盖度稳定在53.5%左右。

到2035年，草原保护制度体系更加完善，实现草畜平衡，退化草原得到有效治理和修复，草原生态明显好转，生物多样性显著增加，草原综合植被盖度稳定在55%左右，草原生态功能和生产功能显著提升。

表1　甘肃省“十四五”草原生态保护发展主要指标

主要指标	2025年	2035
草原综合植被盖度(%)	53.5%左右	50%左右
草原自然公园(个)	3	/
草原禁牧、草畜平衡面积(亿亩)	2	/
修复治理草原面积(万亩)	500	/
生态种草面积(万亩)	1000	/
草原鼠虫害防治面积(万亩)	5000	/
草原有害生物成灾率(%)	10%以下	/
草原火灾受害率(‰)	3%以内	/

第二章　草原植被退化现状及成因

一、退化的现状

（一）草地退化

草地退化是指天然草地受干旱、风沙、水蚀、盐碱、内涝、地下水位变化等不利自然因素的影响，或是过度放牧与割草等不合理利用，或是滥挖、滥割、樵采破坏草地植被，引起草地生态环境恶化，草地牧草生物产量降低，品质下降，草地利用性能降低，甚至失去利用价值的过程。

（二）退化的现状

由于自然因素和人为因素的共同作用，从20世纪60年代起，中国草原出现大面积退化，甚至局部地区草原逐渐消失。国务院于2009年发布资料显示，中国90%的草原存在不同程度的退化，其中严重退化草原约1.8亿hm^2，并且退化面积持续扩大，草原质量不断下降，草原产草量下降20%左右。近年来，由于雨量增加和实施草原保护建设工程，植被覆盖度和植物生长量有所增加，甘肃省草原生态功能整体趋于向好，但退化仍未得到根本遏制。根据2014年甘肃省第二次草原普查数据显示，甘肃省面积占总面积的69.65%，其中轻度退化16.58%，中度退化32.92%，重度退化20.14%。

二、退化的原因

（一）气温因素

气温升高可导致土壤水分快速流失，调查表明，草原植被生长状况与气温呈负相关关系。根据甘肃省气温变化趋势可以看出，2008—2018年，甘肃省年均气温升高了

0.85℃。伴随着气温升高，草原土壤水分流失加快，导致区域干旱化，加速了草原退化进程。

研究发现，20世纪80年代以来，甘南州及主要牧业县气温不断升高，降水量减少，蒸发量增加，表现出十分显著的气候暖干化趋势，对天然牧草的生长产生了明显的影响。

甘南州年均气温升高的边际倾向为0.5℃/10年，全州春季气温升高的边际倾向为0.6℃/10年，夏季为0.6℃/10年，秋季气温升高的边际倾向为0.5℃/10年，且近10年来无论牧区年平均气温还是夏季气温，升高的速率都在加快。研究还表明，近10年来不仅各县夏季气温升高的速度在加快，而且各县气温升高的速率大体相同。对20世纪90年代和60—70年代多年平均气温进行比较得出，夏河县气温升高0.7℃，卓尼县升高0.8℃，碌曲县升高0.4℃，玛曲县升高0.5℃。气温升高使主要牧业县90年代生长季天数大约比60—70年代增加了7天多。

对夏河县1982—1993年和2000年逐年平均0.0667hm^2草地产草量与年平均气温、夏季平均气温及年降水量、夏季降水量之间的关系进行多元回归，发现年均气温每升高1℃，平均产草量将减少1839kg/hm^2；或夏季平均气温每升高1℃，平均产草量将减少1251kg/hm^2。

（二）降水因素

降水量是影响草原植被变化的主要气候因素，决定了草原植被的生长状况和空间分布。调查资料显示，降水量与草原植被生长状况呈显著正相关关系。吕晓英的《西部主要牧区气候暖干化及草地畜牧业可持续发展的政策建议》通过研究中国西部草原的气候变化情况，分析了气候变化与草地生产力之间的关系，研究结果指出，“降水量增加1mm时，四川省曲麻莱县每亩天然草地牧草量将增加1.6kg，气温平均升高1℃，甘肃省夏河县天然草原每亩产草量平均减少122.6kg。”

干旱是影响甘肃草原生态环境的最主要因素，甘肃省各地年降水量在36.6~734.9mm，大致从东南向西北递减，乌鞘岭以西降水明显减少，陇南山区和祁连山东段降水偏多。综合数据表明，2000—2018年以来，甘肃省降水量总体呈逐渐减少趋势，土壤水分减少，加剧了草原植被的退化。

根据卢满意对锡林郭勒草原退化影响因素的分析表明，近十年锡林郭勒地区降水量下降趋势明显，降水量的变化对草原植被的生长产生了重要的影响。1999—2001年，锡盟中部草原3年间夏季降水量平均较往年减少，导致发生严重干旱灾害，对草原植被的密度、盖度和天然牧草的产量影响极大。其中，天然牧草平均高度较往年降低80~140mm，天然牧草每平方公顷产草量较往年减产256.5~919.5kg，天然牧草覆盖度较往年降低7%~32%。尤其连续干旱对草原植被产生的危害极大，连续干旱导致空气干燥度明显增加，使得土壤水分耗损增大，加剧了土地的沙化，进而增大了沙尘暴发生的概率，而沙尘暴对草原植被和草原生态环境的破坏力很大，会进一步加剧草原植被的退化。

（三）人为因素

过度放牧、无序开垦、采砂采矿等人为因素与草原退化有直接关系。一是人口增长对草原退化的影响。人口增长过快一直被认为是导致草原退化的重要原因，主要体现在人口增长超过了自然资源尤其是草原资源的增值，即草原的可承载能力。草地资源的增量远远不能满足供养人口日益增加的需求，必然会促使人们加大对草原资源的开发利用，从而造成进一步开垦草原、过度放牧等。为了维持收入不降低，人们除了增加放牧外，还要从草原上攫取其他生产和生活所需资源，比如获取薪柴和草药等，使草场得不到休养生息，草原更新能力下降，加剧草原的退化。二是超载放牧对草原退化的影响。中国的天然草场普遍存在着超载放牧的现象，据2011年全国草原监测报告显示，中国天然草原牧区的超载率为28%，其中牧区牲畜超载率为39%，半农半牧区超载率为46%。随着人口数量的增加及利益的驱使，部分农牧民会盲目地增加牲畜的数量，导致超载放牧。牲畜数量远远超过草原的承载能力时，将导致草原植被的品质和生产力降低，同时草原载畜能力也随之降低，不能满足大量牲畜的饲料要求，牧民继续加大放牧强度，两者之间互相影响，加剧了草原的进一步退化。三是无序开采矿产对草原退化的影响。为了促进本地经济的快速发展，个别地方政府不断开采矿物资源，大面积草场被连根拔起，致使地表裸露，引起并加速了矿区周围草原的退化与沙化。同时，在开采运输过程中，由于草原上没有固定道路，大量的运输车辆对草原任意碾压，大面积占用草地，对草原植被产生了极大的破坏，严重影响了草原植被的生长。四是樵采过度对草原退化的影响。在牧区和半牧区，广大农牧民主要依靠野生植物作为燃料，为了解决薪柴等问题，只能大量采伐草原乔木、灌木、半灌木等草本植物，使大面积草原植被遭到破坏。同时，盛产甘草、麻黄等药材的地区，人们为了增加经济收入，大规模、频繁地挖掘，造成草原退化。樵采及挖掘药材等不适当的人为活动，直接破坏了草原植被，土地失去了保护层，地表裸露，容易加剧水土流失或导致流沙再起。五是工业污染对草原退化的影响。近年来，为了加快当地经济的发展，部分地区投资忽视环境保护而引进污染较大的工业企业，这种以忽视生态环境为代价的发展，非但没有带动当地经济快速发展，反而浪费了大量的自然资源。

这些企业在生产过程中排放大量的工业“三废”和生活垃圾，对草场造成了严重污染，牲畜因饮用工业排放废水中毒死亡事件时有发生；同时，企业用水大多是抽取地下水，造成草原地下水位下降，河流干涸，导致草原干旱化、沙漠化。这些行为都极大地破坏了草原生态环境，草原治理恢复起来极为困难。

（四）鼠害因素

草原鼠类是草原生态系统的重要成员，是维系生态系统物质循环和能量转换的重要一环。当草原鼠类过度繁殖、区域内鼠群密度过高时，就会导致鼠类啃食草本植物过量、与牛羊争食牧草，造成牧业经济损失并威胁草原生态安全。草原鼠害频繁发生，对草地资源产生了严重的破坏作用。

甘肃省草原鼠害发生面积大，灾害综合等级较高。第一，因害鼠的活动造成大量的风蚀口，破坏生草层，导致植被稀疏矮化，植物群落结构简化，植被盖度和地上植物量大幅降低，危害严重地区甚至加快了草原植被的退化演替；第二，因鼠类活动形成了鼠洞、鼠丘、塌陷洞道、秃斑、灌草丛沙堆等各种侵蚀痕迹，造成了地表形态破碎，加剧了土壤的风蚀、水土流失及水分蒸发过程，致使土壤贫瘠化、干旱化；第三，草原鼠害破坏了草地生产力，导致草场产草量下降，形成了鼠类和牛羊争食牧草的状况，严重危害了牧区的经济效益，加剧了牧民的生产生活困难。经调查研究显示，2021年甘肃省草原鼠害危害面积达4100万亩，严重危害面积1755万亩。

图2　鼠害型退化草地

（五）虫害因素

草原虫类是草原生态系统的重要组成部分，具有加快草地生态系统氮素营养循环的功能，是维持草原生态系统平衡的重要因素，低密度的草原虫类有利于区域内的生态平衡，但草原虫类种群密度“爆发”，导致虫害的发生则严重影响着草原生态安全和草原畜牧业经济。

图3　虫害型退化草地

20世纪50年代以来，甘肃省草原逐渐出现了大面积的退化、沙化与盐碱化现象，使得裸露土地越来越多，为草原害虫的产卵和繁殖创造了有利条件，导致草原虫害大面积发生。甘肃省草原害虫种类多、分布广、数量大，对草原危害严重。相关资料显示，自新中国成立以来，几乎每年都有害虫成灾。根据各地保存的资料估计，甘肃省从1949—2005年较大的虫灾发生过11~15次，年际发生频率为21.57%~29.41%，大约每3.4~4.6年发生1次区域性的虫灾。草原虫害频繁发生对甘肃省牧区生产造成了很大影响，甚至在一定程度上制约了草原畜牧业的发展。

调查显示2021年甘肃省草原虫害危害面积达1441万亩，严重危害面积700万亩。

第三章　草原生态修复总体布局

根据甘肃省草原的区域特性、生态特性和草原生态保护需要，将甘肃省草原划分为甘南高寒草原区、祁连山山地草原区、河西走廊北部荒漠草原区、黄土高原草原区、陇南山地草原区五大区域，明确不同区域的功能定位、主要问题和主攻方向，结合草原生态保护重点工程，采取有针对性的措施推进综合治理，分区施策，逐步形成因地制宜、各具特点的草原生态保护新机制。

一、甘南高寒草原区

基本概况：本区域位于甘肃省西南部，主要包括甘南州玛曲、夏河、碌曲、卓尼、临潭、合作等县（市），是甘南黄河重要水源补给生态功能区、国家“两屏三带”生态安全战略格局和青藏高原生态屏障的重要组成部分，该区域草原资源丰富，植被类型多样，草原类型大多属于亚高山草甸草场，光热水资源优于高寒荒漠草场，植被盖度、产草量均较高，草群结构优良，载畜能力较强，是甘肃省重点草原生态区。该区域草原面积2651万亩，草丛高度10~24cm，植被盖度60%~95%，干草产量70~135千克/亩，每亩草原的理论载畜量为0.1~0.2个羊单位。

存在问题：该区域以高寒草原为主，生态系统极其脆弱，自然条件严酷，牧草生长期短。退化草原面积2007万亩，占草原总面积75.7%。其中重度退化面积655.5万亩，占24.7%；中度退化面积866.6万亩，占32.7%；轻度退化面积485万亩，占18.3%。退化草原治理任务较重，草原鼠虫害分布面积大，局部地区黑土滩、毒杂草危害严重，本土化草种质资源保护利用不够。草原的退化沙化加剧了湿地萎缩，涵养水源功能减弱。

主攻方向:以推动高寒生态系统自然恢复为导向,以建设黄河上游水源涵养中心区为重点,全面保护草原、河湖、湿地、冰川等生态系统,建立健全自然保护地体系,恢复生物多样性。加快实施黑土滩型退化沙化草原综合治理,根据草原类型和特点,科学分类推进补播改良、鼠虫害防治、毒杂草等治理防治,有效保护修复草原生态系统。在全面落实草原承包的基础上,引导和促进草原合理流转。严格落实草原禁牧、草畜平衡、划区轮牧等制度措施,保护和合理利用草原。适度发展人工草地建设,提高饲草料供给和贮备能力,减轻草原放牧压力。

二、祁连山山地草原区

基本概况:本区域位于河西走廊,祁连山北麓,主要包括凉州、天祝、古浪、永昌、甘州、山丹、民乐、肃南、肃北、阿克塞等县(区),该区域是内陆河的重要水源涵养区,也是甘肃省重要的灌溉农业区和商品畜牧业生产基地。该区域草原面积10 147万亩,草丛高度8~20cm,植被盖度55%~70%,每亩干草产量60~73kg,每亩草原理论载畜量0.01~0.2个羊单位 。草原类型大多属于山地草甸和山地草原,亦有部分荒漠草原,气候寒冷,降水不足,草丛低矮,产量低。

存在问题:该区域气候干旱少雨,降水分布不均,冷季寒冷漫长,暖季干燥炎热,草原生态系统结构不稳定,质量不高,生产力低,水源涵养能力不强。局部地区荒漠化和沙化仍在扩展,土壤风蚀严重,退化沙化草原亟待治理修复。退化草原面积8322万亩,占草原总面积82%。其中重度退化面积2634万亩,占25.9%;中度退化面积4109万亩,占40.5%;轻度退化面积1579万亩,占15.6%。

主攻方向:严格保护区管理,全面落实草原禁牧和草畜平衡制度,科学合理利用草原。积极开展退耕还草工程,通过草原封育、补播改良等草原保护修复措施,防治草原退化,有效保护草原生态。规范草原承包和合理流转。加快人工、半人工草地建设,不断提高饲草供应保障能力,促进草畜平衡,增加草原可持续能力。

三、河西走廊北部荒漠草原区

基本概况:该区域主要包括河西走廊大部分及白银市的部分县。该区草原是中国荒漠、半荒漠草原的重要组成部分,也是阻挡风沙入侵的北方重要绿色屏障,大部分为荒漠和半荒漠草原,草原生态环境相当脆弱。这些荒漠和半荒漠草原正好处于库姆塔格、巴丹吉林和腾格里三大沙漠的南缘地带，是北锁黄龙南保绿洲的天然屏障。该区域气候干旱少雨，年降水量少、降水分布不均，冷季寒冷漫长，暖季干燥炎热，水分蒸发量大。该区域草原面积3028万亩，草丛的高度3~60cm，植被盖度10%~30%，每亩干草产量12~7kg，每亩草原理论载畜量0.01~0.02个羊单位 。

存在问题：该区域气候干旱少雨，年降水量低，降水分布不均，部分地区<50mm。水分蒸发量大，一般为降水量的几倍或几十倍。该区域以荒漠化草原为主，生态系统十分脆弱。长期以来，由于重利用轻管护，超载过牧、滥采乱挖等问题较为严重，鼠虫害发生频繁，导致草原严重退化、沙化和盐碱化，水土流失和风沙危害日趋严重，是中国主要的沙尘源，该区域也是中国主要的草原高火险区。该区已退化草原面积3028万亩，占草原总面积72.1%。其中重度退化面积1215万亩，占28.9%；中度退化面积1276万亩，占30.3%；轻度退化面积537万亩，占12.8%。

主攻方向：以防风固沙、生态保护为重点。禁垦退耕减牧，禁止开垦草原和抽取地下水，发挥草业在防沙治沙中的重要作用，有条件的地段适当补播沙生植物，严格控制载牧量，积极探索荒漠化草原植被修复技术模式。积极开展退耕还草工程，加大草原禁牧、补播改良和鼠虫害防治力度，扩大人工种草比例，建立优良牧草基地。引导和规范草原流转，建立适度规模的家庭牧场，促进草原畜牧业转型。

四、黄土高原草原区

基本概况：本区域位于甘肃省中东部地区，主要包括天水、平凉、庆阳、定西、兰州、临夏、白银市部分县(区)。该区域草原是温性草原的中心地带，具有典型的过渡特征和农牧结合特点，人工种草历史悠久。境内草原类型复杂，种质资源丰富，是退耕还草和禁牧休牧的重点区域。该区水热条件较好，草原植被盖度较高，天然草原品质较好，产量较高，草原畜牧业较为发达，发展人工种草和草产品加工业潜力大。草原总面积4239万亩。草场草丛高度15~40cm，植被盖度40%~70%。每亩干草产量25~117kg，每亩草原理论载畜量0.03~0.1个羊单位。

存在问题：该区草原主要分布在农牧交错带，降水时空分布不均，水资源贫乏，草原生态系统退化，水源涵养功能低下，生态系统脆弱敏感，开垦比较严重，水土流失加剧，成为甘肃省乃至全国水土流失较为严重的地区。近年来，部分地区草原由于长期禁牧，牧草生长茂盛，但草原没有得到合理利用，造成来年枯草大量聚集，不仅影响牧草再生，生态系统正向演替，还造成很大的火灾隐患。该区退化草原面积3016万亩，占草原总面积71.1%。其中重度退化面积499万亩，占11.8%；中度退化面积1543万亩，占36.4%；轻度退化面积974万亩，占22.9%。水土流失面积达90%，每年流失土壤5亿多吨，草原保护修复任务重。

主攻方向：以防治水土流失、增强生态系统稳定性为重点，实施围栏封育，加快人工饲草基地建设。按照整体保护、综合治理的要求和宜林则林、宜草则草的原则，采取草灌结合、林草结合的措施以恢复植被。对重点草原实行禁牧封育，促进草原休养生息，自我恢复。对已经禁牧多年且植被恢复良好的草原进行合理利用，建立刈割草场或适度放牧利用。积极开展退耕还草工程，加大已垦草原治理力度。根据水土流失治理和植被恢复的需要，利用适宜草业发展的气候条件和相对宽裕的土地资源，以紫花苜蓿为主，大力发展非灌溉型低成本人工草地，向建立草地农业系统的方向转型。

五、陇南山地草原区

基本概况：本区域位于甘肃省南部地区，包括陇南的武都、礼县、康县、文县、宕昌等县，属中国西南亚热带湿润森林区向西北暖温带半湿润森林草原区的过渡地带，是长江支流嘉陵江上游的一块重要生态屏障，也是甘肃天然草地生态系统中以灌木草丛为主的独具特色的草地区。该区域水热条件较好，适宜于天然牧草生长和人工草地的建设。宜牧草生长地主要有林隙、林下及田埂草地，草地植物植株高大，适宜割草利用。家畜以舍饲为主，对草原依赖程度不高。该区域草原面积266万亩，灌丛草场高度40~120cm，盖度40%~90%。每亩干草产量70~180kg，每亩的理论载畜量为0.1~0.25个羊单位。

存在问题：地形复杂，高低悬殊，交通不便，泥石流、山洪等自然灾害频繁，草地管理、保护基础较差。该区已退化草原面积达203万亩，占草原总面积76.4%。其中重度退化面积48.5万亩，占18.2%；中度退化面积88.6万亩，占33.4%；轻度退化面积65.8万亩，占24.8%。

主攻方向：加快发展药草种植基地建设，建植林草复合系统，实施林下种草、林间种药，提高生态系统完整性和连通性。对于坡度大于25°的耕地应当全部退耕还林还草，恢复草原植被。发展林-草-畜结合的生态畜牧业，充分利用当地水热资源优势，补播改良天然草地、建立优质人工草地、合理利用林下饲草资源，建立林-草-畜结合的生态畜牧业体系。促进草原流转，建立适度规模的家庭牧场，加强养殖小区和养殖合作社建设，促进向草原畜牧业转型。

第四章　退化草原判别技术

一、草地退化的类型

草地退化是一个动态过程，既是渐进的，又有阶段性，按其退化程度分为：轻度退化、中度退化和重度退化。草地退化主要表现在植被的退化上，是在人类不合理利用草地的情况下而造成的草地植被产量和质量下降、土壤环境恶化及草原生态系统的生产与生态功能衰退。草原退化按其所在区域、成因、表现等大致分为如下几种。

一是荒漠型退化。主要发生在中国西北干旱风沙地区，是自然和人为造成的气候土壤旱化和植被破坏所致，是目前草原退化最主要的原因之一。荒漠化与草原退化互为因果，在干旱地区，草原长期无休止退化的结果就是荒漠化，直至变为沙漠。

图4　沙化退化草地

全国$2.7\times10^8 hm^2$的天然草原不同程度出现退化和沙化。甘肃草地沙化面积$4.8\times10^5 hm^2$，其中，河西为$4.1\times10^5 hm^2$，占总沙化积的85%；快速发展的沙化土地$2.27\times10^5 hm^2$，严重沙化土地$1.82\times10^5 hm^2$，弃耕农田$1.27\times10^5 hm^2$。另外，白银市北部、华池县西北部、环县北部也有沙化现象和沙化发展趋势。据调查，玛曲县草地以亚高山草甸为主，过去曾经是世界著名的优质草原之一，在20世纪40—50年代，全县草场没有出现沙化，处处是一片“风吹草低见牛羊”的景象。而到60—70年代，由于社会、环境和人为因素的影响，草原开始出现零星沙化。1980—1998年，玛曲县的沙化面积由最初的$1440hm^2$发展到$4.48\times10^5 hm^2$，平均沙化速度达21.8%。在靠近黄河岸边的植被，因黄河水长期侵蚀，逐渐淘空了植被下面的流沙层，形成大面积塌陷沙滩。

二是盐渍型退化。与荒漠化密切相关的是土壤盐渍化，这类土地主要分布在西北内陆绿洲下游和边缘、河湖及滨海滩涂。目前中国受盐渍化危害的土地面积约为$4.409\times10^7 hm^2$，其中除$5.784\times10^5 hm^2$的耕地外，其余$3.830\times10^7 hm^2$绝大部分是因盐渍化而退化的草地。

西北地区普遍存在不同程度盐化的草甸土，其成土母质是在干旱气候条件下的岩石经风化剥蚀由河流不断搬运到平原沉积而成，这类沉积物未经充分的天然淋洗作用，普遍含盐。另外，西北地区大气降水中的含盐量高达每毫升几十毫克，甚至0.2g/L，比沿海地区高出34倍；而且由于降水量很小，一般难以形成对地下水的有效补给，日积月累，土壤表面形成了自然的盐分积累。

图5　盐渍化退化草地

三是黑土滩型退化。这类退化主要发生在中国青藏高原半湿润和湿润的高寒草甸类草地上,包括西藏、青海、川西北、甘南等地,主要是过牧、鼠类危害,再加上干旱、大风、水蚀和冻融剥离等自然因素,使原有植被破坏后不能恢复而变成裸露的黑土滩。

图6 黑土滩型退化草地

据初步统计,在青藏高寒地区,黑土滩退化草地已达7.032×10^5 hm^2,其中在青海省境内3.33×10^5 hm^2,甘肃省1.011×10^5 hm^2。近年来"黑土滩"面积在不断扩大,并有加速形成的趋势。这类草地若进一步退化和干旱化则会变为荒漠。

四是杂草型退化。主要是在家畜过牧及鼠类等活动下,优良牧草因受到过度啃食而不能恢复,原来以优质牧草为优势种的草地演变为以毒(杂)草为优势种的植物群落。如北方草原上最常见的棘豆、醉马草、狼毒等,这类植物不但没有利用价值,家畜误食后还会中毒甚至死亡。

有毒有害植物是指在自然条件之下,以青草或者干草形式被家畜采食之后,引起家畜正常生命活力下降,造成家畜生理出现异常,甚至造成家畜死亡的牧草。甘肃甘南生态系统当中,有毒有害杂草主要包括狼毒、橐吾、针茅、野麻、大蓟等几种,这些有毒有害杂草,往往包含有大量的生物碱、配糖体、挥发油、有机酸、皂素、毒蛋白、光能效能物质、单宁等,牧场的家畜采食有毒有害杂草之后,这些物质会进入到动物的中枢系统,影响到中枢系统的活性,常见会引发牲畜出现呕吐痉挛、四肢麻痹、呼吸困难、食欲废绝、流产等症状。此外不同的有毒有害杂草随着其营养期以及外界生存环境的不同,其所含有有毒物质的含量和种类也存在很大差异性。

图7　毒杂草型退化草地

干旱环境、不合理的草场利用，导致天然草场逆向生长，草场当中的优质牧草的种群结构迅速退化，各种有毒有害杂草迅速蔓延繁殖，现阶段草地毒草化是威胁草原生态环境的重要自然灾害之一。某些有毒有害杂草（如狼毒）在自身生长和繁殖过程中，机体会分泌大量的有毒有害物质，污染土壤，影响到优质牧草的正常生长发育。另外，有毒有害杂草的适应能力较强，再加上牲畜具有选择采食性，这些有毒有害牧草在与优良牧草竞争过程中有着更为广阔的生活空间和更加顽强的种子繁殖能力。特别是对于棘豆，由于该种有毒有害杂草的叶层覆盖面积较大，能够和优良牧草争夺生存空间，争夺养分、水分、光照，使得优质牧草的生长受到限制。加上农牧民群众的过量放牧，超载放牧，牲畜啃食牧草，使得优质牧草休养生息时间较短，从而导致对草原生态环境造成严重危害。受狼毒等有毒有害杂草危害严重的天然草场，植物群落主要种的优势地位发生了显著变化，狼毒等有毒有害杂草由伴生种成为优势种，使得天然草地的生产能力逐渐下降，导致草地有毒有害，出现杂草型退化、毒草大量生长的情况。

二、指示植物判断技术

指示植物：标志某类草地植被类型出现的特征种植物或标志，对草地出现退化、沙化、盐渍化具有指示意义的植物。针对指示植物进行观察和监测，可以直观、简捷、准确地判断草地退化状况。

根据对内蒙古草原区的广泛调查、监测，结果表明：冷蒿、星毛萎陵菜、百里香、寸草苔、阿氏旋花、狼毒等植物在群落演替的时间与空间系列中具有明显的指示意义。这类植物种群数量的增长，反映着演替过程的重要阶段性特征。

内蒙古高原典型草原地带的羊草草原及大针茅草原在连续多年的强度放牧压力下均可退化演替到冷蒿群落，主要种群的作用地位发生了显著变化。原生群落的羊草、大针茅、冰草等优势植物退化为稀见植物；冷蒿、变蒿、糙隐子草成为优势成分。在恢复演替过程中，两者又发生了相反的变化。

根据杜国祯等《高寒湿地退化程度指示植物预警技术规范》研究显示：

不同的指示植物表明了湿地退化程度或演变阶段，通过观察指示种在群落中的盖度、群落多样性及开花物候等一系列参数、指标，从而比较容易地推断出草地退化程度，以达到对湿地退化进行预警的目的。以湿地植物繁殖物候对环境变化的敏感性为核心，确定不同程度退化湿地的指示物种如下：

典型沼泽湿地指示种：报春属植物（*Primula* L.），驴蹄草（*Caltha palustris* L.），水葫芦苗（*Halerpestes cymbalaria* Greene）。

沼泽化草甸指示种：矮金莲花（*Trollius farreri* L.），条叶银莲花[*Anemone trullifolia* Hook. f. et Thoms. var. linearis (Bruhl) Hand.-Mazz.]，鹅绒委陵菜（*Potentilla ansrina* L.），条叶垂头菊（*Cremanthodium angustifolium*）。

典型高寒草甸指示种：黄帚橐吾[*Ligularia virgaurea*（Maxim.）Mattf.]，鹅绒委陵菜（*Potentilla ansrina* L.），草玉梅（*Anemone rivularis* Buch.-Ham. ex DC.）。

在典型沼泽湿地，如果群落盖度超过80%，每平方米物种数超过10种，则群落有退化迹象；其次，在生长季早期（即4—5月）观察比较报春和驴蹄草的开花物候，如果这两种指示种的初花期明显推迟10d以上（报春和驴蹄草在4月底开花），而且盛花期相应延迟，种群整个花期缩短，则群落受到外界干扰较大，有退化迹象；最后，调查群落内物种组成，如果报春在群落内消失或极为罕见，驴蹄草和水葫芦苗在群落内的多度和盖度极大降低，超过正常范围，则群落有退化迹象。

在沼泽化草甸，首先，如果盖度超过90%，每平方米物种数超过20种，则群落正在退化；其次，观察矮金莲花、条叶银莲花开花物候，如果这两个物种的开花期推迟10d以上，在5月中旬左右，而且盛花期相应延迟，种群整个花期缩短，则群落受到外界持续干扰，退化持续加剧；最后，调查群落内物种组成，如果矮金莲花、条叶银莲花和条叶垂头菊（其中一种或几种）在群落内的多度、盖度显著降低，甚至消失，而鹅绒萎陵菜种群增加，其他毒害草（例如，草玉梅、珠芽蓼、黄帚橐吾等）在群落内开始出现，则表明群落正在加速退化。

在典型高寒湿地退化为高寒草甸后，群落盖度基本达到100%，每平方米物种数超过25种，毒杂草及水分利用效率较低的植物的危害显而易见，此时湿地群落达重度退化程度，湿生物种基本消失。

三、退化等级评定

退化等级评定根据《天然草地退化、沙化、盐渍化的分级指标》（GB 19377—2003）来评定。

表2　草地退化程度的分级与分级指标

监测项目			草地退化程度分级			
			未退化	轻度退化	中度退化	重度退化
必须检测项目	植物群落特征	总覆盖度相对百分数的减少率（%）	0~10	11~20	21~30	>30
		草层高度相对百分数的降低率（%）	0~10	11~20	21~50	>50
	群落植物组成结构	优势种牧草综合算术优势度相对百分数的减少率（%）	0~10	11~20	21~40	>40
		可食草种个体数相对百分数的减少率（%）	0~10	11~20	21~40	>40
		不可食草与毒害草个体数相对百分数的增加率（%）	0~10	11~20	21~40	>40
	指示植物	草地退化指示植物种个体数相对百分数的增加率（%）	0~10	11~20	21~30	>30
		草地沙化指示植物种个体数相对百分数的增加率（%）	0~10	11~20	21~30	>30
		草地盐渍化指示植物种个体数相对百分数的增加率（%）	0~10	11~20	21~30	>30
	地上部产草量	总产草量相对百分数的减少率（%）	0~10	11~20	21~50	>50
		可食草产量相对百分数的减少率（%）	0~10	11~20	21~50	>50
		不可食草与毒害草产量相对百分数的增加率（%）	0~10	11~20	21~50	>50
	土壤养分	0~20cm土层有机质含量相对百分数的减少率（%）	0~10	11~20	21~40	>40
辅助监测项目	地表特征	浮沙堆积面积占草地面积相对百分数的增加率（%）	0~10	11~20	21~30	>30
		土壤侵蚀模数相对百分数的增加率（%）	0~10	11~20	21~30	>30
		鼠洞面积占草地面积相对百分数的增加率（%）	0~10	11~20	21~30	>30
	土壤理化性质	0~20cm土层土壤容量相对百分数的增加率（%）	0~10	11~20	21~30	>30
	土壤养分	0~20cm土层土全氮含量相对百分数的减少率（%）	0~10	11~20	21~25	>25

表3　草地沙化（风蚀）程度分级与分级指标

<table>
<tr><th colspan="4" rowspan="2">监测项目</th><th colspan="4">草地沙化程度分级</th></tr>
<tr><th>未沙化</th><th>轻度沙化</th><th>中度沙化</th><th>重度沙化</th></tr>
<tr><td rowspan="7">必须监测项目</td><td rowspan="2">植物群落特征</td><td colspan="2">植被组成</td><td>沙生植物为一般伴生种或偶见种</td><td>沙生植物成为主要伴生种</td><td>沙生植物成为优势种</td><td>植被很稀疏，仅存少量沙生植物</td></tr>
<tr><td colspan="2">草地总覆盖度相对百分数的减少率/（%）</td><td>0~5</td><td>6~20</td><td>21~50</td><td>>50</td></tr>
<tr><td>指示植物</td><td colspan="2">草地沙漠化指示植物个体数相对百分数的增加率/（%）</td><td>0~5</td><td>6~10</td><td>11~40</td><td>>40</td></tr>
<tr><td rowspan="2">地上部产草量</td><td colspan="2">总产草量相对百分数的减少率/（%）</td><td>0~10</td><td>11~15</td><td>16~40</td><td>>40</td></tr>
<tr><td colspan="2">可食草产量占地上部总产草量相对百分数的减少率/（%）</td><td>0~10</td><td>11~20</td><td>21~60</td><td>>60</td></tr>
<tr><td colspan="3">地形特征</td><td>未见沙丘和风蚀坑</td><td>较平缓的沙地，固定沙丘</td><td>平缓沙地，小型风蚀坑，基本固定或半固定沙丘</td><td>中、大型沙丘，大型风蚀坑，半流动沙丘</td></tr>
<tr><td colspan="3">裸沙面积占草地地表面积相对百分数的增加率/（%）</td><td>0~10</td><td>11~15</td><td>16~40</td><td>>40</td></tr>
<tr><td rowspan="4">辅助监测项目</td><td rowspan="4">0~20cm土层土壤容量相对百分数的增加率（%）</td><td rowspan="2">机械组成</td><td>>0.05mm粗沙粒含量百分数的增加率/（%）</td><td>0~10</td><td>11~20</td><td>21~40</td><td>>40</td></tr>
<tr><td><0.01mm物理性黏粒含量相对百分数的减少率/（%）</td><td>0~10</td><td>11~20</td><td>21~40</td><td>>40</td></tr>
<tr><td rowspan="2">养分含量</td><td>有机质含量相对百分数的减少率/（%）</td><td>0~10</td><td>11~20</td><td>21~40</td><td>>40</td></tr>
<tr><td>全氮含量相对百分数的减少率/（%）</td><td>0~10</td><td>11~20</td><td>21~25</td><td>>25</td></tr>
</table>

表4　草地盐渍化程度分级与分级指标

监测项目			草地盐渍化程度分级			
			未盐渍化	轻度盐渍化	中度盐渍化	重度盐渍化
必须监测项目	草地群落特征	耐盐碱指示植物	盐生植物少量出现	耐盐碱植物成为主要伴生种	耐盐碱植物占绝对优势	仅存少量耐盐碱植物,不耐盐碱植物消失
		草地总覆盖度相对百分数的减少率/(%)	0~5	6~20	21~50	>50
	地上部产草量	总产草量相对百分数的减少率/(%)	0~10	11~20	21~70	>70
		可食草产量占地上部总产草量相对百分数的减少率/(%)	0~10	11~20	21~40	>40
	地表特征	盐碱斑面积占草地总面积相对百分数的增加率/(%)	0~10	11~15	16~30	>30
	0~20cm土层理化性质	土壤含盐量相对百分数的增加率/(%)	0~10	11~40	41~60	>60
		pH值相对百分数的增加率/(%)	0~10	11~20	21~40	>40
辅助监测项目	地下水	潜水位/cm	200~300	150~200	100~150	100~150
		矿化度相对百分数的增加率/(%)	0~10	11~20	21~30	>30
	0~20cm土壤养分	有机质含量相对百分数的减少率/(%)	0~10	11~20	21~40	>40
		全氮含量相对百分数的减少率/(%)	0~10	11~20	21~25	>25

四、评定方法

50%以上的必须监测项目指标达到某一退化级(沙化、盐渍化)规定值时,则该草地视为退化(沙化、盐渍化)草地。并以必须监测项目达标最多的退化(沙化、盐渍化)级别确定为该草地的退化(沙化、盐渍化)级别。70%以上的必须监测项目指标未达到各级退化(沙化、盐渍化)草地标准时,则认定该草地为未退化(未沙化、未盐渍化)草地。

当达到各级退化(沙化、盐渍化)标准的必须监测项目指标占必须监测项目指标总数的30%~50%时,需要用辅助监测项目指标进一步评定。

当必须监测项目指标中的30%~50%的项目指标达到轻度以上退化（沙化、盐渍化）级别，且辅助监测项目指标中40%以上的指标达到轻度以上退化（沙化、盐渍化）级别时，则认定为退化草地，并以必须监测项目达标最多的退化（沙化、盐渍化）级别认定为其退化（沙化、盐渍化）级别。

当必须监测项目指标中30%~50%的项目指标达到轻度以上退化（沙化、盐渍化）级别，而辅助监测项目指标中达到轻度以上退化（沙化、盐渍化）级别的少于40%时，视为未退化（未沙化、未盐渍化）草地。

轻度沙化草地、轻度盐渍化草地视为中度退化草地。中度或重度沙化草地、中度或重度盐渍化草地视为重度退化草地。

第五章　草原植被修复技术

一、综述

退化草原最明显的特点就是植被遭到破坏，优质牧草逐渐退出，毒草、杂草、害草取而代之，致使地表裸露，风蚀极易发生，牧区经济发展受限，生态系统受到严重威胁。因此，草原植被修复要综合考虑增加地表覆盖、改良植物群落、促进良性演替等因素。

草原生态修复不同于耕地种植牧草或者人工草地建设。要以“生态优先”为第一原则，统筹实施科学的补播方式、草种选择以及区域管理。

（一）补播方式

在补播方式上，针对中国大部分草原退化区域植物覆盖度和密度低下的状况，在修复草原时，不能出现翻地种植、新建草地，而是要在原有的草原上进行补种。因此免耕播种是最为有效、最为常用的一种草原修复技术。免耕播种指在草原上不进行额外耕作，而是直接将草种种植到地里。主要根据拟修复草原的气候、土壤质地，以及原有草植被的组分、密度和高度，选用不同的免耕播种工艺及技术。因地而异，没有固定不变之法。免耕播种的方法通常有撒播、飞播、条播、沟播、穴播、蜂窝播种、践踏播种、巢穴寄种、霜冻播种、非耕苗带播种等。

在草原生态修复中免耕播种具有显著的优势。第一，在不破坏原有植被的情况下，免耕保留了大量的植物残留物，为土壤提供了大量的有机物。植物残留在土壤里或地表会减少表土退化、地表径流和土壤侵蚀。第二，免耕使土壤团聚物更加稳定，有助于提高土壤的生物活性，增加了保持水分和养分的能力，并可能带来更好的生物产量。第三，免耕将显著增加生物（特别是蚯蚓和真菌）的数量，有助于提高土壤的物理性质。第四，免耕播种适合的地形地貌更加广泛，对于山体陡坡容易水土流失的地方可以利用免耕种植建植草地。

图8　人工撒播与机械补播

(二)草种选择

在草种选择上,要着重注意区域气候特点、草种的适应性,尽量使用乡土草种。要杜绝播种“单一化”,退化的草原情况复杂,在缺水、盐碱等情况出现甚至彼此交织的情况下,单一草种建植的草地往往不堪一击。单个物种普遍不能战胜缺水、盐碱等挑战,这就需要多种植物搭档“混播”,进行团队协作。比如有些植物根部有根瘤,能够固氮,为周围植物的生长提供氮素;有些植物根系发达,能够利用土壤深层的水分,负责水资源再分配;有些植物对光照的要求不高,只要有散射光就可以生长,更适合于在植物下层定居。这些植物在适应不同的草原环境时,能够各显神通。

在草原持续退化,并多年演替到目前的“顶级植物”状态时,它们是草原的最强硬的竞争型草种,占据着“主场优势”。对于新补种的草种来说,具有很大的挑战性。因为草原地带的生态容量阈值的有限性(是指生态系统所能支持的某些特定种群的限度)和单一草种的局限性,利用草种的种间效应原理,合理搭配草种,尤其是利用乡土草种进行免耕和包衣集成技术,是未来中国草原生态修复的方向。

研究发现,不同植物种在一起,常常出现这样一些有趣的现象:有些组内的植物各司其职,配合默契,能够相互促进;而有些则是冤家对头,不是一方受害,就是两败俱伤,内卷现象严重,使恢复植被的效率大打折扣。日常生活或工作中我们也会遇到这种现象,从野地里采集的生长势最旺的草种,当种植在要实施草原修复的场地时,却一棵苗都长不起来,这就是物种之间存在的相互依存和相互制约的关系,这种关系可以归纳为五种,它们包括互利共生、互补、竞争、偏害、偏利。互利共生是指对两个物种都有利的共居关系,在这种关系中,物种之间有直接的物质交流和能量传递。这个不难理解,比如豆科牧草和固氮菌的相互作用就是互利共生的例子。互补是指两个种群共同生活，彼此都受益，但无直接的物质交流和能量传递，例如，果园林间种草，林为牧草提供适宜的小生境，牧草固氮又为林提供了养分。竞争是指两种植物争夺同一资源的相互作用，也就是竞争有限的养分、阳光和生存空间。偏害是指两种植物相互作用，其中一种生长受到抑制，而另一种受到的影响不大，例如在针叶林下种草，林木分泌的有害物质会抑制牧草的生长，而针叶林受到牧草的影响不大。偏利是指两个植物种相互作用，其中一种受益，而另一种无影响，例如白三叶与鸭茅的混播，豆科固氮为鸭茅的生长提供养分。

图9　乡土草种采集

补播草种组合配比时我们要遵循四个原则。首先，组合一定要尽量简单，但至少要有一种禾本科和一种豆科牧草，我们建议用3~4种牧草，选择每一种牧草都要有一定的目的性，而且要容易实现，品种选择得过多还有可能会影响草地产量。第二，要选择成熟期相对一致的品种，比如说多年生黑麦草和白三叶，他们的成熟期就相对一致。第三，要注意牧草品种的适口性，否则，适口性差的品种很快就会在群落中占据优势，从而影响整个草地的品质。第四，混播的播种量要大于单播，同时要求采取不同的管理措施和肥料。播种量取决于很多因素，牧草在很广泛的地域种植，他们播种量的变化幅度相比农作物大许多。通常情况下，由于自然环境条件影响，出苗率也不到1/3，第一年的幼苗成活率又不到一半。

在草种处理上，经常采用浸泡、磨破种皮、包衣等预处理方式，以增加草种的成活率。以包衣技术为例，多数草种越是抗旱抗逆，其种子的发芽率和幼苗建植就越困难。这时需要给种子建立一个“生命仓”，就是种子包衣、引发技术。该技术是以种衣剂为原料，以良种为载体，以包衣为手段的集农药、植保、化工、机械等多学科于一体的综合性配套技术，是种衣剂、包衣机、种子加工、包装储藏、播种及栽培等一系列配套技术的集合。通过实施该项技术，可以起到保苗、保水、综合防治苗期病虫害，促进作物苗期生长、增产，防止播种后鸟啄食、蚂蚁和老鼠蚕食，特别适合于免耕播种。种子包衣的十大好处：一是促进种子与土壤充分接触；二是缓解原生草种的“化感效应”，降低其“主场优势”；三是由于在包衣中添加碳源和营养元素，扩大了种植地的生态容量；四是有效的防止被鸟食和蚂蚁破坏；五是减少种子的播种量，节约种子用量20%~40%；六是改善种子的弹性，更适用于飞播以及人工撒播等播种方式；七是改善逆境条件种植牧草，方便建植；八是减少种子飘移，特别适合播种颗粒小、质量轻的种子；九是有效防控作物苗期的病虫害，确保苗齐苗壮，促进幼苗生长，提高产量；十是同时包衣、丸化后的种子长势强、叶片肥大、叶色深绿、百株鲜重高，促进了作物生长，为作物增产打下了良好的基础。种子包衣是发达国家普遍采用的种子处理技术。种子“包衣”形之于人之“皮肤”，对种子起着非同寻常的保护作用。豆科植物种子多采用浓硫酸浸泡或磨破种皮的方法提高种子发芽率。兰州大学王彦荣教授的研究表明，歪头菜种子用98%的浓硫酸浸种25min，发芽率可达92%；卜海燕教授研究表明，低温贮藏及萌发前吸胀冷藏有助于提高绝大多数可食牧草植物种子的萌发能力。豆科植物种子存在硬实现象，浓硫酸处理是提高豆科种子萌发率的一个实用的方法。

图10　混播草地

（三）区域管理

在播区管理上，补播修复的草原需要采用围栏禁牧、休牧、施肥、灌水、鼠虫害防治等措施以保障修复效果。围栏禁牧是常采用的播区管理手段之一，通过围栏禁牧可以有效杜绝人为因素对草场恢复生长的干扰，可以排除牲畜啃食和践踏对草场的破坏，充分给予草场休养生息、自我恢复的时机；但围栏禁牧并非封禁时间越长越好。相反，某些草原植物的传播、下种和生长发育，离不开牲畜的采食、携带和践踏。因此围栏禁牧要在适宜时期“解封”，以促进天然草场良性演替。施肥、灌溉措施要在具备便利条件的区域实施，种类和数量则根据土壤分析和植物生长发育情况具体确定。

在鼠害防治上，一要突出科学防治，鼠类是草原生态系统的重要成员，在物质循环和能量转换中发挥着重要作用，我们应该科学认识鼠害防治，以“防控”“防治”“控害减灾”代替传统的“灭鼠”概念。应该科学分析鼠害的“经济阈值”，在此基础上研究是否需要开展鼠害防治，以及开展鼠害防治的方式。综合考虑生态效益和经济效益，突出科学技术的应用，一方面要采用先进的方法和设施开展调查研究，取得翔实的鼠群密度及危害状况数据，为开展防治提供基础；另一方面要引进先进设备，提高鼠害防治能力，有效开展防治。二要加强政策导向，鼠害防治要突出“群防群治”，要以政府引导、社会参与的方式来提高防治效率。在严格落实当前各级政府制订的草原生态保护有关规定和政策的前提下，编制出台草原鼠害防治的专项规划和政策；逐步提高国家财政资金在草原鼠害防治中的投入，将草原鼠害防治和草原生态保护项目充分结合，有针对性地购置大型、中型、小型鼠害防治机械，强化草原鼠害防治的基础设施，提高防治能力。同时，要充分发挥专业技术人才优势，组建专业防治队伍，推广鼠害防治技术，宣传鼠害防治政策和理论，引导群众参与鼠害防治，形成群防群治的局面。三要强化综合治理。化学药剂灭鼠是草原鼠害防治的有效手段和重要方式之一，但随着生态理念的更新和科学技术的进步，草原鼠害防治要求采用更加科学、更加环保、更加高效的生态防治方式进行。第一，要在提高草原鼠害监测水平上下功夫，着力构建省、市、县三级监测网络体系，加大投入，提升准确监测的技术手段与能力，保障监测数据的准确性、代表性、连续性和时效性；第二，要在综合防治手段上下功夫，探索建立“精确性可持续控制技术”，充分利用鼠类生物学特性和生活习性，在使用化学药剂灭鼠的基础上，广泛采用投放天敌动物等生物防治技术以及人工捕鼠；第三，同时加大围栏封育、禁牧休牧、草原补播改良等措施力度，以促进草原生态恢复的方式遏制鼠害发生。第四，提升技术支撑，着眼于草原鼠害的高效防治，结合当前鼠害发生严重的现状，应当全方位加强科学技术在草原鼠害防治中的应用。一方面，充分运用“3S”等技术，建立综合管理系统模型、灾害预警和决策系统，达到草原鼠害监测时间精确、空间精确、鼠害防治措施精确及控制量精确的要求；另一方面，应用现代生物学及生态学等理论，深入研究草原害鼠各个种类的生物学特性，充分发挥生物技术和现代信息系统的技术优势，进一步增加生物防治比例，减少化学药剂使用量，既能提高草原鼠害防治的能力，同时也能兼具绿色环保效能。

在虫害防治上，一要强化草原害虫综合治理，根据调查研究结果显示，草原虫害加剧的主要因素为气候变化和草原过度利用等，退化的草原为害虫产卵和繁衍提供了适宜的栖息地。科学开展草原保护与利用，恢复草原植被，对于草原虫害的防治具有积极意义。因此开展草原虫害综合治理，一方面要着力转变虫害防治方式，从化学药剂灭杀的单纯手段向牧鸡灭蝗、绿僵菌灭蝗等综合性生物防治方式转变，在达到草原虫害防治目的的同时，注重生态环境保护和长期效益；另一方面要全面加强草原管护，严格执行草原禁牧休牧制度，控制合理的载畜量，避免草原过度利用，同时开展围栏封育和草原补播改良等管理措施，给予天然草原休养生息的条件，以恢复天然草原植被来控制草原虫害。二要提升科学技术支撑能力。一方面开展针对性研究，针对当前存在的草原虫害种群动态、发生规律研究不够深入，暴发成灾的机理不明确、环保型新药剂的研发滞后等问题，开展专题研究，着力解决关键问题，推进基础性研究深入开展。另一方面加强科技转化，以下达科研项目的方式，鼓励引导草原从业人员从事草原虫害防治的理论、技术研究和成果推广，促进草原虫害防治领域的技术创新，同时加强基层技术人员的管理，在基层全面推广适宜的防治技术，保障该领域科研成果的转化。三要加强监测预警应用研究。一方面强化监测预警队伍，以草原保护补助奖励政策为依托，建立健甘肃省、市、县、村四级草原保护体系，在强化责任意识的基础上，切实加大草原保护知识的培训力度，充分提升草原管理技术人员的技术水平和村级草原管护员的积极性和监测预警能力；另一方面强化基础设施建设，根据甘肃省草原虫害发生的区域、季节等特点，合理建设固定监测点，购置相关设备和仪器，加强基础数据采集，提升监测预警的准确性和时效性。同时要强化现代技术应用，加强“3S”技术、人工智能等现代先进技术在草原虫害防治中的应用，进一步扩大监测范围、提升监测效率、提高监测准确度，并通过建立草原虫害“3S”预测模型，完善监测预警体系。四要增加财政资金投入防治。一方面增加项目资金投入，以项目资金带动各方相应投入防治经费，保障防治设备、防治物资的供应，保障基层防治人员的工作经费；另一方面增加草原虫害防治研究的投入，在转变虫害防治观念的基础上，转变以化学药剂防治为主的局面，通过投入专项研究经费，着力开展生物学防治等综合防治技术的研究，以财政资金撬动社会资金投入，着力推进专利等科研成果的转化。

在草原灾害防治体系的建立上，要着力建立高效联防联控体制机制，加强监测预报体系智能化建设，提升草原生物灾害综合防控能力。全国人大代表昝林森提出，目前中国草原生物灾害防控工作与党中央加强草原生态建设的要求还不相适应，中国草原生物灾害防控存在防控机制不健全、监测预警能力较低、基本防治能力不够、防治资金投入不足、科技支撑力度有限、管理机构队伍不强等问题。要解决这些问题，必须从以下几个方面去把控，一要建立高效联防联控体制机制。建立“政府主导，属地管理，分级负责”的工作机制，夯实各级政府的主体责任，将草原生物灾害防控列入对地方政府的考核内容。各级政府要建立应急、林草、农业、气象等部门联防联控协调机制，组织开展灾害发生趋势会商，科学研判发生趋势，及早落实防控措施。要制订草原生物灾害防控应急预案，确定应急响应级别，明确各响应等级的防控措施，明确监测、防范、防治和监督责任分工，定期组织开展应急演练，增强灾害综合防控能力。提高社会化防治水平，通过机制创新，鼓励社会多元投入，采取政府购买社会服务等，建立社会多元化防控机制。二要加强监测预报体系智能化建设。建立智能化监测预报平台，开发以智能化平台为基础的草原生物灾害测报系统，增加大数据、云计算等现代化手段，提高监测预报精准度。加强监测站点网络建设，合理布设增加监测站点、预警中心，扩大监测范围，完善五级监测预报体系，提高监测工作的准确性。完善监测基础设施建设，配齐监测中心、站、点的监测工具和必要物资，加强配套硬件设施建设，配备先进的监测设备，提升灾害监测预警现代化水平。三要提升草原生物灾害综合防控能力。加强基础设施建设，强化省、市、县三级草原生物灾害防控物资储备库建设，配全防治防控机具设备，增加智能化比例，并配备必需的防治物资。加大防治力度，编制草原生物灾害防控专项规划，突出重点区域，兼顾一般区域，扩大防控面积，做到应防尽防。启动防治重点工程，在重要生态区域、针对重大生物灾害，集中人力、财力、物力启动实施重大草原生物灾害治理工程。四要加大草原生物灾害防控资金投入。国家要加大在监测、防治基础设施建设及防控物资上的投入，提高防控投资标准。各级政府要将草原生物灾害防治纳入财政预算。建立多元化投入机制，积极引进社会资金，创新投资合作模式，形成全社会同防共治新局面。五要加强科技支撑体系建设。加强草原相关专业科研院所建设，推动草原保护建设人才培养，提高行业科学技术研发水平。加强对草原有害生物特性、灾害发生发展规律、先进的监测及防控技术、行业标准等的研究，寻找持续控制生物灾害的有效途径，促进技术成果推广应用，提高防控水平。六要建立防控专业队伍建设。国家应当整合应急、农业、资源、林业、地质、气象等部门有害生物防治力量，成立专门的防控管理机构，建立专业防控队伍，做好有害生物灾害监测预警、防控防治、灾害研究、技术推广等工作，为群众生产生活和生态保护建设提供保障，提高生物灾害防控能力，减少生物灾害损失。

二、甘南高寒草原区

（一）草原类型及植被特征

该区地貌类型有山原、峡谷、盆地和丘陵等。气候高寒湿润，气温降水均由沟谷向高山，由东北向西南递减。土壤为亚高山草甸土和亚高山灌丛草甸土，主要草原类型为山地草甸和高寒草甸。代表性植物：灌木有金露梅、高山绣线菊、秦岭小檗、沙棘、藏沙棘、藏忍冬、窄叶鲜卑花、高山柳、烈香杜鹃；草本植物有披碱草、羊茅、早熟禾、短柄草、洽草、藏异燕麦、异针茅、固沙草、克氏针茅、紫花针茅、线叶嵩草、高山嵩草、矮嵩草、密生薹草、华扁穗草、裸果扁穗苔、扁蓿豆；广布野豌豆、歪头菜、牧地香豌豆、米口袋、唐古特岩黄芪、珠芽蓼、委陵菜、风毛菊、狗哇花等。

（二）草种及草种组合选择

针对青藏高原积温低、温差大、日照强烈等气候特点，应选用抗寒耐旱的乡土草种，如：老芒麦、披碱草、早熟禾、无芒雀麦、燕麦、中华羊茅、紫羊茅、红豆草、歪头菜、天蓝苜蓿、花苜蓿和星星草等。

草种组合：以“禾本科+豆科”草种组合最佳，一般2~4种组合，不宜选用过多品种。

（三）修复技术

1.返青期休牧

休牧是一种科学的草原培育措施，是在一定的时期内不利用草地，让草地植物休养生息，恢复生机，以提高牧草产量。青藏高原区一般5月左右进入返青期，对返青期的草场进行利用，会出现牲畜“跑青”现象，对土壤和牧草进行破坏性践踏，不利于牧草的生长；对返青生长的牧草进行采食，会破坏牧草生长点，使牧草正常的生长发育受阻，影响牧草一年的生育史；对生长初期的牧草过度采食，会引发草原鼠虫病害的侵入，对草原健康造成很大的危害。返青期休牧采取调整放牧时间，一般返青后推迟一个月左右时间放牧。

根据马玉寿、李世雄等《返青期休牧对退化高寒草甸植被的影响》研究显示：该项研究试图通过返青期休牧达到快速恢复退化高寒草甸植被的目的，于2015年5—7月在青海省祁连县默勒镇春季草场上进行返青期休牧试验。通过调查3个休牧样地和3个放牧样地，研究草地主要植被的株高、盖度和地上生物量等植被状况和高原鼠兔有效洞口的数量，从而评估返青期休牧对退化草地植被的影响。结果表明：返青期休牧时，草地的牧草高度、群落盖度和地上总生物量相对于放牧草地分别提高了165%、4%和77%，毒草生长明显受到了抑制，且其生物量下降了50%，高原鼠兔有效洞口数下降了72%。因此，在高寒草地过牧的关键时期实施返青期休牧可快速恢复退化草地植被，为高寒草地的合理利用提供了有效措施。

根据王超、王晓丽等《返青期休牧对玛多高寒草原植物群落特征的影响》研究显示：针对高寒草原冬春草场退化及草畜不平衡的问题，为遏制草地生态系统进一步退化，提高草地生产力，该研究于2018年在青海省玛多县玛查理镇冬春草场开展返青期休牧育草试验。试验采用随机区组设计，设置返青期休牧和返青期放牧两组，在休牧结束时期和牧草生长高峰期（7月10日和8月10日）分别进行草地植物群落调查。结果表明：相对于放牧草地，7—8月休牧草地的禾本科牧草株高增加了236.33%和123.83%（$P<0.05$），盖度增加了41.13%和61.71%（$P<0.05$），地上总生物量增加58.66%和33.62%；休牧以后草地主要植物种由原来的沙生风毛菊（*Saussurea arenaria* Maxim.）、山莓草（*Sibbaldia procumbens* L.）等变为紫花针茅（*Stipa purpurea* Griseb.）、疏花针茅（*Stipa penicillata* Hand-Mazz.）等；休牧草地和放牧草地样点植物群落结构存在差异；休牧草地植物群落物种丰富度、辛普森指数、香农-维纳指数较放牧草地均有所增加。因此，返青期休牧在高寒草原的实施，改善了草地植被恢复情况，优化了草地植物群落结构，增强了生态系统多样性。该试验为退化高寒草原植被恢复及休牧制度的实施提供了科学理论依据。

2.免耕补播

免耕补播是在不破坏或少破坏草地原有植被的情况下，在草群中播种一些能适应当地生态环境的优良牧草，以达到提高草原生产力的目的。划破草皮是青藏高原区免耕补播的主要方式。具体方法是用机引的草皮划破机或燕尾犁，或用十字镐每隔50~60cm划破1行，草皮划破面积约占15%~20%。要注意划破草皮的裂隙的宽度，裂隙太窄起不到划破的作用，但也不应使草皮翻转或整块位移，这样不利于牧草的恢复。划破草皮的深度以草皮本身的深度为准，一般不应小于10~15cm。在有坡度的地方，要沿等高线划破，以免引起水土流失。划破草皮不应在牧草生长旺盛的时期进行，而以早春或晚秋为好。高寒草甸和高寒灌丛草甸这两个主要类型，草根絮结极为紧密，在土壤上层形成了生草土层，形似地毯，俗称草皮。草皮富有弹性，十分坚韧，耐践踏，能保护土壤不被破坏。如果放牧不当，践踏过重，就会使草皮变得过度紧密，土壤的通气性和透水性变差，土壤微生物活动减弱，死根不易分解，植物的可吸收营养物质就会减少；此外，草皮紧密，降水不易渗入土中而从草皮上流走，造成土壤干旱，从而导致植物根系发育受阻，茎叶稀疏，成分变坏，产量降低，草原退化成为秃斑地或板结地。为了改变这种情况，用机具或人工划破草皮，不翻土，使草皮松动，使透水、透气，改善土壤状况，恢复草地牧草生长。划破草皮在甘肃、青海、四川的高寒草甸大面积改良草地的实践证明，这是一种较好的方法，增产最低为10%~40%，最高可达2~4倍。

根据孙磊、王向涛等《不同恢复措施对西藏安多高寒退化草地植被的影响》研究显示：为探讨不同恢复措施条件对草地植被特征、地下生物量、地下种子库以及多样性等方面的影响，在西藏安多典型退化草地进行围栏，并选用细茎冰草（*Slender Wild-rye*）、垂穗披碱草（*Elymus nutans* Griseb.）、无芒雀麦（*Bromus inermis* Leyss.）和冷地早熟禾（*Poa crymophila* Keng）4种牧草，在围栏内进行免耕补播的试验研究。结果表明：经过免耕补播和围栏封育后，草地植物高度、盖度、产量均有不同程度的提高；植物多样性有少量增加，植被优势种差异较显著；植物群落地下生物量变化幅度较大，特别是经过围栏和补播的草地，其0~10cm地下生物量增加明显；此外，土壤种子库测定表明，围栏和补播试验地种子总数明显高于围栏外，增加的种子数主要分布在0~5cm的土层中。

3.禁牧

禁牧就是对草原实行长期围封，严禁放牧利用。为了迅速和彻底恢复草原植被，发挥其水源涵养、水土保持、防沙固沙、压碱退盐、保护生物多样性、养育野生动物等重要的生态环境功能，应在水源涵养区、防沙固沙区、严重退化区、生态脆弱区、特殊

图11　长年放牧与禁牧对照

生态功能区，实行永久围封禁牧。禁牧可以使植被在自然状态下迅速恢复，中度退化的草地在禁牧3~4年后，牧草的产量即可接近退化前的水平；禁牧7~8年，产量可能不再增加，但植被的植物学成分尚不能恢复为原始的状态。为了使草地彻底恢复，尤其是土壤遭到破坏的草地，还应使草地继续休养生息，恢复土壤养分，增强自然生态力，这就需要更长的禁牧时间。此外，禁牧也是生态灭鼠、保护草原的有效方法之一。

禁牧的条件有以下几点：

（1）灌丛草地

山坡地灌丛草地牧用价值不高，用砍伐灌木改良的方法也未收到好的效果，但它是重要的水源涵养地，具有十分重要的生态环境意义，应当禁牧。

（2）沙化草地

沿河岸沙土草地，极易沙化，已沙化和未沙化的草地都应禁牧，以消除和避免沙化对社会、经济和生态环境造成更大的损害。

（3）“黑土滩”草地

放牧过度而形成的严重退化草地——“黑土滩”，土壤和植被都被严重破坏，短期内难以治理和恢复，也应禁牧，使其自然恢复，发挥其更重要和更长久的生态效益。

（4）农区或半农半牧区的林间草地

农业比重较大的半农半牧区应封山禁牧，恢复草原植被，改善生态环境，家畜应依靠人工草地和农副产品饲料舍饲圈养。农区的零星草山草坡应全部禁牧，恢复草原植被，改善生态环境。

解除禁牧时的主要参数：一般以初级生产力和植被盖度作为解除禁牧的主要依据。根据具体情况，当上一年度初级生产力最高产量超过600kg/hm^2（干物质），生长季末植被盖度超过50%时，可以解除禁牧。也可用当地草原的理论载畜量作为参考指标。当禁牧区的年产草量超过该地理论载畜量条件下家畜年需草量的2倍时，可以解除禁牧。解除禁牧后，应对草原实施划区轮牧或休牧。

根据张伟娜、干珠扎布等《禁牧休牧对藏北高寒草甸物种多样性和生物量的影响》研究显示：通过对藏北高寒草甸禁牧3a、禁牧5a、禁牧7a、休牧5a和自由放牧等不同管理措施样地的植物群落物种多样性、群落高度、群落盖度、地上生物量和地下生物量的实地调查与分析，探讨了禁牧和休牧对藏北高寒草甸物种多样性和生物量的影响。结果表明：禁牧样地的群落丰富度指数、多样性指数均显著高于休牧和自由放牧样地，而禁牧3a和5a显著高于禁牧7a；禁牧3a的均匀度指数显著低于禁牧5a和7a，其禾草和莎草的重要值则高于其他样地；禁牧5a样地地上生物量最高，为84.2g/m^2，并且其地下生物量与地上生物量的比值最小。在藏北地区,禁牧5a不仅可维持较高的高寒草甸物种多样性,而且还能够明显提高高寒草甸可利用生物量,但是禁牧5a以上将不利于维持较高的物种多样性和草地可利用生物量。

4.施肥

施肥是草原培育的最有效的措施之一,它可以大幅度增加牧草和畜产品产量,调节草层不同牧草类群的比重,改善牧草营养物质的含量。英国一个试验站历时100年的试验证明,在每年施完全的氮、磷、钾肥的条件下,施肥草地的产量为不施肥的3.2倍。草原施肥的经济效益很大,每施1kg有效氮可以增产干草20~25kg,或10kg牛奶,或1~1.5kg牛肉。多施氮肥可以增加草层中禾本科草的比重,多施磷、钾肥可以增加豆科草的比重,通过施肥可以定向地改变草地牧草成分。施肥后由于叶片增多,粗蛋白含量增加,牧草的适口性变好。施肥还可以提高牧草对降水的利用效率,美国在干旱草原10年的试验证明,施肥草原每毫米降水产出牧草5.81kg,而不施肥的只有2.61kg,相差2倍多。施肥还可以增加牧草抗寒力,延长生长期,在天祝高寒草原的试验证明,夏季施氮肥,秋季生长可延长10~15d。

草原施肥可以施用有机肥,也可以施用化肥,但以前者为好。施肥时间和次数要求不严格,有许多试验证明一次大量施肥,肥效可延续5~8年,甚至比一年多次施用效果还好。草原施肥也应对土壤养分状况进行诊断,以便有针对性地配方施肥。

根据闵星星、马玉寿等《羊粪对青海草地早熟禾草地生产力和土壤养分的影响》研究显示:在三江源区果洛藏族自治州大武镇进行了青海草地早熟禾(*Poa pratensis cv.* Qinghai)小区施肥试验,研究了磷酸二铵、生羊粪及不同施用量的腐熟羊粪对青海草地早熟禾牧草高度、盖度、密度、地上生物量及土壤养分的影响。结果表明,青海草地早熟禾在播种时用15 000kg/hm^{2}的腐熟羊粪做基肥,其牧草高度、盖度、密度及地上生物量分别为69.5cm、80.7%、6190枝/m^{2}和439.4g/m^2,均可达到150kg/hm^{2}的磷酸二铵施肥水平(P>0.05)。在相同施肥量下腐熟羊粪的增产效果明显优于生羊粪。土壤中有机质、全氮、速效氮、全磷和速效磷均随着腐熟羊粪施肥量的增加而增加。

根据曹文侠、李文等《施氮对高寒草甸草原植物群落和土壤养分的影响》研究显示:2013—2014年在青藏高原东缘测定了不同梯度施氮后植物群落特征、牧草营养和土壤质量的变化,并分析了施氮后的经济效益。结果表明:①施氮显著增加了各功能群植物的高度和禾本科功能群植物盖度,而对莎草科和豆科植物盖度无显著影响;施氮显著增加了禾本科、莎草科、豆科和植物群落生物量,降低了杂类草盖度和生物量,其中施肥量为30.86~38.58g/m^{2}时效果最为显著。②施氮显著增加了0~20cm土层根系的生物量；施氮当年显著增加了根冠比，施氮第2年根冠比无显著变化。③施氮不同程度地降低了高寒草甸草原植物群落多样性，其中，施肥量在30.86~38.58g/m^{2}时最低。④施氮不同程度地提高了禾本科、莎草科和杂类草植物的粗蛋白含量，降低了各功能群植物纤维含量；施氮不同程度地提高了高寒草甸草原土壤养分和有机碳含量，其中施肥量为30.86~38.58g/m^{2}时最高。⑤施氮当年和第2年净收益均在施肥量为30.86g/m^{2}时最大，分别为1860元/hm^{2}和878元/hm^2。施氮缓解了青藏高原东缘高寒草甸草原植物生长的营养限制，提高了可食牧草产量，30.86~38.58g/m^{2}可作为该区最佳施氮水平。

根据郭剑波、赵国强等《施肥对高寒草原草地质量指数及土壤性质影响的综合评价》研究显示：以西藏自治区班戈县的典型高寒草原为研究对象，设置田间小区控制试验，于2013—2015年施加不同数量氮磷肥（N：0、7.5、15.0gN/m^2，P：0、7.5、15.0、30.0gP_2O_5/m^2），调查各处不同类群植物生物量、分析土壤理化性质，进而评价氮磷养分添加对高寒草原草地质量和土壤环境质量的影响。试验结果表明：①氮磷配施优于氮磷肥单施，不同氮磷配施处理均能提高草地质量指数（IGQ），以N1P1（N：7.5g/m^2，P_2O_5：7.5g/m^2）施肥处理的草地质量指数最大（90.27），相较对照增加了67.16%（$P<0.05$）。②选择土壤有机质（OM），全氮（TN）、全磷（TP）、有效氮（AN）、有效磷（AP）和pH作为土壤环境质量评价指标，应用主成分分析法对不同土层（0~10cm、10~20cm、20~30cm）的12个施肥处理的土壤理化性质进行分析。结果表明：短期施肥主要影响土壤0~10cm土层环境质量的变化；增施氮肥土壤pH呈下降趋势；高磷添加处理（P_2O_5：30.0g/m^2）增加了土壤全磷、有效磷含量，但植物吸收效率下降。③结合草地质量指数和土壤理化性质变化进行草地质量综合评价，结果表明氮磷肥配施效果好于单施，且N_1P_1（N：7.5g/m^2，P_2O_5：7.5g/m^2）处理相对得分最高，为该试验条件下的适宜施肥量。

5.除莠

除莠就是清除草原上的毒草和杂草。在退化的草原上，毒草和杂草大量滋生，不仅降低了可食牧草产量，还威胁家畜的健康和畜产品质量，给草原畜牧业造成很大损失，为了加速草原恢复，提高草原生产力，必须对毒草和杂草加以清除。最主要的毒草有黄花棘豆（*Oxytropis ochrocephmla* Bunge）、甘肃棘豆（*Oxytropis kansuensis* Bunge）、龙胆（*Gentiana scabra* Bunge）、狼毒（*Stellera chmmaejasme* L.）、翠雀（*Delphinium grandiflorum* L.）、乌头（*Aconitum carmichaelii* Debeaux）、毛茛（*Ranunculus japonicus* Thunb.）、箭叶橐吾（*Ligularia sagitta*（Maxim.）Mattf.）、唐松草（*Thalictrum aquilegiifolium* var. sibiricum Linnaeus)、马先蒿(*Pedicularis resupinata* L.)等。清除毒草杂草的方法较多,方便有效的有人力、机械挖除法,以及除莠剂的化学清除法等。经过试验取得良好效果的化学清除方法有:2.4—滴丁酯溶液杀灭清除小花棘豆和大蓟、茅草枯杀灭醉马草、二甲四氯+碳酸氢铵杀灭龙胆、狼毒等。

6.特殊退化草原修复技术

"黑土滩"草地的改良 :"黑土滩"退化草地是指青藏高原以嵩草属(*Kobresia* Willd.)植物为建群种的高寒草地严重退化后,形成的一种大面积次生裸地,俗称"黑土滩"。这种退化草地面积较大的地方,常使家畜无草可食,牧民无以为生,被迫迁出而成为生态难民。

"黑土滩"形成的主要原因是长期过度放牧,破坏了植被,再加上鼠类打洞抛土,破坏草皮,形成土质疏松的风蚀、水蚀突破口,后逐渐发展成风蚀、水蚀的块状秃斑,原来位于草皮下的黑褐色土壤腐殖层露出,便表现为"黑土滩"景观。"黑土滩"草地鼠洞密布,鼠类猖獗,植被组成中60%~80%为毒草和杂草,可食牧草产量仅为退化前的10%~15%,完全失去利用价值。"黑土滩"退化草地的治理难度很大,需要采取综合治理的办法。治理的基础是禁牧和灭鼠,治理的途径之一是补播垂穗披碱草(*Elymus nutans* Griseb.)、老芒麦(*Elymus sibiricus* L.)、草地早熟禾 (*Poa pratensis* L.)、早熟禾(*Poa annuais* L.)、青海鹅冠草(*Roegneria kokonorica* Keng)等耐寒牧草,使其逐渐恢复。另外还可以翻耕后建植人工草地,这种办法投入较多,但恢复的速度较快。这里需要指出,不管采用哪种方法治理"黑土滩",其新建的人工草地植被,由于气候的原因,还会逐渐演替为原来较为稳定的嵩草草地,这个时间可能需要数十年。

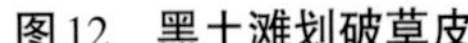

图12　黑土滩划破草皮

图13　黑土滩治理对照

沙化草地的改良:北方草地土壤发育时间不长,土壤普遍具有粗骨性的特点,机械组成中沙粒含量高,一旦过度放牧,植被破坏,土表裸露,就极易引起沙化,与"黑土滩”草地一样，也是植被、土壤均遭受了破坏，改良和治理的难度很大。治理的措施首先是禁牧，在禁牧的基础上还可采取植物固沙、机械固沙和化学固沙的办法，加速植被的恢复。植物固沙就是补播适宜的植物，使其形成先锋群落，固定沙地，并进而发展演替为稳定的、固沙作用强的原始稳定群落。青藏高原重度沙化草地可采用“围栏+草方格+种草+植灌”的模式修复，草种选择披碱草+早熟禾+燕麦组合，灌木选择洮河柳或山生柳。中度退化沙化草原采用“围栏+鼠害防治+种草”的模式修复，草种选择披碱草+早熟禾+紫羊茅组合。轻度退化沙化草原采用“围栏+鼠害防治+种草+施肥”的模式修复，草种选择披碱草+早熟禾组合。

（四）典型试验研究

1.轻度退化高寒草甸

采用“围栏+禁牧或休牧”“近自然植被恢复”模式，围栏封育作为“近自然植被恢复”技术之一，是一种有效、简便易行地促进退化草地生态恢复的策略。甘肃省草原总站在碌曲县轻度退化草地进行围栏封育，对披碱草、异针茅、短柄草及嵩草四种不同类型草地、不同围栏封育年限的生物量及典型围栏封育区植物群落特征进行了测定研究。结果表明，围栏封育后，各类型草地的地上生物量显著增加，轻度退化草地的植物群落发生正向演替，但是第4年比第3年可食牧草产量、牧草盖度、高度等无显著差异（$P>0.05$），说明禁牧封育3年后，草原生产性能及植物群落特征无显著变化，可以合理利用。

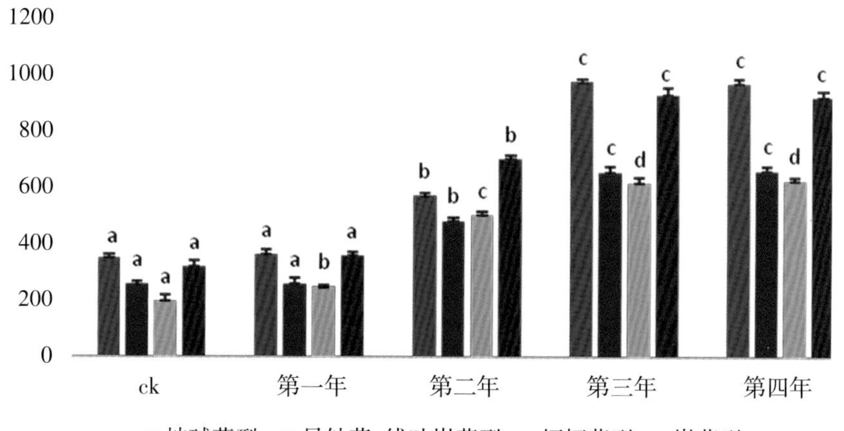

图14　围栏封育对可食牧草生物量的影响

在禁牧封育区，围栏后全年禁止放牧，在禁牧年份的8月15日左右监测草地植被状况，测定指标包括草层高度、植被盖度、草地初级生产力、可食牧草比例。在休牧区，牧草返青期4月下旬至5月下旬及种子成熟期8月中旬至9月中旬实施休牧，共计60d，在此期间，对饲养家畜实施补饲，每天每个羊单位补饲中等品质干草1.8kg。采用禁牧封育和忌牧期休牧措施时需要有家畜饲养相关基础设施及饲料保障，使畜牧业生产能够正常开展，尽可能不影响牧民收入。

2. 中、重度退化高寒草甸

中度采用“灭鼠+补播（30%黑麦草+70%垂穗披碱草）”、重度采用“灭鼠+补播（燕麦25%+75%垂穗披碱草）”的“群落学途径”治理模式。在碌曲县中、重度高寒退化草地，通过综合改良措施研究植物群落的特征变化，结果表明：随着修复年份的增加，中度退化草地盖度提高了37%，可食牧草产量提高了353%；重度退化草地盖度提高了57%，可食牧草产量提高了518%。综合修复措施的应用，提高了草地生产能力，土壤有机质含量增加，透气性、渗透性和蓄水能力持续向好，使草地向良性方向演替。

补播1月后检测出苗情况，补播当年8月15日左右监测草地植被恢复状况，测定指标包括草层高度、植被盖度、草地初级生产力、可食牧草比例。补播所用草种尽可能从当地获得，以降低外来植物入侵风险。

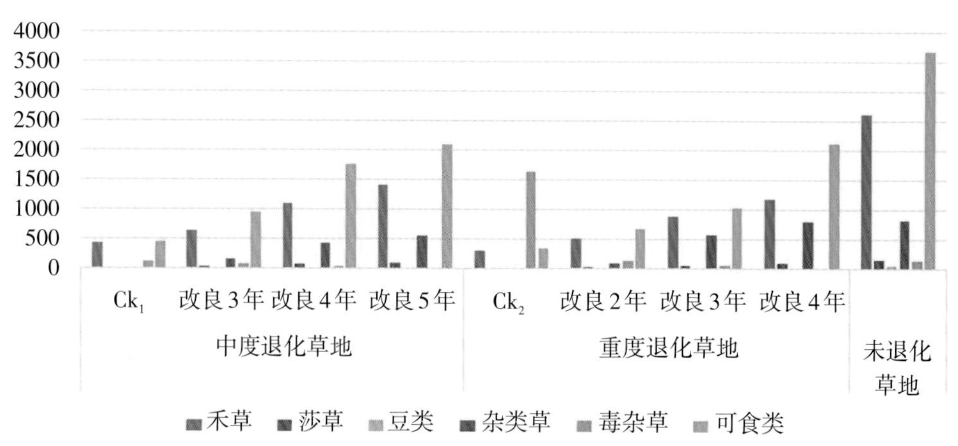

图15　综合修复措施对中、重度退化草地生物量（干重）的影响

3.“黑土滩”型高寒退化草地

采用“拟顶级群落”生态建植技术。甘肃省草原总站在碌曲县开展试验研究表明：补播当年，总生物量较对照组提高391.3%，杂草科生物量较对照组降低52.3%；补播第2年，总生物量较对照组提高626.8%，杂草科生物量较对照组降低70.17%，因此补播本土草种“垂穗披碱草+燕麦+中华羊茅+冷地早熟禾”组合可作为“黑土滩”型退化草地修复治理措施推广应用。

表5　补播草种名称及播量

处理	混播比列	播量(kg/hm²)
Ck 不补播		
组合1　垂穗披碱草+中华羊茅+冷地早熟禾	30:15:15	60
组合2　垂穗披碱草+燕麦+中华羊茅+冷地早熟禾	30:90:15:15	150

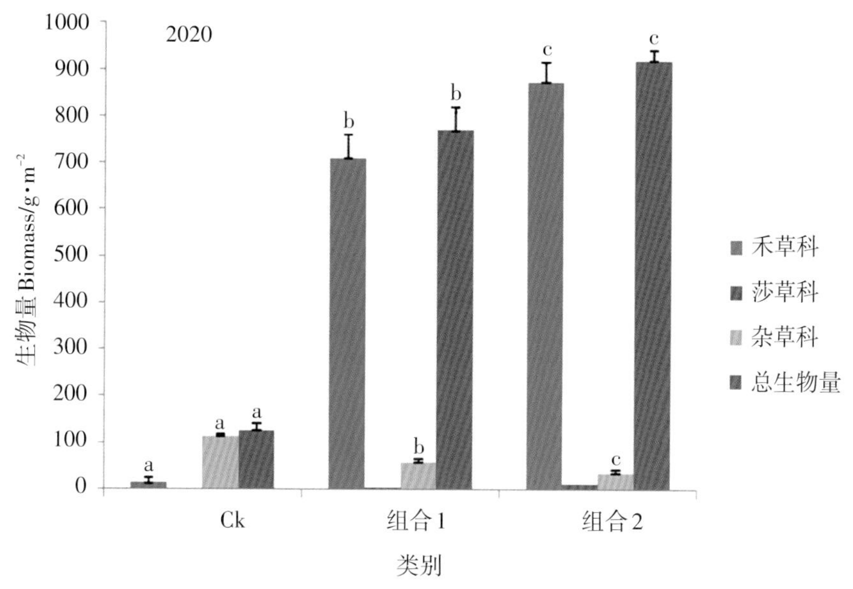

图16　不同处理对“黑土滩”型退化草地生物量的影响

三、黄土高原草原区

(一)草原类型及植被特征

黄土高原区地貌单元以山地为主,气候南部湿润,北部干燥,地带性土壤有山地棕壤、山地黑钙土、山地灰褐土、草原土、黄绵土、灰钙土。主要草原类型包括温性草原、温性草甸草原、温性荒漠草原。代表性植物:长芒草、短花针茅、克氏针茅、冷蒿、铁杆蒿、艾蒿、茵陈蒿、花苜蓿、羊茅、蓍状亚菊、小叶锦鸡儿、百里香、达乌里胡枝子、扁穗冰草等。

(二)草种及草种组合选择

针对黄土高原区干旱、少雨、可利用草场退化的特点,在草种选择上应以抗旱性强、饲用价值高的紫花苜蓿、披碱草、老芒麦、沙打旺、草地早熟禾、草木樨、冰草等草种为主;灌木、半灌木以沙棘、柠条、柽柳、侧柏等为主栽植。

草种组合可采用禾本科+豆科，如将草地早熟禾、老芒麦、紫花苜蓿以1∶1∶1的比例混合播种，播种量0.667~2kg/hm^2，播种深度1~2cm。根据地域不同，也可以草灌结合，种植沙棘、柠条等灌木，配合种植草种，提高草地植被盖度。

（三）修复技术

黄土高原区大部分以温性草原为主，可根据地域特点，采用禁牧、补播改良、人工草地建植等修复手段。

1.禁牧

针对黄土高原区轻度退化草原可采用禁牧措施。近些年，最常见的修复方法是围栏封育，它是人类有意识调节草地生态系统中草食动物与植物的关系以及管理草地的手段之一。由于其投资少、见效快、操作简单易行，已成为当前退化草地恢复与重建的重要措施之一，并为世界各国所广泛采用。国内外学者对退化草地围封后在植被及土壤特征等方面的变化进行了一些研究，发现围栏封育具有增加植被生产力、改善土壤营养状况、恢复生态功能等作用。

但最近有研究显示，封育修复技术在最初几年中可以起到植被恢复、土壤营养积存的作用，但是随着时间的增加会导致土壤植被逐渐单一化，从而影响草原植被的稳定性。有学者研究得出，封育有助于提高退化草地土壤有机质含量和增加氮磷钾含量，但随着封育年限增加呈现出先增加后降低的趋势。封育技术是退化草地修复的有效方式之一，尤其是对于破坏严重、环境恶劣地区更为有效。但封育的作用不会一直保持，会随着封育时间下降，还会影响物种多样性，所以修复技术不应该是单一的一种，应根据具体时间和环境情况，因地制宜结合其他修复技术协同使用，将修复的作用最大化。禁牧时间要根据草地监测结果，科学合理的确定，不能一禁了之。对已经通过禁牧恢复的草原区应进行合理放牧利用或刈割。

封育包括以下几种形式：

（1）全年封禁

边远山区、江河上游、水库集水区、水土流失严重地区以及恢复植被比较困难的地区，实行全年封禁，严禁人畜进入，以促进植被恢复。

（2）季节封禁

当地水热条件较好、原有树木破坏较轻、植被恢复较快的地区，实行季节性封禁。一般春、夏、秋生长季节封禁，晚秋和冬季可以开放，允许村民割草、放牧。

（3）轮封轮放

封禁面积较大、植被恢复较快、当地饲草较缺乏的地区，将封禁范围划分几个区，实行轮封轮放。每个区封禁3~5年后，可开放1年。合理安排封禁与开放的面积，做到既能有利牧草生长，又能满足群众需要。

2. 补播改良

针对中、重度退化草原采用补播、补播+鼠害防治+封育等措施。补播可单播或混播，播种方式可灵活采取飞播、机械条播、人工穴播等方式进行草地修复。在便于机械使用的地区采取机械条播方式，该方式具有出苗率高、出苗整齐的特点。在土壤较为紧实的地区，补播面积不大时，采用人工穴播后适当覆土也是一种较好的办法，这类区域由于种子难以有效进入土壤中，撒播效果不佳。在具有落种成草立地条件的区域，采取飞播种草的方式，便于大面积、高效率地补播草种。

3. 人工草地建植

针对坡度大于25°以上的耕地、严重的沙化耕地、已垦草原（撂荒地），通过国家实施的退耕还草工程，进行人工草地建植来恢复植被，改善生态环境。

人工草地的利用为刈割和放牧。刈割留茬高度按具体牧草的利用要求执行。一般中等高度牧草留茬5cm，高大草本留茬7~10cm。刈割的最佳时期，禾本科牧草是分蘖—拔节期；豆科牧草是初花期。人工草地可以放牧利用，但在中国往往是先刈割利用，再生草放牧利用或者茬地放牧利用。再生草地放牧利用时，放牧带羔母羊或育肥羊。

表6　常见牧草参考播种量

牧草名称	播种量（kg/hm^2）	覆土深度（cm）	牧草名称	播种量（kg/hm^2）	覆土深度（cm）
黑麦草	15~22.5	2~3	苏丹草	22.5~30	2~3
多花黑麦草	15~225	2~3	非洲狗尾草	75~15	2~3
鸭茅	7.5~15	2~3	大翼豆	7.5~12	2~3
苇状羊茅	15~30	2~3	鸡眼草	75~15	2~3
羊茅	37.5~45	2~3	白三叶	3.75~7.5	2~3
紫羊茅	7.5~15	2	红三叶	9~15	2~3
草地羊茅	15~18	1~2	绛三叶	12~19.5	2~3
扁穗雀麦	22.5~30	3~5	杂三叶	6~7.5	2~3
无芒雀麦	22.5~30	4~5	野火球	15~22.5	3~4
草芦	22.5~30	3~5	草莓三叶草	15~22.5	2~3
球茎草卢	7.5~15	3~4	地三叶	19.5~24	2~3
宽叶雀稗	15~22.5	2~3	埃及三叶草	12~15	2~3
毛花雀稗	15~22.5	2~3	百脉根	6~12	2~3

续表

牧草名称	播种量（kg/hm²）	覆土深度（cm）	牧草名称	播种量（kg/hm²）	覆土深度（cm）
巴哈雀稗	11~16	2~3	绿叶山蚂蝗	2.25~3.75	2~3
狗牙根	6~12	2~3	银叶山蚂蝗	3.75~7.5	2~3
羊草	30~52.5	2~3	银合欢	15~22.5	3~4
老芒麦	22.5~30	2~3	葛藤	3.75~4.5	3~5
披碱草	15~30	2~3	紫花苜蓿	15~22.5	2~4
肥披碱草	22.5~30	2~3	黄花苜蓿	15~22.5	2~4
垂穗披碱草	15~22.5	2~3	金花菜	15~22.5	2~4
冰草	15~225	3~4	箭舌豌豆	60~75	4~5
蒙古冰草	22.5~30	3~4	毛苕子	45~75	4~5
沙生冰草	11.25~22.5	3~4	山野豌豆	45~75	4~5
偃麦草	22.5~30	2~3	紫云英	30~60	3~4
中间偃麦草	15~22.5	2~3	鹰嘴紫云英	11.25~18.75	2~3
弯穗鹅观草	35~45	3~4	沙打旺	3.75~7.5	2~3
纤毛鹅观草	22.5~30	3~5	草木樨状黄芪	7.5~12	2~3
猫尾草	7.5~12	1~2	红豆草	45~90	2~4
大看麦娘	15~30	3	外高加索红豆草	60~90	2~4
苇状看麦娘	18.75~22.5	1~2	沙地红豆草	45~60	2~4
短芒大麦草	7.5~15	2~3	扁蓿豆	30~37.5	1~2
布顿大麦草	11.25~15	3~4	黄花羽扇豆	150~200	3~5
高燕麦草	45~75	3~4	柱花草	1.5~3	2~3
草地早熟禾	7.5~15	2~3	矮柱花草	1.5~3	2~3
扁秆早熟禾	7.5~12	2~3	圭亚那柱花草	6~9	2~3
普通早熟禾	12~15	2~3	白花草木樨	15~22.5（荚果）	2~4
加拿大早熟禾	12~15	2~3	黄花草木樨	15~22.5（荚果）	2~4
碱茅	7.5~15	1~2	细齿草木樨	15~18（荚果）	2~4
朝鲜碱茅	30~37.5	0.5~1	羊柴	30~45	3~5
花棒	9~18	3~5	山黧豆	60~75	3~5
山竹子	15~22.5	3~5	小冠花	4.5~7.5	1~2
柠条	7.5~10.5	2~3	菊苣	2.25~3	2~3
中间锦鸡儿	7.5~10.5	2~3	串叶松香草	3.75~7.5	3~4
小叶锦鸡儿	6~9	2~3	鲁梅克斯	3~6	1~2
蓝花棘豆	15~30	2~3	优若藜	3.75~7.5	2~3
二色胡枝子	7.5~15	3~4	伏地肤	22.5~30	2~3

续表

牧草名称	播种量（kg/hm^2）	覆土深度（cm）	牧草名称	播种量（kg/hm^2）	覆土深度（cm）
截叶胡枝子	9~30	3~4	冷蒿	3~4.5	0.5
达乌里胡枝子	6~7.5	2~3	白沙蒿	3~4.5	0.5
细叶胡枝子	15~22.5	3~4	伊犁蒿	3~4.5	0.5

4.灌草耦合植被修复模式

（1）退耕地人工灌草优化配置

山毛桃/山杏—甘蒙柽柳/柠条—苜蓿配置；侧柏—甘蒙柽柳/柠条—紫花苜蓿配置；侧柏—山杏—紫花苜蓿配置；文冠果—紫花苜蓿配置技术。

（2）荒坡地人工灌草优化配置

柠条—自然草地配置；山杏—柠条—自然草地配置；柠条平茬。

（3）梁峁顶人工灌草优化配置

山毛桃—自然草地；山杏—柠条—自然草地。

（4）侵蚀沟道生物＋工程治理优化配置

地埂甘蒙柽柳—紫花苜蓿配置；浸蚀沟道甘蒙柽柳—自然草地配置。

（四）典型试验研究

2001—2018年由兰州大学、甘肃省草原技术推广总站联合实施的“甘肃黄土高原灌草优化耦合技术模式研究与示范”项目。

技术方案：项目研究内容主要包括黄土高原适生灌草品种选育与评价、灌草植被恢复与可持续利用技术模式和灌草一体化产业技术模式及其理论基础研究，以及技术和模式的示范推广、人员培训等。

根据研究内容，开展各项试验研究与成果示范工作，在此基础上综合集成各项技术体系和模式，推动灌草一体化关键技术模式产业化示范推广。实施过程中，及时评估各项研究内容的示范效果，据此完善整体设计、试验示范与技术综合集成，更好地实现预期目标。

在甘肃黄土高原榆中县、环县、安定区、西峰区建立试验示范区，通过长期试验示范引种筛选优质草灌品种，建立草灌种质资源大数据库，研制优良牧草丰产栽培关键技术体系。从黄土高原区主要牧草的适应性、适宜种植区域确定、田间管理、各生育期的营养特征调控等，建立适宜牧草的选育和评价体系。通过优化不同生态型草灌之间的时空配置和种植模式，明确草灌耦合的生态作用，构建黄土高原主要草灌耦合技术体系；提出黄土高原灌草植被恢复与可持续利用技术模式；通过分析灌草耦合的生态作用和生产功能，揭示草灌耦合的生态系统效应，确定关键参数，建立灌草耦合技术体系和灌草一体化的模式，并在甘肃黄土高原大范围示范推广。

图17　灌草结合治理荒坡

取得成果：

(1)在甘肃黄土高原，选育了“阿迪娜紫花苜蓿”(品种登记号:511)和“甘引一号黑麦”(品种登记号:GCS004)两个草类新品种。筛选出一批适生灌草品种，建立了灌草资源评价体系，适宜性品种包括甘蒙柽柳、柠条、沙棘、狼牙刺、紫穗槐、山桃、白刺、野枸杞、紫花苜蓿、白三叶、红三叶、高羊茅、燕麦等品种。提出了牧草多次刈割及其提质增产的理论，完善了相关技术，建立了重要饲草产量和品质预测模型。为灌草优化耦合提供了理论与物质基础。

(2)研究提出了灌草优化耦合技术与模式。草原空间配置模式有以下几种：侧柏—毛条/毛条/甘蒙柽柳、柠条/沙棘/甘蒙柽柳、云杉/华北落叶松/油松—沙棘、侧柏—甘蒙柽柳/柠条—紫花苜蓿、山毛桃/山杏—甘蒙柽柳/柠条—紫花苜蓿、侧柏—山杏—紫花苜蓿、文冠果/仁用杏—紫花苜蓿等人工林草带状隔坡配置模式。

(3)研究建立了甘肃黄土高原灌草植被恢复与可持续利用的理论基础与技术模式，阐明了草原/多年生作物/一年生作物/多年生牧草—人工林/草原—人工林等利用变化的生态效应，为甘肃黄土高原草原灌草植被多样化管理提供了理论基础和技术模式。

(4)在甘肃黄土高原开展了“牧草资源丰产栽培和高效利用”“林草一体化配置”

“草地适应性管理”等技术模式的试验示范，并大面积推广应用。在核心区指导农户、合作社种植牧草和构建林草系统超过100万亩，在整个黄土高原丘陵沟壑区示范推广超过400万亩，经济、社会、生态效益显著。示范区植被覆盖率提高21.6%，土壤侵蚀模数下降28.3%，新增产值超过10亿元，为黄土高原产业扶贫、结构调整以及林草地管理和可持续发展提供了科技支撑和生产模式。

甘肃陇东地区镇原县为大力开展草原保护与修复，实施《黄土高原沟壑区人工草地建植与天然草原生态修复示范区项目》。

项目规划完成2万亩人工草地建植和退化草原修复任务，其中，以“围栏禁牧+补播”的方式修复退化草原1.5万亩、人工草地建植0.5万亩。

(1)退化草原补播技术方案

①播区选择。播区要选择在草原发生中度退化的区域，土层厚度20cm以上。②播前准备。补播前使用圆盘耙、农用耙片、松土铲等工具按照等高线松土或划破草皮，作业时松土宽度在10cm以上，松土深度10cm左右。坡度较大时补播种子要提前做好处理，确保破除休眠。补播地块施磷酸二胺3.34kg/hm^2。③补播时期。在不发生春旱的条件下，在原有草地植被生长最弱的时期，采用早春顶凌松土播种5000亩；在5—6月雨季即将来临、水分充足的初夏时节免耕补播10 000亩。④补播量。补播选择高羊茅×披碱草×紫花苜蓿×白三叶四元混播模式，播量为5kg×4kg×4kg×3kg/hm^2。⑤补播。补播采用撒播和条播两种方法。在坡度较小、地形开阔区使用草原松土补播机进行条播，一次同时完成松土、补种、覆土、镇压等工序。在坡度较大、无法使用机械作业的区域，雇佣人力背负式电动撒播器和手摇式撒播机按等高线依次撒播。在坡度陡峭、人员不易到达的小区域，可以利用羊群补播，即用罐头盒做成简易播种筒挂在羊脖子处，羊群边吃草边撒播种子，蹄子将草种踏入土内，每群羊中有1/4~1/3的羊只戴简易播种筒即可。⑥覆土。采取畜力或拖拉机拖带耙耱、牲畜践踏等方式覆土。一般以浅覆土为宜，不超过2cm。⑦查苗补播。在补播20~30d后，采取随机抽样方式检查出苗情况，随机抽样不少于150个。每个样点检查1m×1m样方，确保补播出苗率在15株/m^{2}以上。否则，根据缺苗情况在雨后重新进行补播。⑧补播地管理。刚补播的草地幼苗嫩弱，根系浅，经不起牲畜践踏，实施草原围栏封育，要确保补播出苗当年禁牧，第2年以后可以在秋季割草或冬季放牧。补播草地要注意持续监测鼠虫害，做到及时发现、及时治理。

(2)人工草地建植技术方案

①地块选择。结合基线调查的基础上，在陈畅村选择坡度大于25°且坡面垂直高

图18　退耕地修复

度较大、大型机械作业难以实现的地块，建植混播放牧型人工草地。在地形较为平坦、适宜大型机械作业的撂荒地或梯田，选择适宜的草种，建立高产刈割型人工草地。②草种选择。参照农业农村部办公厅印发的《人工草地建设技术规程》，选择陇东紫花苜蓿、白三叶、高羊茅、披碱草、菊苣、细叶车前六个草种。设置单播、豆禾二元混播、豆禾三元混播、豆禾四元混播、豆禾五元混播五种种植模式。③确定播量。由于牧草种子较小，且多在坡地或沟壑地带种植，为确保出苗率，一般取理论播种量中间值或最大值为实际播种量。紫花苜蓿播种量为20kg/hm^2，披碱草播种量为30kg/hm^2，高羊茅播种量为30kg/hm^2，白三叶播种量为10kg/hm^2，菊苣播种量为5kg/hm^2，细叶车前播种量为15kg/hm^2。④播前处理。播种前处理包括土壤处理、种子处理、杂草清理等方面。一是土壤处理。实施地块多为机修的川台梯田，对地面的一些石块、树根、土堆等进行平整清理等。对地块实施土壤浅翻耕作业，在播种前翻耕后进行充分晒垡，利于土壤熟化。翻耕要施足基肥，使用磷酸二铵13.34kg/hm^2。有条件的情况下，对实施地块需进行肥力测试，视测试结果施足底肥。如果土层过于松软，在播种后建议进行镇压或耙耱作业。二是种子处理。采购的紫花苜蓿、白三叶等豆科草种子达到国家质量标准（GB 6141—2008）规定的Ⅱ级，即净度≥95%、发芽率≥85%、种子用价≥80.8%、水分≤12%；采购的披碱草种子达到国家质量标准（GB 6142—2008）规定的Ⅱ级，即净度≥90%、发芽率≥80%、种子用价≥72.8%、水分≤11%；高羊茅种子净度≥95%、发芽率≥85%、种子用价≥80.7%、水分≤11%；项目实施方要委托第三方机构出具有效力的种子监测报告。种子在播种前要晒种2~3d，以杀菌消毒、打破休眠。处理好的种子做发芽试验，发芽率达到国家规定标准，保证实地播种后的出苗率。禾本科种子如有必要做好脱芒处理。⑤播种。结合项目实施区实际，在清明前后播种为宜，即4月上、中旬下雨前进行。单播播种量和混播比例参照表7。播种方式为撒播或条播，面积较大时可用拖拉机等机械装运草种，组织人员站在车厢内撒播；条播行距20cm，播种深度控制在2~3cm，土壤含水量高宜浅、含水量低宜深。由于牧草种子较小，可用细土和沙子拌种，以利于均匀播种。播种要结合镇压或耙耱措施进行，使种子和土壤充分接触，以免形成吊苗。⑥查苗补播。在播种20~30d后，采取随机抽样方式检查出苗情况，随机抽样不少于100个。每个样点抽取3个1m²样方，确保平均出苗率在50株/m²以上。否则，根据缺苗情况在雨后进行补播。⑦田间管理。一是播种后、出苗前，如遇雨后土壤板结，要及时使用工具破除土壤板结层，以利于出苗。二是牧草苗期生长缓慢，容易受到杂草危害，在适当时候要中耕除草1~2次，特别要严防杂草侵害。三是播种当年，在生长季结束前，如果牧草生长旺盛，在生长停止前30d刈割利用一次，留茬高度应为7~8cm；如果生长较弱，要留苗过冬，并加强管护，严防冬春家畜放牧等。四是追肥是提高牧草产量的重要措施，豆科牧草追肥一般在分枝现蕾期结合灌溉进行，禾本科牧草追肥一般在拔节孕穗期前结合灌溉进行，刈割和放牧利用后也可以适当追肥。每次刈割追肥参照过磷酸钙6.67~13.34kg/hm²或磷酸二氨2.67~4kg/hm²进行。

表7　人工草地建植草种组合模式、利用方式及播种量

组合模式	草种名称	利用方式	播种量（kg/hm²）	规划面积（亩）
单播	高羊茅	刈割+放牧	30	单播1748
	披碱草	刈割+放牧	30	
	紫花苜蓿	刈割+放牧	20	单播3855
	白三叶	刈割+放牧	10	
	菊苣	刈割+放牧	5	单播2815
	细叶车前	刈割+放牧	15	
二元混播	高羊茅+紫花苜蓿	放牧+刈割	15×12	745
	高羊茅+白三叶	放牧+刈割	15×7	
	披碱草+紫花苜蓿	放牧+刈割	15×12	
	披碱草+白三叶	放牧+刈割	15×7	
三元混播	高羊茅+披碱草+紫花苜蓿	放牧	9×9×10	880
	高羊茅+披碱草+白三叶	放牧	9×9×6	
四元混播	高羊茅+披碱草+紫花苜蓿+白三叶	放牧	8×8×6×3	957
五元混播	高羊茅+披碱草+紫花苜蓿+白三叶+细叶车前	放牧	6×6×6×2×3	
	高羊茅+披碱草+紫花苜蓿+白三叶+菊苣	放牧	6×6×6×2×2	

(3)项目成效

经初步测定,项目通过实施退化草原治理和人工草地建植,取得了一定的治理效果。该设计方案在黄土高原的植被修复及人工草地建设方面具有可借鉴性和操作性。

四、河西走廊北部荒漠草原区

(一)草原类型及植被特征

该区气候干燥,辐射强烈,降水稀少。地貌类型有盆地、剥蚀中低山地、丘陵岛山、基岩高地、流动沙丘、固定半固定沙丘、湖积平原、冲积淤积平原等。地带性土壤为灰棕荒漠土和棕色荒漠土,积水洼地地段有盐土、盐化沼泽土、盐化草甸土分布。草原类型有温性荒漠、温性荒漠草原、温性草原化荒漠、低地草甸。代表性植物:红柳、梭梭、柠条锦鸡儿、西藏锦鸡儿、驴驴蒿、白沙蒿、小黄菊、短苞菊、猪毛菜、灌木亚菊、合头草、珍珠猪毛菜、红砂、盐爪爪、泡泡刺、白刺、麻黄、木贼、驼绒藜、短花针茅、沙生针茅、隐子草、沙鞭、芦苇、芨芨草、赖草、拂子茅、甘草等。

(二)草种及草种组合选择

针对河西荒漠区干旱、降雨量低、风沙侵蚀严重的区域的自然条件特点,在补播草种的选择上,应以沙米、沙生冰草、芨芨草等适宜当地严酷环境的草种为主,灌木、半灌木以白莎蒿、柠条、驼绒藜、白刺、沙拐枣、沙冬青为主。

草种组合:沙生冰草+沙蒿+芨芨草;白刺+沙蒿+沙米+冰草。

图19　荒漠区治理

(三)修复技术

恢复原则:自然恢复为主,人工干预为辅。生态效益优先,兼顾经济效益与社会效益。根据荒漠化的不同程度选择不同植被恢复方式进行分级治理。保护原有植被,可持续发展。以乡土植物为主,草、灌结合,混交种植。

1.围栏禁牧

围栏禁牧在退化草原修复与治理作业中被广泛应用,具有投资少、见效快的特点,是促进草原植被恢复的常用措施之一。围栏禁牧的目的是人为降低或排除家畜对草原生态系统造成的影响,使其在自身弹性下,实现草原的自我恢复。大量实践证明,围栏禁牧可以显著提高草原植被群落的高度、盖度、密度和生物量。

2.补播

河西地区根据不同类型草地特点,通常采用飞播牧草的大面积补播草种方式;或者建造草方格、沙障、挡沙墙等设施再选择强旱生和超旱生灌木、草本植物,建立灌草结合的复合种植模式。一是飞播种草。对于水热条件较好的地区,可以借助无人机等现代化先进设备,确定适宜时机,将混合草种和肥料播种在具有落种成草、立地条件良好的土地上。需要着重做好播区选择、地面处理、草种选择及组合、播种量、播种期、飞行作业等环节。二是建造格栅种草。对于严重沙化、风沙侵蚀严重的地区,可以利用草方格、沙障、挡沙墙等措施固定流沙,再补播白莎蒿、驼绒藜、柠条、沙拐枣等灌木,增加植被盖度。三是播期及播后管理。补播后的草地由于牧草生长初期生长缓慢,特别是播种当年和第2年生长前期,其根系较浅,为了不影响草的生长和产量,保证植被盖度,在播种后最好实施围栏封育,待牧草长到一定时期后再利用。

补播关键技术:

(1)选择适宜荒漠草原地区补播牧草(灌木)品种。如柠条、沙生冰草、沙冬青、蒙古冰草、华北驼绒藜等。

(2)以条带状补播为好,补播时种子覆土宜浅不宜深。一般豆科小粒种子覆土深度为1.5cm,不能超过2.5cm,大粒种子覆土深度3.0cm,不能超过5.0cm;禾本科草种覆土深度2.0cm,不能超过4.0cm;藜科草种不能超过1.0cm。

(3)补播时间应在雨季进行,根据当地气象预报安排具体日期。当大于5cm的降雨次数越多时,保苗越好。

(4)小计量的种肥可提高补播牧草当年的保苗数,使牧草个体发育速度加快,增加第2年产量。

3.鼠虫害治理

鼠、虫严重的地方,常常造成对补播草种幼苗的严重危害。因此,在虫害严重地区补播前可以用0.4%的高效氯氰菊酯溶液进行灭虫。而补播后刚出土的幼苗被害鼠啃食严重影响补播效果，需在鼠害严重的地区补播前或补播后用D型肉毒梭菌进行灭鼠。

（四）典型试验研究

甘肃省草原技术推广总站实施的2019年草原生态修复治理——“河西沙区植被恢复技术示范项目”。项目主要围绕甘肃省河西地区沙化、荒漠化问题，采取以乡土品种为主、引进品种为辅，草灌结合的方式，开展沙区种草及植被恢复技术示范。通过在河西荒漠区开展沙旱生植物种质资源展示、流动半流动沙丘植被恢复技术示范研究、乡土植物容器苗大田培育技术试验示范和白刺属等沙旱生乡土植物容器苗移植技术试验示范等试验研究和技术示范，建成试验小区142个，收集种植沙旱生植物26种。

1.沙生植物种质资源收集展示与引种试验

收集沙拐枣、沙蓬、雾滨藜、沙冬青、沙蒿、蒙古扁桃、沙生针茅、蓝刺头、大花飞廉、骆驼蓬、泡泡刺、黄花补血草、沙葱、米口袋、霸王、红砂、无芒隐子草、四翅滨藜、百花蒿、盐生草、牛枝子、沙芥、斧型沙芥、一枝黄花、猪毛菜、大果白刺等26种沙旱生草灌木品种资源，在民勤县蔡旗镇种质资源展示区种植。并选取沙漠地区十分珍贵的孑遗种沙冬青以及极度耐旱、耐盐碱的四翅滨藜进行沙旱生植物播种技术试验。

引种试验于2020年5月9日、10日完成播种。由于气候条件、种植方式的原因，部分品种未出苗或出苗率较低。沙冬青、四翅滨藜出苗率高、长势良好。

2.沙区植被恢复技术示范

以当地品种白刺、沙蒿为主要建群种，根据实际条件选择7种灌木、半灌木品种（四翅滨藜、沙拐枣、红砂、沙冬青、泡泡刺、蒙古扁桃、锦鸡儿）和8种草本（沙生针茅、砂蓝刺头、骆驼蓬、猪毛菜、雾冰藜、补血草、盐生草、沙芥）分别组合；采用乡土品种+单一引进种和乡土品种+灌木+草本的组合方式，设计5种组合，于2020年7月在民勤县荒漠草原撒播种植。受降雨量、鼠虫害、播种方式等影响，混合撒播不适应当地特定的自然条件，应考虑补播或育苗移栽。

3.流动、半流动沙地治理模式探索研究

完成了乡土植物容器苗大田培育技术示范试验和第1期白刺属等沙旱生乡土植物容器苗移植技术试验示范。

乡土植物容器苗大田培育技术示范试验以大白刺、白刺、小果白刺、泡泡刺、沙冬青和四翅冰藜6种沙旱生乡土植物种子为试验材料，共装配育苗容器3万个，育成容器苗木约2.6万株。初步结果显示参试的5种植物出苗及成苗率以小果白刺、泡泡刺

图20　容器育苗与荒漠区移栽补水试验

和四翅冰藜较高，大白刺和白刺次之，沙冬青较低。

沙旱生乡土植物容器苗移植技术试验示范于2020年8月下旬展开，这一时期是民勤县当年大气降水相对集中的时期，以当年育成的容器苗为材料及时开展了第1期容器苗移植新技术试验示范。通过容器苗、雨后移栽和人工补水三项技术措施的应用，观察秋季雨后移栽幼苗存活的效果和越冬效果。从当年9月下旬和10月下旬两次野外幼苗存活调查结果来看，容器苗具有较高的存活率，白刺属植物、沙冬青具有较高的存活率，当年10月底存活率仍然在80%以上。

五、祁连山山地草原区

（一）草原类型及植被特征

该区主要地貌类型有高山、中低山、山间盆地与构造宽谷等。气候随海拔的升高和东西部差异而变化，草地由低海拔向高海拔、由东部向西部呈明显的垂直变化和水平分异。地带性土壤有山地栗钙土、山地黑钙土、高山草甸土、高山荒漠草原土、高山寒漠土、山地沼泽土和草甸盐土。草原类型有高寒草甸、高寒草原、高寒荒漠、温性荒漠、温性草原、温性荒漠草原、温性草原化荒漠、低地草甸。代表性植物：高山柳、杜鹃、金露梅、线叶嵩草、高山嵩草、苔草、披碱草、垫状驼绒藜、紫花针茅、高山早熟禾、白刺、红砂、合头草等。

（二）草种及草种组合选择

祁连山山地草原区草原类型复杂，补播草种根据不同草原类型来确定。高寒草甸草原区补播草种可选择老芒麦、披碱草、早熟禾、燕麦、中华羊茅、紫羊茅、红豆草、歪头菜等。草种组合以“禾本科+豆科”草种组合最佳,不宜选用过多品种。

温性荒漠和温性草原化荒漠补播可选择白莎蒿、柠条、驼绒藜、白刺、沙拐枣等灌木,以及沙生冰草、芨芨草等适宜当地严酷环境的草种。草种组合以沙生冰草+沙蒿+芨芨草、白刺+沙蒿+沙米+沙生冰草为主。

(三)修复技术

祁连山地草原区根据地域特点和不同草原类型,可采用禁牧、补播改良、施肥、人工草地建植等修复手段。

1.禁牧

该区域大部分荒漠草原和轻度退化高寒草地采用禁牧、休牧等近自然恢复手段。在禁牧封育区,围栏后全年禁止放牧,在牧草生长旺盛期监测草地植被状况,测定指标包括草层高度、植被盖度、草地初级生产力、可食牧草比例。在休牧区,在牧草返青期及种子成熟期实施休牧,在此期间,对饲养家畜实施补饲,每天每个羊单位补饲中等品质干草1.8kg。采用禁牧封育和忌牧期休牧措施时需要有家畜饲养相关基础设施及饲料保障,使畜牧业生产能够正常开展,尽可能不影响牧民收入。

禁牧时间要根据草地监测结果,科学合理的确定,不能一禁了之。对已经通过禁牧恢复的草原区进行合理放牧利用或刈割。

2.补播改良

针对该区域高寒草甸、高寒草原、温性草原的中、重度退化草地采用补播、补播+封育、补播+施肥等修复措施。补播可单播或混播,播种方式可灵活采用机械划破草皮补播、人工穴播或条播等方式进行草地修复。在区域内生境条件较好的温性荒漠、温性荒漠化退化草原上适度开展补播+封育来修复。

3.人工草地建植

针对坡度大于25°以上的耕地、已垦草原(撂荒地),沙化草地通过实施退耕还草工程,建植恢复植被,改善生态环境。

人工草地的利用为刈割和放牧。刈割留茬高度按具体牧草的利用要求执行。一般中等高度牧草留茬5cm,高大草本留茬7~10cm。刈割的最佳时期,禾本科牧草是分蘖—拔节期;豆科牧草是初花期。人工草地可以放牧利用,但在中国往往是先刈割利用,再生草放牧利用或者茬地放牧利用。

(四)典型试验研究

1.阿克塞县2019年草原生态治理修复项目,采取了分区方式进行差异化植被修复。

(1)项目建设方案

表8　项目实施地6个区域

小区	布局编号	修复类型	修复措施		面积(亩)	修复区现状	备注
1	1-1	沙化草原生态修复	围封+禁牧		19 360	草群平均盖度5%~15%区域	-
2	1-2		围封+禁牧	补播+施肥	1500	草地为低地草甸,植被优势种为赖草、芨芨草,草场有退化趋势,草群平均盖度小于50%区域	补播草种:沙生赖草、碱茅、垂穗披碱草、芨芨草、草木樨、沙拐枣,补播施机复合肥,(总养分≥45%,含有中微量元素钙、铁、锌、硼),6.67kg/hm^2
3	1-3		围封+禁牧	栽植(补水+补播	150	植被稀疏,草群盖度小于15%区域	栽植柽柳、梭梭,进行补水
4	1-4		围封+禁牧	网格沙障	240	植被稀疏,草群盖度不大于5%区域	-
5	1-5		围封+禁牧	补播+网格沙障	450	植被稀疏,草群盖度小于5%区域	补播草种:沙生赖草、碱茅、垂穗披碱草、芨芨草、草木樨、沙拐枣
6	2-1	野生优良乡土草种抚育	围封+禁牧	施肥	100	抚育区	-
合计					21 800		

该项目依据"自然恢复为主,人工干预为辅,因地制宜,统一布局,科学划分,因地制宜"的原则,将项目实施地划分为6个区域,总计面积21 800亩。其中围封禁牧区面积19 360亩(1-1);围封禁牧补播施肥区面积1500亩(1-2);围封禁牧栽植补播区面积150亩(1-3);围封禁牧网格沙障区面积240亩(1-4);围封禁牧网格沙障补播区450亩(1-5);野生优良乡土草种抚育区面积100亩(2-1)。

①围栏禁牧。为更好地实施退化草原人工种草生态修复项目,保障生态修复项目区建设成果,对所有项目区进行围栏建设,使项目区与周边隔离,防止周边牲畜进入采食牧草。

②补播。采用3因素3水平27个处理试验。供试草种有豆科草木樨、禾本科沙生赖草、芨芨草、碱茅、垂穗披碱草、蓼科沙拐枣。方案设计如下:

混合播种组合设计3种:沙生赖草、芨芨草2种混播比例为5∶1;沙生赖草、芨芨草、碱茅、垂穗披碱草4种禾本科混播,混播比例为15∶5∶5∶3;沙生赖草、芨芨草、碱茅、垂穗披碱草、沙拐枣、草木樨6种混播,混播比例为15∶5∶5∶3∶1∶1。对照组为补播区混播沙生赖草∶碱茅∶垂穗披碱草∶芨芨草∶草木樨∶沙拐枣=1.5∶0.5∶0.5∶0.3∶0.1∶0.1，播种量2kg/hm²，播种时间2020年6月底至7月进行，播种方式均为条播。

不同混播配比播种量设置3个梯度，分别为1kg/hm²、1.67kg/hm²、2.33kg/hm²，对照组播种量2kg/hm²，播种时间2020年6月底至7月进行。

播种方式设计条播、撒播、点播3种方式播种，每个试验样地面积为10m×10m，相邻样地间距3m，27个样地，随机排列。播后择机灌溉1次，保证草种出苗，后期不做灌溉。观测指标为“三度一量”，即多度（数量）、高度、盖度和产量，于每年8月中旬进行数据收集，连续收集3年。

选种：所用牧草种子要求达到国家规定的三级标准（种子纯净度、发芽率执行标准为GB 6142—1985）。选择牧草品种要求适合当地气候条件。草种选择沙生赖草、碱茅、垂穗披碱草、芨芨草、草木樨、沙拐枣。

播种量：草种混合均匀后播种，其中草种混合比例沙生赖草∶碱茅∶垂穗披碱草∶芨芨草∶草木樨∶沙拐枣=1.5∶0.5∶0.5∶0.3∶0.1∶0.1，每亩播种量3kg。

播种方法：根据不同区域地表特征采取人工和机械补播方法，对地表陡峭、风蚀坑较深的区域采取人工补播方法，对地表平坦，有利于机械作业的区域采取免耕机补播，行距一般为30cm，播种深度掌握在1~2.5cm。5月下旬至7月上旬，抢在雨季播种。

播种时间：躲过风季，抢在雨季来临前进行补播，一般6月上、中旬至7月上旬，具体时间根据当地气象部门的天气预报确定，7月底前完成全部补播任务。

播后管护：对于边角地、不宜抓苗或闪苗等原因造成30%以上大面积缺苗地块，需进行人工补播。

③施肥。免耕补播机施复合肥，实际施肥面积1500亩，免耕播种机施肥，作业深度掌握在0.5~2cm。肥料施用复合肥，根据当地土壤情况配方施肥，总养分≥45%，含有微量元素钙、铁、锌、硼，施肥量6.67kg/hm²。施肥时间：在雨季来临前，一般选在5月下、中旬至7月上旬，播种时一同将肥料施入土壤中。

④栽植。试验苗木选用梭梭、柽柳，苗龄选择1年生裸根苗木400株，营养钵苗木400株，2年生裸根苗木400株，营养钵苗木800株，3年以上裸根苗木400株，营养钵苗木400株，对照组为项目建设区栽植规格苗木。共计栽植12行，每行100m，相邻两行间距1.2m，株距0.5m。试验于2020年5月进行人工或机械挖坑，人工覆土栽植，然后按照大面积栽植建议的浇水次数与数量进行灌溉。栽植后每种处理选择10株固定植株，每月测量1次株高冠幅，年底统计试验苗木成活数，第2年统计越冬成活数。停止浇灌后2021—2022年于每年7—9月每月统计1次株高冠幅，8月中旬统计1次存活

数量。

栽植植物为柽柳、梭梭，纯林栽植，栽植株行距0.5m×1.2m，1200株/亩，移栽共计150亩，其中柽柳栽植12亩，苗木宜选择营养钵2年生及以上的良种壮苗，梭梭栽植138亩，苗木宜选择裸根2年生苗及以上的良种壮苗。栽植区每年浇水7次。栽植时间5月中旬到6月初。

⑤草方格沙障及补播。在迎风口240亩严重沙化草地处铺设网格沙障，选择秸秆草帘（麦秆、芦苇、稻草等秸秆均可）作为沙障材料，沿着风口及周边，将沙障铺设成网格状，规格为1.5m×1.5m。沙障埋深约30cm，直立于地表之上的部分应不低于20cm，插植时间为5—6月。网格沙障补播450亩，补播草种：沙生赖草、碱茅、垂穗披碱草、芨芨草、草木樨、试验沙拐枣。

⑥野生优良乡土草种抚育。本试验所抚育野生草种为蓼科木蓼属植物刺木蓼，具有较强的抗旱性，耐贫瘠，在生态恢复应用方面前景广阔。选择野生抚育区内生长健壮、籽粒饱满的植株，人工采集刺木蓼种子，室内进行种子特性分析，包括形态特征描述、千粒重、水分、发芽率等，进而研究刺木蓼种子休眠的解除与萌发条件。完成种子休眠解除后，进行大田育苗技术试验，进而形成可利用的刺木蓼苗木及成熟的育苗技术。通过繁育试验掌握刺木蓼育苗生产技术，输出苗木成品，从而在生态修复项目中予以推广。施肥：免耕补播机或人工施肥，实际施肥面积100亩，免耕播种机施肥，作业深度掌握在0.5~2cm。肥料施用复合肥，根据当地土壤情况配方施肥，总养分≥45%，含有中微量元素钙、铁、锌、硼，施肥量6.67kg/hm^2。施肥时间：在雨季来临前，一般选在5月下、中旬至7月上旬。种子采集：根据目标草种成熟时间，及时采集牧草种子。主要人工或采种机进行采集，并扎成小捆/编织袋运回晾晒，干燥后搓打清选。种子清选加工：采用风选、比重清选等方法控制种子净度，或将采集的草种通过粗选，清除杂物，保证种子质量。装袋储藏应保持储藏空间干燥、通风，注意预防鼠虫。

（2）项目建设效果

①围封禁牧区治理效果。监测结果显示，与恢复治理前相比，植被盖度基本持平、植被高度略有增长、区域内植物量变化幅度不大、植物多样性无变化，总体而言，围封禁牧区内草原恢复未能取得明显效果。其主要原因是该区域的自然条件严酷，原本土壤条件差，且采取的治理措施较为单一，同时在项目实施期间（2020—2021）降水量少，尤其2021年气候严重干旱，导致植被生长状况较差。

②围封禁牧补播施肥区治理效果。监测结果显示，与对照区相比，项目实施区内植被恢复效果较好，植被盖度、高度、密度以及地上植物量均有较大幅度的提高。但

总体而言,项目区植被恢复仍然处于低下水平。通过项目实施,在排除了人为干扰因素的条件下,植被恢复取得了较为明显的效果,但原本贫瘠的土地肥力条件并未从根本上改变,干旱、风沙大等自然因素依然严酷,尤其干旱气候,导致植物生长受到了重大影响,补播效果不明显。

③围封禁牧栽植区治理效果。监测结果显示,该项目区内草原植被恢复未取得显著效果,植被总体生长情况优于项目区外,但区域内植被总盖度仍然仅为17.2%,植物多样性、地上植物量均在低下水平;同时,项目栽植的梭梭和柽柳成活情况差,柽柳成活率为零,梭梭成活率仅有34%。其主要原因在于2020年栽植任务未能足量完成,而且栽植时间较晚,栽植后天气转冷,面临越冬,尚不足以看出其成活状况。2021年6月完成了全部工程量,但从成活率来看,其治理效果仍不理想。

④围封禁牧网格沙障区的治理效果。据监测结果显示,项目区域沙化依然十分严重,植被盖度极低,植被恢复效果未显现。其主要原因在于原本异常严酷的自然条件,严重沙化区域的植被生长极其困难,同时由于受干旱气候影响,致使区域治理效果差。

⑤网格沙障及补播治理效果。监测结果显示,项目区域内植物依然以赖草为主,补播的沙生冰草、碱茅、垂穗披碱草、芨芨草、草木樨、试验沙拐枣等草种未见出苗。其主要原因在于受到严重的干旱气候的影响,同时,网格沙障措施需要一段长期的改变过程,通过控制风沙运动的方向、速度和结构,达到改变蚀积状况、防风阻沙、改变风的作用及微地貌状况的目的,以利于土壤物理结皮的形成和植物生长,对恢复土壤养分发挥关键作用。

⑥野生优良乡土草种抚育效果。从本区草原类型来看,属于温性荒漠,这种草原类型所处位置其自然条件属于干旱或极干旱区域,降水量稀少。从抚育的角度来看,禁牧能起到良好的效果,但需要较长的抚育周期。因此目前尚未见到抚育效果。

根据监测结果显示,项目建设区植被恢复效果受到降雨、风沙、土壤以及不同的治理措施等多种因素的影响。其中降雨、风沙、土壤等因素更大程度地影响着植被恢复效果;围封禁牧、补播、施肥、补水、沙障等措施难以在严酷的自然条件下取得直观效果,各类措施均需要一个长期的过程,这使得草原植被缓慢修复,土壤条件逐渐改善,草地生态在长时期内转向良性发展。围封禁牧措施取得了较为显著的效果,因其排除了放牧等人为干扰因素,使处于退化演替进程中的草原得以休养生息,可食牧草的生长不会因家畜采食而受到限制,优势种、建群种得到逐步的恢复,让退化的草原进入正向演替,使退化的草原得以恢复;建立网格沙障的措施难以在短期内呈现效果，因其通过防风固沙而达到植被恢复生长、改善土壤结构等目标是一个长期的过程；补播、栽植，以及野生优良乡土草种抚育措施的效果更多受到自然条件的影响，在干旱、寒冷、大风沙等气候条件影响下，该项目补播、栽植的草种成活率不高，野生优良乡土抚育的效果也不明显。

2.天祝县鼠荒地植被恢复项目

（1）试验设计

2003年5月，在天祝县鼠害危害严重的草地上，设置以下6种处理的试验区：① 灭鼠；②灭鼠＋围栏封育；③灭鼠＋围栏封育＋补播（垂穗披碱草）；④灭鼠＋围栏封育＋补播（无芒雀麦）；⑤灭鼠＋围栏封育＋补播（加拿大披碱草）；⑥灭鼠＋围栏封育＋补播（加拿大披碱草+无芒雀麦+垂穗披碱草）。每个试验区面积为30m^2×30m^2，补播牧草量为6.67g/m^2。

（2）结果与分析

通过对鼠荒地采取灭鼠、围栏封育、补播等措施培育后，鼠荒地植被恢复状况见表9和表10。

表9　2003年不同草地培育措施下鼠荒地植被恢复状况

处理	总盖度（%）	补播牧草盖度（%）	补播牧草高度（cm）	鲜草产量（kg/hm^2）		
				补播牧草产量	其它牧草产量	合计
Ⅰ	39.00	–	–	0	93.45	93.45
Ⅱ	57.67	–	–	0	250.05	250.05
Ⅲ	70.67	28.33	8.10	394.95	645	1039.95
Ⅳ	78.67	23.67	8.53	405	469.95	874.95
Ⅴ	78.33	41.67	9.37	244.95	405	649.95
Ⅵ	69.67	43.67	9.40	295.05	307.5	602.55

注：Ⅰ.灭鼠；Ⅱ.灭鼠＋围栏封育；Ⅲ.灭鼠＋围栏封育＋补播（垂穗披碱草）；Ⅳ.灭鼠＋围栏封育＋补播（无芒雀麦）；Ⅴ.灭鼠＋围栏封育＋补播（加拿大披碱草）；Ⅵ.灭鼠＋围栏封育＋补播（加拿大披碱草+无芒雀麦+垂穗披碱草）。

从表9可以看出，通过各种处理后，鼠荒地当年的植被状况均发生了较大的变化，但各处理间差异较大。如只采用灭鼠措施，草地植被总盖度只有39.00%，鲜草产量93.45 kg/hm^2；而采用灭鼠＋围栏封育措施，草地植被总盖度达57.67%，鲜草产量250.05 kg/hm^2；比只采用灭鼠措施鲜草产量增加168%。采用灭鼠＋封育＋补播措施，草地植被总盖度可达70%，鲜草产量最高达1039.95 kg/hm^2；比只采用灭鼠和灭鼠＋围栏封育措施的鲜草产量分别增加1012%和316%。同时采用灭鼠＋封育＋补播措施，因补播牧草种类不同，草地植被总盖度和鲜草产量也不相同，其中补播加拿大披碱草+无芒雀麦+垂穗披碱的盖度最大，而补播垂穗披碱草的鲜草产量最高。

表10　2004年不同草地培育措施下鼠荒地植被恢复状况

处理	总盖度(%)	补播种盖度(%)	补播种高度(cm)	鲜草产量(kg/hm²)		
				补播种产量	其他种产量	合计
Ⅰ	51.33	-	-	0.00	1263.68	1263.68
Ⅱ	69.72	-	-	0.00	3624.71	3624.71
Ⅲ	79.69	57.31	43.13	3022.53	4416.96	7439.48
Ⅳ	81.98	79.35	51.68	3109.98	4575.78	7685.76
Ⅴ	83.21	66.47	48.99	2512.98	4383.89	6896.86
Ⅵ	84.55	59.12	45.45	2679.54	4606.41	7285.96

注：Ⅰ.灭鼠；Ⅱ.灭鼠＋围栏封育；Ⅲ.灭鼠＋围栏封育＋补播(垂穗披碱草)；Ⅳ.灭鼠＋围栏封育＋补播(无芒雀麦)；Ⅴ.灭鼠＋围栏封育＋补播(加拿大披碱草)；Ⅵ.灭鼠＋围栏封育＋补播(加拿大披碱草+无芒雀麦+垂穗披碱草)；表中数据为3次测定的平均值。

从表10可以看出，通过各种处理后，鼠荒地第2年的植被状况均发生了很大变化，但各处理间差异较大。如采用灭鼠＋围栏封育措施，草地植被总盖度为69.72%，鲜草产量3624.71kg/hm²；比只采用灭鼠措施鲜草产量增加187%。采用灭鼠＋封育＋补播措施，草地植被总盖度可达80%，鲜草产量最高达7685.76kg/hm²；比只采用灭鼠和灭鼠＋围栏封育措施的鲜草产量分别增加508%和112%。同时采用灭鼠＋封育＋补播措施，因补播牧草种类不同，草地植被总盖度和鲜草产量也不相同，其中补播加拿大披碱草+无芒雀麦+垂穗披碱的盖度最大，而补播无芒雀麦的鲜草产量最高。

表11　不同草地培育措施下鼠荒地植被恢复状况(第2年与第1年总盖度、鲜草产量比值)

处理	第2年总盖度/第1年总盖度	第2年鲜草产量/第1年鲜草产量
Ⅰ	1.32	13.52
Ⅱ	1.21	14.50
Ⅲ	1.13	7.15
Ⅳ	1.04	8.78
Ⅴ	1.06	10.61
Ⅵ	1.21	12.09

注：Ⅰ.灭鼠；Ⅱ.灭鼠＋围栏封育；Ⅲ.灭鼠＋围栏封育＋补播(垂穗披碱草)；Ⅳ.灭鼠＋围栏封育＋补播(无芒雀麦)；Ⅴ.灭鼠＋围栏封育＋补播(加拿大披碱草)；Ⅵ.灭鼠＋围栏封育＋补播(加拿大披碱草+无芒雀麦+垂穗披碱草)；表中数据为3次测定的平均值。

尽管通过各种处理后，鼠荒地的植被状况均发生了很大变化，但第1年和第2年的变化情况不尽相同。各种处理第2年的总盖度和鲜草产量均比第1年高，其中总盖度变化较小，为1.04~1.32倍，采用灭鼠措施的最大，灭鼠＋围栏封育＋补播（无芒雀麦）最小，而鲜草产量变化很大，第2年是第1年的7.15~14.50倍，以灭鼠＋围栏封育最大，灭鼠＋围栏封育＋补播（垂穗披碱草）最小（表11）。

综上可以看出，对鼠荒地采取灭鼠、围栏封育、补播技术，可明显提高产草量和盖度。其中以灭鼠＋围栏封育＋补播效果最好，在补播牧草种类中以垂穗披碱草和无芒雀麦效果最好。

六、陇南山地草原区

（一）草原类型及植被特征

该区地貌类型为高山峡谷。气温由南向北，由低海拔向高海拔递减。主要土壤有森林褐土、山地棕壤、草原土、黑垆土，主要草原类型有暖性灌草丛、暖性草丛，草原类型为少量高山草甸和亚高山草甸。代表性植物：灌木有杭子梢、马桑、狼牙刺、多花胡枝子、细枝胡枝子、美丽胡枝子、河蒴荛花、榛子等，优势草本有白茅、大油芒、野青茅、黄背草、牡蒿、牛尾蒿、天蓝苜蓿等。

（二）草种及草种组合选择

陇南山地草原改良要充分结合区域气候及原生植被状况，选用适应性强、牧业经济价值高的老芒麦、披碱草、红三叶、紫花苜蓿、猫尾草、无芒雀麦等草种。

补播草种组合宜采用“禾本科+豆科”混播的方式。如老芒麦+猫尾草+红三叶；披碱草+无芒雀麦+紫花苜蓿等组合。

（三）修复技术

陇南山地草原区根据其地域特点，可采用禁牧、补播改良、人工草地建植等修复手段。

1.禁牧

针对陇南山地草原区轻度退化草原可采用禁牧或休牧措施。在禁牧封育区，围栏后全年禁止放牧，在牧草生长旺盛期监测草地植被状况，测定指标包括草层高度、植被盖度、草地初级生产力、可食牧草比例。在休牧区，在牧草返青期及种子成熟期实施休牧，在此期间，对饲养家畜实施补饲，每天每个羊单位补饲中等品质干草1.8kg。采用禁牧封育和忌牧期休牧措施时需要有家畜饲养相关基础设施及饲料保障，使畜牧业生产能够正常开展，尽可能不影响牧民收入。

禁牧时间要根据草地监测结果，科学合理的确定，不能一禁了之。对已经通过禁牧恢复的草原区进行合理放牧利用或刈割。

2.补播改良

针对中、重度退化草原采用补播、补播+封育等措施。补播可采取单播或混播，播种方式可灵活采取飞播、机械条播、人工穴播等方式进行草地修复。

3.人工草地建植

针对坡度大于25°以上的耕地、已垦草原（撂荒地），通过国家实施的退耕还草工程，进行人工草地建植来恢复植被，改善生态环境。

人工草地的利用为刈割和放牧。刈割留茬高度按具体牧草的利用要求执行。一般中等高度牧草留茬5cm，高大草本留茬7~10cm。刈割的最佳时期，禾本科牧草是分蘖—拔节期；豆科牧草是初花期。人工草地可以放牧利用，但在中国往往是先刈割利用，再生草放牧利用或者茬地放牧利用。再生草地放牧利用时，往往放牧带羔母羊或育肥羊。

（四）典型试验研究

根据杨海平、张敏等《陇南地区高山草原改良途径的探讨》在宕昌县八马草原的试验研究。

1.改良措施

分设3个组，采用耕翻播种、补播、封场育草等不同方法进行改良试验。

(1)翻耕撂荒地，播种优良牧草

将20世纪80年代弃耕的草原撂荒地，采用畜力耕翻，深度16~22cm，将撂荒地生长的大蓟、田蓟、冷蒿等优势植物埋在地下，晾晒15d，土壤墒情适宜且杂草充分腐烂分解后，再进行耙磨整地，使土块散碎后播种优良牧草。播种方法设计条播和撒播两种。播种的牧草根据其配合的品种分为两个组：一组为老芒麦、猫尾草、红三叶混播，每亩下籽量分别为0.5、0.3、0.3kg；另一组为披碱草、无芒雀麦、紫花苜蓿混播，每亩下籽量分别为0.6、0.30、3kg。为了提高土地利用率，弥补多年生牧草在高寒地区当年不易见效的缺点，在撂荒地耕翻播种时还进行了部分套种1年生大燕麦的试验，方法是在条播的行隙中间条播大燕麦，播种深度为3~5cm，下籽量每亩12.5kg。1年生牧草的套种既阻止了行间其他杂草的生长，又使撂荒地当年见到了改良效果。

(2)补播优良牧草，改良退化草场

在与撂荒地接壤的1000亩退化草场上，进行补播改良试验。方法是在不破坏原有草原植被的情况下，人工撒播混合均匀的猫尾草、披碱草、红三叶等优良牧草种子，播种量每亩1kg(三个草种混合比为0.3∶0.5∶0.2)。播后用锄头耙地,使种子充分嵌入土壤,出苗后人工严格管护。

(3)封场育草,促进退化草场植被的恢复

选择与补播草场接壤的600亩退化草场,采用人工管护的方法,进行单一的封滩育草,未结合其他任何辅助改良措施。

2.改良效果

(1)草场产量的变化

撂荒地耕翻播种当年套种的大燕麦饲料亩产鲜草930kg,多年生牧草180kg,第2年至第4年平均亩产鲜草860kg,比改良前亩产210kg提高4倍。补播改良四年平均亩产鲜草314kg,比改良前亩产224kg提高40%。封场育草平均亩产鲜草292kg,比改良前亩产230kg提高26%。

(2)草场质量和植被的变化

本区耕翻播种改良的草场以营养价值高、适口性好的优质牧草占优势,植被覆盖度96%,草层高度69~98cm;补播改良的草场可食性优质牧草占65%,植被覆盖度85%,草层高度55~80cm;单一封育改良的草场优质草和劣、杂质草各占一半,覆盖度80%、草层高度56~78cm;对照区的优质牧草比例占45%,劣、杂质草占55%,覆盖度70%左右,草层高度为30~60cm。

根据八马草山寒冷阴湿,水肥条件较好,土壤黏重,通气条件不良,植物残体分解缓慢等自然特点及生产状况,采用的耕翻播种、补播、封育等改良措施对草场产量和质量均有不同程度的提高,但以耕翻播种的改良效果最为明显。

对于高山草原以菊科、蒿类为主伴生部分的根茎性禾草,覆盖度不大、水肥状况较好、地势较平坦的严重退化草场或草原撂荒地,实行耕翻播种人工牧草可以改善土壤通气性,清除原生劣质植被,快速改善植被成分,增加密度。提高牧草质量和产量,达到治本改良的目的,是改良严重退化草场和草原撂荒地的一种简单易行、经济有效的途径。

对于草场植被密度高、草质良好及以根茎性牧草为主的草地。可采用封育和合理利用等措施,促使其草原生产力的恢复,让牧草有结籽或营养繁殖的机会,促进草群自然更新。

对于原生植被较稀疏,牧草品质低劣的一般性退化草原的改良,应以更新和复壮草群为目的,宜采用补播方法。

对于草地坡度较陡、改良面积大、无力全面进行耕翻播种的严重退化草地,也应采用补播的方法改良。补播改良应在草地空隙和除去了毒害杂草的地方进行。为提高改良效益,补播必须结合划破土皮、松耙或挖穴点播的方法,以使牧草种子充分嵌入土壤,保证出苗和生长。

根据高寒草原水肥条件较好等自然特点,从草原改良经济效益出发,草原施肥、灌水等治标改良方法不宜单独进行,若有条件时可结合耕翻播种或补播改良。

第六章　草原合理利用技术

一、草畜平衡技术

草畜平衡是指在一定区域和时间内通过草原和其他途径提供的饲草饲料量，与饲养牲畜所需的饲草饲料量达到动态平衡。实现草畜平衡是使草原生态系统始终保持自我修复能力，防止因过度利用导致草原退化，遏制草原退化的治本之策。

草畜平衡技术中最关键的一个点就是载畜量，载畜量的定义是最适宜放牧利用条件下，单位草地面积上可承受放牧的家畜头数。载畜量是衡量和评价草地生产能力的重要指标。通过计算载畜量，可以较准确地反映草地经济特点，体现草地的综合生产能力，为科学合理利用和管理草地资源提供依据。

（一）草畜平衡监测的目的

造成草原大面积退化的原因，除了自然因素外，草原超载过牧是最重要的原因，草原区人口的增加，带动了牲畜数量的增加，草原超载过牧，使草原得不到休养生息的机会，造成草原生产力下降和草原生态环境不断恶化。同时由于草原退化，草原载畜能力进一步下降，加剧了草畜矛盾，形成恶性循环。

由于过载超牧，草地退化和沙化使草地的生产能力和植被覆盖度明显降低，裸露的退化草地是沙尘暴的重要沙源，沙尘暴等自然灾害的频率增加，强度增强，范围更广，危害更大。

中国草地退化和荒漠化从总体上看还在继续，这除了与中国在防治草原退化、荒漠化上力度不够有关外，还与目前中国对草畜平衡监测的手段落后、系统不完善有关，部分地区决策层不能迅速准确获取草畜平衡方面的信息，造成决策滞后或失误。

草畜平衡监测尚未与草原管理接轨，草地监测结果不能直接用于指导草地畜牧业生产。因此加强草畜动态平衡监测，是及时调整畜牧业生产规模的重要保障。对保护和建设草原具有重要意义。

（二）基本术语和定义

（1）载畜量

载畜量是一定的草地面积，在一定的利用时间内，所承载饲养家畜的头数和时间；载畜量分为合理载畜量和现实载畜量。

（2）草地的合理承载量

在一定的草地面积和一定的利用时间内，在适度放牧（或割草）利用并维持草地可持续生产的条件下，满足承养家畜正常生长、繁殖、生产畜产品的需要，所能承养的家畜头数和时间。

（3）合理载畜量

合理载畜量又称理论载畜量，可以用家畜单位、时间单位和草面积单位三种方式表示。①合理载畜量的家畜单位是在单位利用时间内，单位面积草地所能承载饲养的标准家畜的头数，单位：羊单位/(hm^2·d)。②合理载畜量的时间单位是单位面积的草地可供单位标准家畜利用的时间，单位：(羊单位·d)/hm^2。③合理载畜量的草地面积单位是在单位时间内，可供1头标准家畜利用的草地面积，单位：hm^2/(羊单位·d)。

（3）现实载畜量

一定面积的草地，在一定的利用时间段内，实际承养的标准家畜头数。

（4）草地可利用面积

除去草地内的居民点、道路、水域、小块的农田、林地、裸地等非草地及不可利用草地的草地面积。

（5）可食草产量

草地可食牧草（含饲用灌木和饲用乔木的嫩枝叶）地上部的产量。

（6）牧草再生率

草地牧草地上部生物产量达到最高时进行放牧或刈割后，牧草继续生长的地上部可食草产量占草地牧草最高月可食草产量的百分比。

（7）产草量年变率

多于或少于多年平均降水量年份的草地可食草产量与多年平均年降水量年份的草地可食草产量的百分比。

(8)草地利用率

维护草地良性生态循环,在既充分合理利用又不发生草地退化的放牧(开割草)强度下,可供利用的草地牧草产量占草地牧草年产量的百分比。

(9)标准干草

达到最高月产量时,收割的以禾本科牧草为主的温性草原草地或山地草甸草地的含水量14%的干草(自然风干重)。

(10)标准干草折算系数

不同地区、不同品质的草地牧草折合成含等量营养物质的标准干草的折算比例。

(11)家畜日食量

维护家畜的正常生长、发育、繁殖及正常地生产畜产品,每头家畜每天所需摄取的饲草量。

(12)标准羊单位

1只体重50kg并哺半岁以内单羔,日消耗1.8kg标准干草的成年母绵羊,或与此相当的其他家畜为一个标准羊单位,简称羊单位。羊单位日食量为1只羊单位家畜每天所需从草地摄取含水量14%的标准干草1.8kg。

(13)牧草再生率

计算草地可食草产量采用的牧草再生率如表12所示。

表12　不同类型草地的牧草再生率

草地类型	牧草再生率(%)	草地类型	牧草再生率(%)
热带草地	80~180	暖温带次生草地	10~20
南亚热带草地	50~80	温带草甸草地	10~15
中亚热带草地	30~50	温带草原草地	5~10
北亚热带草地	20~30	温带荒漠、寒温带和山地亚寒带草地	0~5

(14)产草量年变率

年降水量接近多年平均降水量的年份为产草量的平年;年降水量大于多年年平均降水量25%的年份为产草量的丰年;年降水量小于多年年平均降水量25%的年份为产草量的欠年。计算草地可食草产量采用的草地产草量年变率如表13所示。

表13　不同草地类型区域的草地产草量年变率

草地类型区域	产草量年变率(%)	
	丰 年	欠 年
草甸草原区	115	80
典型草原区	125	70
荒漠草原区	135	55
草原化荒漠区	140	60
荒漠区	150	60
暖温带草丛、灌草丛区	115	80
热带、亚热带草丛、灌草丛区	110	85
山地草甸区、高寒草甸区、低地草甸区	110	85
沼泽区	105	95

(三)计算公式

载畜量测定的方法有多种,一般建议根据牧草产量测定载畜量。估测时需要草原面积(hm^2,A)、放牧时间段的牧草产量(包括再生草,kg/ hm^2,Y)、草原的利用率(%,U)、家畜的日食量(kg/羊单位,I)、放牧时间(天数,D)等参数。但是要注意载畜量的数值只是一个相对稳定的值,只有相对意义。在实际计算中不能仅考虑草地的面积和静态产量,也要考虑草地生产力的全年和季节性差异以及草地生产力与家畜需求的季节性分异问题。当然考虑得越全面计算就越复杂,需要根据对载畜量的精度要求决定。

家畜单位(羊单位)$=Y \cdot U/I \cdot D$　　(1)

时间单位(天单位)$=Y \cdot U/I$　　(2)

面积单位(hm^2/羊单位)$=A \cdot D/Y \cdot U$　　(3)

A——估测时需要的草原面积(hm^2)

Y——放牧时间段的牧草产量(kg/hm^2)

U——草原的利用率(%)

I——家畜的日食量(kg/羊单位)

D——放牧时间(天数)

对不同季节、不同方式以及不同单位表示的放牧载畜量进行了规定。下面对单位面积暖季放牧草地载畜量的家畜单位的计算简单地介绍:

暖季草地和春秋季草地可食草产量计算见式(4):

$$YW=YWM\times(1+GC)\div Yy \tag{4}$$

式中：

YW——暖季或春秋季草地可食草产量，kg/km²；

YWM——生长季测定含水量14%的草地可食干草现存量[取生长季季初（返青后期）、季中（盛草期）、季末（枯黄初期）]3次实测所得草地地上部可食草生物产量的平均值]，kg/km²；

GC——草地牧草再生率（见表12），%；

Ry——草地产草量年变率（见表13），%。

冷季（枯草期）草地可食草产量计算见式（5）：

$$YC=YCM\div Ry \tag{5}$$

式中：

YC——冷季（枯草期）草地可食草产量，kg/km²；

YCM——冷季测定的含水量14%的草地可食干草现存量[取冷季（枯草期）季初、季中、季末3次实测草地地上部保存的可食草生物产量的平均值]，kg/km²；

Ry——草地产草量年变率（见表13），%。

全年利用草地可食草产量计算见式（6）：

$$Yy=Yym\times(1+GC)\div Ry \tag{6}$$

式中：

Yy——全年利用草地可食草产量，kg/km²；

Yym——实测含水量14%的草地可食干草产量（取春、夏、秋、冬四季每季的季中测定草地地上部可食草生物产量的平均值），kg/km²；

GC——草地牧草再生率（见表12），%；

Ry——草地产草量年变率（见表13），%。

（三）草地利用率与标准干草系数

季节放牧草地采用的草地利用率如表14所示。

表14　不同季节放牧草地的利用率

草地类型	暖季放牧利用率EW	春秋季放牧利用率ES	冷季放牧利用率EC	全年放牧利用率Ey
低地草甸类	50~55	40~50	60~70	50~55
温性山地草甸类、高寒沼泽草甸亚类	55~60	40~45	60~70	55~60
高寒草甸	55~65	40~45	60~70	50~55
温性草甸草原类	50~60	30~40	60~70	50~55

续表

草地类型	暖季放牧利用率EW	春秋季放牧利用率ES	冷季放牧利用率EC	全年放牧利用率Ey
温性草原类、高寒草原类	45~50	30~35	55~65	45~50
温性荒漠草原类、高寒草原类	40~45	25~30	50~60	40~45
高寒荒漠草原类	35~40	25~30	45~55	35~40
沙地草原(包括各种沙地温性草原和沙地高寒草原)	20~30	15~25	20~30	20~30
温性荒漠类和温性草原化荒漠类	30~35	15~20	40~45	30~35
沙地荒漠亚类	15~20	10~15	20~30	15~20
高寒荒漠类	0~5	0	0	0~5
暖性草丛、灌草丛草地	50~60	45~55	60~70	50~60
热性草丛、灌草丛草地	55~65	50~60	65~75	55~65
沼泽类	20~30	15~25	40~45	25~30

依据放牧方式确定表14中规定的利用率幅度。采用轮牧、围栏划区轮牧利用方式的草地，其利用率取表14规定的利用率上限；采用连续自由放牧、散牧利用方式的草地，其利用率取表14规定的利用率下限。

1.退化草地的利用率

退化草地包括退化放牧草地和退化割草地。轻度退化草地其利用率为表14中规定的草地利用率的80%；中度退化草地，其利用率为表14中规定的草地利用率的50%；严重退化草地应停止利用，实行休牧或禁牧。

2.标准干草系数

计算草地承载量采用的标准干草折算系数如表15所示。

表15　不同类型草地牧草折合成标准干草的折算系数

草地类型	标准干草折算系数	草地类型	标准干草折算系数
荒漠草地	0.85~0.95	禾草高寒草甸与高寒草原	1.00~1.05
暖性草丛、灌草丛草地	0.85~0.95	莎草高寒草甸与高寒草原	1.00
热性草丛、灌草丛草地	0.85~0.90	杂类草草甸和沼泽	0.85~0.90
禾草低地草甸	0.90~0.95	禾草沼泽	0.85~0.95
杂类草高寒草地	0.85~0.95	改良草地	1.00~1.10
禾草温性草原和山地草甸	1.00		

不同计量单位表示的草地承载量的计算有以下几种：

(1)用草地面积单位表示的草地合理承载量的计算

用草地面积单位表示的放牧草地合理承载量的计算见式(7)：

$$SUSw=\frac{Yw \cdot EW \cdot HW}{IUS \cdot DW} \quad (7)$$

式中：

SUSw——1只羊单位暖季（或冷季、或春秋季、或全年）需某类暖季（或相应的冷季、春秋季或全年）放牧草地的可利用面积，hm^2/[羊单位·暖季（或冷、春秋季或全年）]

Yw——1hm^2某类暖季（或冷季、或春秋季、或全年放牧草地可食草产量[见式（4）]，kg/hm^2；

EW——某类暖季（或冷季、或春秋季、或全年）放牧草地的利用率（见表14），%；

HW——某类暖季（或冷季、或春秋季、或全年）放牧草地牧草的标准干草折算系数（见表15）；

IUS——羊单位日食量[1.8kg标准干草/（羊单位·日）]；

Dw——暖季（或冷季、或春秋季、或全年）放牧草地的放牧天数，日。

（2）用家畜单位表示的草地合理承载量的计算

用家畜单位表示的放牧草地合理承载量的计算见式（8）：

$$AusW=\frac{Yw \cdot Ew \cdot Hw}{IUS \cdot DW} \quad (8)$$

式中：

AusW——1hm^2某类暖季（或冷季、或春秋季、或全年）放牧草地在暖季（或相应的冷季、或春秋季、或全年）放牧期内可承养的羊单位，羊单位/[hm^2·暖季（或冷、或春秋季、或全年）]；

Yw——1hm^2某类暖季（或冷季、或春秋季、或全年）放牧草地可食草产量[见式（4）]，kg/hm^2；

EW——某类暖季（或冷季、或春秋季、或全年）放牧草地的利用率（见表14），%；

HW——某类暖季（或冷季、或春秋季、或全年）放牧草地牧草的标准干草折算系数（见表15）；

IUS——羊单位日食量[1.8kg标准干草/（羊单位·日）]；

Dw——暖季（或冷季、或春秋季、或全年）放牧草地的放牧天数，日。

（3）用时间单位表示的草地合理承载量的计算

用时间单位表示的单位面积放牧草地合理承载的计算见式（9）：

$$TusW=\frac{Yw \cdot Ew \cdot Hw}{IUS} \quad (9)$$

式中：

TusW——1hm² 某类暖季（或冷季、或春秋季、或全年）放牧草地可供1只羊单位家畜在暖季（或冷季、或春秋季、或全年）放牧期内需放牧利用的天数，(羊单位·日)/hm²；

Yw——1hm² 某类暖季（或冷季、或春秋季、或全年）放牧草地可食草产量[见式(4)]，kg/hm²；

EW——某类暖季（或冷季、或春秋季、或全年）放牧草地的利用率（见表14），%；

HW——某类暖季（或冷季、或春秋季、或全年）放牧草地牧草的标准干草折算系数（见表15）；

IUS——羊单位日食量[1.8kg标准干草/(羊单位·日)]。

(4)草地类型的合理承载量计算

某类放牧草地合理承载量的计算见式(10)：

$$Awk=\frac{Snw}{Susw} \tag{10}$$

式中：

Awk——某类暖季（或冷季、或春秋季、或全年）放牧草地在暖季（或相应的冷季、或春秋季、或全年）放牧期内可承养放牧的羊单位；

Snw——某类暖季（或冷季、或春秋季、或全年）放牧草地可利用面积；

Susw——1只羊单位暖季（或冷季、或春秋季、或全年）需某类暖季（或相应的冷季、或春秋季、或全年）放牧草地的可利用面积[见式(7)]，hm²/[羊单位·暖季（或冷季、或春秋季、或全年）]。

(5)放牧草地利用期规定

①缺乏割草地的区域，放牧草地按冷季、暖季、春秋季三种季节的草地区域，其冷季和暖季放牧期之和必须为365d。②缺乏割草地的区域，放牧草地按冷季、暖季、春秋季三种季节转场放牧的草地区域，其冷季、暖季、春秋季三种季节放牧期之和必须为365d。③划分为季节放牧草地和割草地的区域，其区域内各季节放牧草地的放牧天数和与区域内从割草地刈割草投饲的天数合计应为365d。

(6)区域放牧草地合理承载量的计算见式(11)：

$$Aw=\sum\nolimits^{n}_{k=1}Awk \tag{11}$$

Aw——草地区域内各类暖季（或相应的冷季、或春秋季、或全年）放牧草地可承养的羊单位总和；

Awk——某类暖季（或冷季、或春秋季、或全年）放牧草地在暖季（或相应的冷季、或春秋季、或全年）放牧期内可承养放牧的羊单位[见式(8)]；

k——草地区域内用作暖季(或冷季、或春秋季、或全年)放牧草地的草地类型序号;

n——草地区域内用作暖季(或冷季、或春秋季、或全年)放牧草地的草地类型数。

(7)区域割草地合理承载量的计算见式(12):

$$Ah=\sum_{k=1}^{n} Ahk \tag{12}$$

式中:

Ah——草地区域内各类割草地可承养的羊单位总和;

Ahk——某类割草地分别在全年(或冷季、或春秋季、或暖季)利用期内割草投饲可承养的羊单位[见式(10)];

k——草地区域内用作割草地的草地类型序号;

n——草地区域内用作割草地的草地类型总数。

(8)草地区域合理总承载的计算

季节利用草地合理总承载量的计算见式(13):

$$Au=Aw+Ah \tag{13}$$

式中:

Au——在暖季(或冷季、或春秋季)利用期内,草地区域内所有草地类型合理承载量的总和(羊单位);

Aw——草地区域内各类暖季(或冷季、或春秋季)放牧草地可承养的羊单位总和[见式(12)];

Ah——草地区域内各类割草地在暖季(或冷季、或春秋季、或全年)可承养的羊单位总和。

(四)草畜平衡程度的规定

载畜平衡等级分为五级,载畜程度规定如下:

极度超载:草畜平衡指标≥250%;

严重超载: 250%<草畜平衡指标 ≥150%;

超载: 150%<草畜平衡指标≥50%;

载畜平衡: 50%<草畜平衡指标 ≥ −50%

(载畜平衡根据情况还可以定为:30%<草畜平衡指标 ≥ −30% 或 20%<草畜平衡指标 ≥ −20% 等);

载畜不足:草畜平衡指标<−50%。

（五）草畜平衡监测步骤

计算合理载畜量的两个关键问题是对现实产草量和现实牲畜数量的估算。

(1)首先确定牧户(生产者)草场中的天然草场、改良草地、人工草地、封育草地、飞播草地的面积。

(2)测定草地的生产力。

(3)基于草地面积和生产力计算各类草地的可食干草量。

(4)考虑其他来源的饲草料并折算为标准干草量;秸秆部分可用于饲草,在农区和农牧交错区有约10%~20%可用于饲料。

(5)基于可食干草量计算适宜载畜量。

现存家畜与标准家畜的换算。草地区域内现存饲养的草地家畜,按成年畜与幼畜分别折算标准家畜。

成年畜按表16-1所示的标准家畜单位折算系数换算;幼畜按表16-2所示的折算系数换算为同类的成年畜,再进一步换算为标准家畜单位。

表16-1　各种成年家畜折合为标准家畜单位(羊单位)的折算系数

体重(kg)	羊单位折算系数	体重(kg)	羊单位折算系数
绵羊、山羊		牦牛	
特大型>55	1.2	大型>350	5.0
大型51~55	1.1	中型300~350	4.5
大中型46~50	1.0	小型<300	4.0
中型40~45	0.9	马	
小型35~39	0.8	大型>370	6.5
特小型<35	0.7	中型300~370	6.0
黄牛		小型<300	5.0
特大型>550	8.0	驴	
大型501~550	6.5	大型>200	4.0
中型450~500	6.0	中型130~200	3.0
小型351~450	5.0	小型<130	2.5
特小型<	4.5	骆驼	
水牛		大型>570	8.0
大型>500	7.0	小型<570	7.5
中型450~500	6.5		
小型<450	6.0		

表16-2　幼畜与成年畜的家畜单位折算系数

畜　种	幼畜年龄	相当于同类成年家畜当量
绵羊、山羊	断奶~1岁 1~1.5岁	0.4 0.8
马、牛、驴	断奶~1岁 1~2岁	0.3 0.7
骆驼	断奶~1岁 1~2岁 2~3岁	0.3 0.6 0.8

二、禁牧、休牧技术

禁牧是对草原进行长时间地围封，严禁任何放牧活动。禁牧对于恢复防沙固沙、水土保持、保护生物多样性、恢复草原植被等有着重要的作用，在水源涵养区、防沙固沙区、严重退化区、生态脆弱区、特殊生态功能区，要实行永久禁牧。推行禁牧制度，可以使草原植被得到较快地恢复。

《甘肃省草原禁牧办法》

甘肃省人民政府令第95号

第一条　为了保护草原生态环境，促进草原永续利用，根据《中华人民共和国草原法》《甘肃省草原条例》等法律法规和国家有关规定，结合本省实际，制定本办法。

第二条　本省行政区域内的草原禁牧活动适用本办法。

第三条　本办法所称草原禁牧，是指在一定时期内对划定的草原围封培育并禁止放牧利用的保护措施。

本省重点对严重退化、沙化、盐碱化、荒漠化的草原和生态脆弱区、重要水源涵养区的草原实施禁牧。

第四条　县级以上人民政府负责本行政区域内的草原禁牧工作。

县级以上人民政府草原行政主管部门及其草原监督管理机构负责本行政区域内草原禁牧工作的组织实施和监督管理，所需经费列入本级财政预算。

乡镇人民政府负责辖区内草原禁牧工作的具体落实，配备专职草原监督管理人员，加强监督管理。

第五条　村民委员会应当积极制定村规民约，引导农牧民保护草原植被，改善草原生态环境。

第六条　省人民政府草原行政主管部门根据草原生态预警监测情况，划定草原禁牧区。

第七条　县级人民政府根据划定的草原禁牧区，发布禁牧令，在草原禁牧区域的主要出入口、围栏区域、人畜活动区域设立界桩、围栏、标牌等设施。

禁牧令应当明确草原禁牧区域的四至界限、禁牧期限等。

第八条　严禁破坏、盗窃或者擅自移动草原禁牧区域的界桩、围栏、标牌等设施。

第九条　县级人民政府应当将草原禁牧工作纳入目标管理责任制。县与乡、乡与村、村与户都应当签订草原禁牧管理责任书。责任书应当载明以下事项：

（一）禁牧草原的四至界线、面积、草地类型；

（二）禁牧期限；

（三）围封培育草原的责任和义务；

（四）监督检查职责；

（五）违约责任。

第十条　乡镇人民政府可以在实施国家草原生态保护补助奖励机制政策的村，聘用一至二名草原管护员，作为公益性岗位统一管理，一年一聘。

县级草原监督管理机构负责草原管护员的业务培训和工作指导。

第十一条　草原禁牧区域内的村草原管护员履行以下职责：

（一）宣传草原保护法律、法规及政策；

（二）对管护区草原进行巡查；

（三）监督草原承包经营者履行禁牧责任；

（四）制止和及时报告草原禁牧区放牧、破坏围栏设施、开垦和非法占用草原等行为。

第十二条　实施禁牧的农牧民可以享受国家草原生态保护补助奖励机制政策规定的禁牧补助。禁牧补助应当按照已承包到户（含联户）的禁牧草原面积直接发放到户。

禁牧补助资金发放实行村级公示制，公示由乡镇人民政府组织，公示时间不少于7天。公示的内容包括农牧民户主姓名、承包草原面积、禁牧补助面积、补助标准、补助资金数额等。

农牧民对公示内容有异议的，由组织公示的乡镇人民政府及时核查处理。

第十三条　县级人民政府应当整合涉及牧区、牧业、牧民工作的各类资金和项目，扶持草原禁牧区域农牧民发展舍饲圈养。

第十四条　县级以上人民政府草原行政主管部门对草原禁牧区域内的草原植被恢复效果进行动态监测预报，并定期向本级人民政府和上级主管部门报告监测结果。

第十五条　禁牧草原需要解除禁牧时，由县级人民政府草原行政主管部门根据监测结果提出报告，经省人民政府草原行政主管部门审核同意后，由县级人民政府发布解禁令。

第十六条　县级以上人民政府草原行政主管部门和乡镇人民政府应当建立健全草原禁牧区域的巡查制度、举报制度和情况通报制度，加强对草原禁牧工作的监督检查。

对违反本办法规定的行为，公民有权举报，接到举报的草原行政主管部门及其草原监督管理机构应当及时查处。

第十七条　违反本办法的行为，《中华人民共和国草原法》《甘肃省草原条例》已有处罚规定的，从其规定。

第十八条　国家工作人员有下列行为之一的，由主管部门对直接责任人员和主要负责人给予行政处分，构成犯罪的，依法追究刑事责任：

（一）截留、挪用草原禁牧补助资金的；

（二）擅自批准使用禁牧草原的。

第十九条　本办法自2013年1月1日起施行。

休牧是在规定时间内草地不能进行放牧，保证草地植物得到休养生息，保证牧区牧草产量。休牧根据时间长短一般可以分为长期和短期两种。短期休牧是在一个季节或者是整个牧草的生长季进行休牧，长期休牧就是连续两三年甚至是更长的时间进行休牧。

三、划区轮牧技术

放牧制度是草地在用于放牧时的基本利用体系，其中规定了家畜对放牧地利用的时间和空间上的通盘安排。每一放牧制度包括一系列的技术措施。依靠这些措施，使放牧中的家畜、放牧地、放牧时间有机地联系起来。因此，放牧制度不同于放牧技术。同一放牧技术，可以在不同的放牧制度中加以运用；而不同的放牧制度，则有明显的区别，不能互相包容。

各种各样的放牧技术或方式，可以归纳为两种放牧制度，即自由放牧与划区轮牧。

(一)自由放牧

自由放牧也叫无系统放牧或无计划放牧。在广大放牧地上不作轮牧分区规划，牧工可以随意驱赶畜群，在较大的范围内任意放牧。这种放牧制度有不同的放牧方式。

1.连续放牧

在整个放牧季节内，有时甚至是全年在同一个放牧地上连续不断地放牧。这种放牧方式，往往使放牧地遭受严重破坏。

2.季节放牧地(季节营地)放牧

将草地划分为若干季节放牧地，各季节放牧地分别在一定的时期放牧，如冬春放牧地在冬春季节放牧，当夏季来临时，牲畜便转移到夏秋放牧地上去，冬季来临时再回到冬春放牧地上来。这样牲畜全年几个季节在不同的放牧地上放牧，虽然没有计划利用的因素，仍然是自由放牧的基本形式，不过已比连续放牧有了进步。

3.羁绊放牧

对一些役畜或病畜常用此方法。一般用两脚绊或三脚绊将家畜羁绊，有时也将2~3只家畜以组绳互相牵连，使它们不便远走，但仍可在放牧地上缓慢行动，自由觅食。

4.抓膘放牧

多在夏末秋初进行，放牧人员携带饮食卧具，随时转移放牧地，专拣好的草地及最好的牧草放牧，使家畜短时间内肥硕健壮，以备屠宰或越冬度春。这种方式在放牧地宽广时可以采用，但在一般放牧地是不适宜的。因为会严重造成牧草浪费，而且破坏草地。此外，家畜转移频繁，容易疲劳，相对降低了家畜的生产性能。

5.就地宿营放牧

自由放牧中比较进步的一种放牧方式。放牧地区没有严格次序。放牧到哪里就住到哪里，它与“抓膘放牧”有些相似。但对放牧地的选择不如“抓膘放牧”来得严格，放牧范围也没有后者广泛。从本质上来说，它是连续放牧的一种改进。因其经常更换宿营地，畜粪散布均匀，对草地有利；并可减轻螨病和腐蹄病的感染，对家畜健康也有利。家畜又因走路少，热能消耗相对较少，畜产品产量可以提高，因此，是自由放牧中一种较好的方法。

以上各种放牧方式仍是比较原始的，很不完善的。自由放牧对放牧地的影响是荒弃率高，浪费严重。对家畜来说，自由放牧奔走频繁，消耗体力，从而降低畜产品品质量。同时在一地长久放牧,可引起家畜寄生性蠕虫病的严重感染。

(二)划区轮牧

划区轮牧是有计划地放牧。把草原首先分成若干季节放牧地,再在每一季节将放牧地内分成若干轮牧分区,按照一定次序逐区采食,是轮回利用的一种放牧制度。

划区轮牧制度有以下几种放牧方式:

1.一般的划区轮牧

把一个季节放牧地或全年放牧地划分成若干轮牧分区,每一分区内放牧若干天,几个到几十个轮牧分区为一个单元,由一个畜群利用,逐区采食,轮回利用。

2.不同畜群的更替放牧

在划区轮牧中,往往采取不同种类的畜群,依次利用。如牛群放牧后的剩余牧草,虽不为牛喜食,但羊群可利用,还能继续放牧羊群。据有关资料显示,几种家畜更替放牧,载畜量可提高5%,有的甚至提高38%~40%。

3.混合畜群的划区轮牧

在一般划区轮牧的基础上,不是采用单纯的畜群,而是把各种家畜组成一个畜群,这一方式可以收到均匀采食、充分利用牧草的效果。

4.暖季宿营放牧

当放牧地与厩舍的距离较远时,从早春到晚秋以放牧为主的畜群,每天经受出牧、归牧、补饲、喂水等,往返辛劳,可能降低畜产品数量。这时应在放牧地附近,设置畜群宿营设备,就地宿营放牧。

5.永久畜圈放牧

当畜群所利用的各轮牧分区在厩舍附近(0.5~2km)时,没有超出放牧的缺点,照管方便,即可利用长年永久畜圈,不必另设临时的暖季宿营地。

这里还需要特别指出留放牧、一昼夜放牧和口粮放牧等放牧方式,因为它们在草地的集约化放牧利用中有重要意义。

6.系留放牧

这种放牧方式以绳索将家畜系留在一定的放牧地上,以代替划区边界,当该处牧草吃完后,再换地方,继续放牧。这种方法对家畜的控制严格,能充分利用牧草。此种方法多用于高产草地,以放牧较贵重的种公畜、高产奶牛或患病不能随群放牧的家畜。在农区亦多用此种方式饲养耕牛和育肥牛。

7.一昼夜放牧

放牧的畜群在每一分区上只停留一昼夜。这一方式适用于人力充足,运输方便的优质放牧地上,可以使家畜采食最好的牧草,同时就地宿营,免去往返之劳。还可以在整个放牧地均匀散布畜粪,收到均匀施肥的效果,这是一种集约经营的放牧方式。

8.日粮放牧

日粮放牧又叫围栏放牧。一般采用容易搬动的电围栏,将家畜限制在一定的面积内,消耗了大部分的牧草后,再移到下一个小片,有的几小时移动一次,有的将小片牧草的放牧时间分为白昼和夜间两段。这种方式的集约程度更高。在放牧中,将畜群进入草地的时间加以限制,其余的时间,停留在牧草已食尽的区域内,可以减少浪费,使饲料供应多样化。

9.地段放牧

在自然条件严酷,牧草产量低下,实行小区轮牧有困难的草地,当其生长季内的放牧频率只有1次时,可采用较为粗放、弹性较大的地段放牧制。

划区轮牧与无计划的自由放牧相比,有许多优点:①减少牧草浪费,节约草地面积。②可以改进植被成分,提高牧草的产量和品质。③可以增加畜产品。④有利于加强放牧地的管理。因为放牧家畜在短期内集中于较小的轮牧分区内,具有一定的计划,有利于采取若干相应的农业技术措施。诸如清除毒草、灌溉、施肥、补播等措施。⑤可以防止家畜寄生蠕虫病的传播。家畜寄生蠕虫病是一种家畜的内寄生虫病,家畜粪便中,常常含有寄生蠕虫的卵。随着粪便排出来的虫卵经过约6d之后,即可变为可感染的幼虫。而划区轮牧,则可经过妥当的安排,不在同一块草地连续放牧6d以上,这就减少了家畜寄生蠕虫病的传播机会。

(三)划区轮牧的理论

1.季节放牧地

目前,中国放牧利用的草地,多是根据季节来划分放牧地。也就是每年依照季节的更替来轮流更换放牧的草地。划分季节放牧地是实施划区轮牧的第一步。

实际上,季节放牧地的划分并不意味着把全部放牧地都按四季划分。在某些情况下,可以分成四个以上或四个以下,也不限于某一放牧地只在某一季节使用。它的时间单位可以是以月或季为单位。

2.放牧地划分的原则

划分季节放牧地,主要是依据放牧地的自然条件,如地形地势、植被状况、水源分布等。其目的是使所划分的各个放牧地段,能适宜于家畜在各个季节放牧利用。

（1）地形和地势

地形和地势是影响放牧地水热条件的重要因素，在山地草原.地势条件表现得较为突出。地势不同，海拔高度不一样，气候条件差异甚大。山地草原植被垂直分布明显。因此，在这些地区，季节放牧地基本是按海拔高度划分的。每年从春季开始，随着气温上升逐渐由平地向高山转移。到了秋季又随着气温下降逐渐由高山转向山麓和平滩。

草原牧区冬季气候寒冷，多风雪，牧草枯黄。当有暴风雪时，放牧地上的部分牧草被刮走，植株矮小的牧草常常被大雪覆盖，这时放牧地的生产力极低。家畜经过秋季抓膘后的良好膘情，多被消耗于维持生命。同时，冬季又是家畜怀孕的后期或生产时期，因此冬季放牧地应当具备的条件是：在地形方面要求低凹、避风、向阳。山区牧民的经验是，最好向风方向有高地挡风，高地之下再有洼地，以便聚积从高处吹来的雪。放牧地则在高地和洼地之间，如山地的沟谷、残丘间的低地，固定或半固定的沙窝子和四周较高的盆地，均是较理想的冬季放牧地。距离居民点、割草地、饲料地较近，以减轻运输饲料的负担，从而保证在遇灾时能及时进行补饲。居民点附近应有水源，以便人畜饮水。在有积雪的地方，可以利用其附近的缺水草原。

春季放牧地所要求的条件与冬季放牧地相似，但还要求放牧地开阔、向阳、风小，植物萌发较早。

由于夏季天气炎热，降雨多，蚊蝇侵袭和干扰牲畜。因此，放牧地的选择要求地势较高。凉爽通风，牧草较低矮又无蚊蝇之地，如高坡、台地、岗地和梁地等。

（2）水源条件

为了使家畜正常生长发育，必须满足其饮水需要。因此，放牧地的适宜性与其水源条件有密切的联系。不同的季节，由于气候条件不同，家畜生理需要有差异，其饮水次数和饮水量也不一样。暖季由于气温高，家畜饮水较多，因此要求放牧地必须有充足的水源，而且水源不能太远；冷季家畜的饮水量和饮水次数较少，可以利用那些水源较差或距水源较远的放牧地。泌乳畜、母畜、幼畜及体弱病老畜饮水半径应短一些；冬季和春季饮水半径可稍长。供水点必须有保证人畜用水的各种设备，蓄水池、饮水槽及饮水台等。为了防止家畜践踏和粪便污染周围水源，可将水引入槽内，周围有排水沟，排除污水和牲畜便溺。

（3）植被特点

牧谚有“四季气候四季草”，深刻地说明了在不同季节内，草地植被有一定的适宜利用时期，例如芨芨草在夏秋季节牲畜几乎不愿采食，适口性非常低；而在冬春季节则有良好的饲用价值；针茅等在盛花期及结实期，由于其颖果上具有坚硬的长芒，家畜多不采食，在其他季节则有良好的适口性，并在放牧饲料中占有重要地位。在干草原、半荒漠及荒漠地区，蒿类植物在夏季含有浓厚的苦味，家畜通常不喜食，但在秋季下霜以后，苦味减轻，则是这类地区冬季放牧的重要饲料。另外、在荒漠、半荒漠地区，有些短命植物，在春季萌发较早，并能在很短的时间内完成其生命周期。因此，在以短命植物为主的放牧地进行春季利用是最适宜的。

此外，为了就地解决家畜的矿物质饲料，如食盐、骨粉等，有不少地区的牧民还把舔食盐土和采食盐生植物的方便与否，列为选择放牧地的一项重要条件。在各季放牧地里，尤其秋季放牧地应有盐土和盐生植物的分布，以便让家畜能定期（每隔7~10d）啄食盐土和采食盐生植物。放牧时还应注意转移牧场，让牲畜采食藜科植物，如猪毛菜、盐爪爪等，就可以达到自然补给目的。

3.轮牧小区

根据畜群大小和类型在季节牧场内划分出若干轮牧单元，一个轮牧单元可使一群家畜放牧一个完整的周期，通常30d。

在轮牧单元内，将草地划分成该群家畜能放牧6d的小区，即为轮牧小区。同一块草地两次放牧间隔的时间为轮牧周期。轮牧周期的长短取决于再生草生长的速度，一般再生草生长到8~20cm就可以再次进行放牧。

划区轮牧首先要确定小区数目，而小区数目与轮牧周期、放牧频率、放牧季节长短以及每一小区内放牧天数等有着密切的关系。

第一个轮牧周期确定后，就可以确定小区数目了。它们之间的关系是：

小区数＝轮牧周期÷小区放牧天数

小区内放牧天数，根据蠕虫病的感染及草类再生速度，一般不超过6d。在非生长季节或干旱的荒漠地区，则小区放牧天数不受6d的限制。

但是，在以后各轮牧周期内再生草产量将减少，不能满足一定天数的放牧，因而势必缩短小区的放牧天数。这样小区的数目就要增加。如此，计算小区数可用下列公式表示：

小区数目＝轮牧周期÷小区放牧天数+补充小区数

放牧频率是指各小区放牧的次数，也就是草类可以再生的次数。所以：

放牧季＝轮牧周期×放牧频率＝小区数×小区放牧天数×放牧频率

根据中国各地区放牧地条件，在草甸及草甸草原上小区数目以12~24个为宜，干草原及半荒漠以24~35个为宜，荒漠因无再生草，小区数目以33~61个为宜。

轮牧小区的面积、形状和布局小区的面积首先决定于放牧地的生产力，其次，畜群头数、放牧天数、牲畜日粮等与小区面积也都有一定的关系，如头数多、放牧天数长、牲畜日粮高，则小区面积大，反之则小。但这些因素一般都是比较固定的，因此放牧地生产力直接对小区面积的大小起着决定性的作用。小区面积的计算公式如下：

$$\text{小区面积}=\frac{\text{头数}\times\text{日粮}\times\text{放牧天数}}{\text{放牧地生产力}}$$

根据上式计算出来的小区面积，不一定能满足放牧技术的要求，有时计算出来的小区面积，并不能恰当地容纳放牧的畜群，因此在确定小区面积时，还必须考虑放牧密度。

放牧密度是单位面积（公顷）上，在同一时间内放牧家畜的头数，如果密度过大，会使牲畜互相干扰，如果密度过小，也会使家畜游走太多，这样不仅采食率低，且使牲畜体力消耗过大。

此外，为了保持家畜横队前进采食而不发生拥挤，还应考虑放牧时所需要的小区宽度。这可用每头家畜放牧宽度来乘畜群头数求得，如800只羊的羊群，放牧宽度为320~400m（800只× 0.4/0.5m），也就是说，不论小区面积多大，小区宽度应大于320~400m，过狭窄会造成拥挤现象。例如成年牛放牧所需最小宽度为1.5~2.0m，羊为0.4~0.5m，马为1.5~2.0m。

小区形状最好为长方形，长∶宽大约为2∶1或3∶1。生产中还应考虑小区布区，一般距水源不应超过一定距离，防止上游放牧污染下游河水，牧道不应小于30m左右。

四、草原围栏技术

（一）围栏概论

自从牛羊被驯养为家畜以来，大约1万年当中，牲畜一直是在牧人看管下放牧在天然草场上或饲养在棚圈里。18、19世纪，随着资本主义的发展，出现大规模发殖民地，大型放牧场在北美、南美大陆以及澳大利亚变得越来越普遍。牛羊放牧在无边无际的牧场上，需要牧人去照管，而在那些新开拓地区，劳动力又十分短缺，这就迫使人们去寻找新的放牧方法，围栏放牧正是在这种形势下发展起来的。

最初的围栏一般是就地取材，利用牧场附近的森林和灌木建设木杆围栏。这种围栏无需放牧特殊器材和技术便能架设，但费工费时，且无木材地区不能应用。19世纪中叶，随着冶金工业的发展，熟铁丝大量供应市场。随后，强度更高、价格低廉的低碳钢丝又取代了熟铁丝。1874年美国发明了刺线，这样才奠定了近代围栏的基础。随后的十年间，刺线产量猛增，为大规模建设刺线围栏、开发美国西部大草原作出了很大贡献。但是刺线围栏也有缺点，它能刮伤牲畜的皮毛而且消耗的金属线和围栏桩仍然较多。于是一种“预制围栏”在美国出现了，并逐渐取代了大部分刺线围栏。网格围栏消耗金属少，需要的围栏桩也少，架设简便，因而成本也更低，很快便在许多以放牧业为主的国家和地区制造和推广。

20世纪60年代，一系列新技术取得了巨大的进展，给围栏设计提供了新的可能。这些技术包括围栏防腐技术、高强度、高抗腐蚀性钢丝的制造及应用、各种围栏分隔器、U形钉、脉冲器、绝缘子等围栏器材的应用。此外，发明了打桩、挖穴以及张紧和固定围栏线的机械和工具。在这些进展的基础上，几种新型围栏便发展起来了，如高强度平线围栏、预制围栏、多线电围栏和悬吊式围栏。

最初的围栏只是为了以围栏代替牧人，解决劳力短缺问题。但随着农牧业生产的发展，围栏的用途也更为广泛了。今天，围栏可用于：①划分草场边界；②封滩育草；③划区轮牧；④保护农田及人工草场；⑤用作露天育肥场的栏圈；⑥防止野生动物侵入牧场；⑦铁路、高速公路保护交通安全；⑧封山育林。

美国是世界上最早使用围栏的国家之一，迄今已有200年历史。美国又是世界上建设围栏最广泛的国家之一，几十亿公顷的农田、几十亿公顷草原以及高速公路两侧全部建设了围栏。

中国修建围栏的历史不长，20世纪60年代初，北方草原地区开始建设“草库仑”（即围栏）。最初，建设草库仑只是为了保护一块打草场，以便解决牲畜冬春补饲用的干草。近年来，围栏的用途已大为发展，可用于保护人工草场、补播改良的草场、饲料作物地；用于保护新种植的防护林；用于进行划区轮牧的试验。随着《中华人民共和国草原法》的颁布实施，草场使用权逐渐固定，围栏将广泛用于草场边界的划分。围栏在中国牧区必将有更大地发展。

在中国围栏发展初期，各地曾因陋就简创造过多种形式的围栏，如土墙、草皮墙围栏、石墙围栏、壕沟围栏等。这些围栏形式虽然有就地取材的优点，但缺点很多，如费工费时、成本高、不耐久且破坏草场，现大部分已被淘汰。目前中国各牧区采用的主要是刺线围栏。近年来，全国各地建立网围栏厂，加工“预制围栏”。预制围栏已部分取代刺线围栏，取得良好的效果。电围栏架设容易，成本低，但事故较多，需经常维护，不宜用作永久性围栏，一般用作临时性围栏或训练用围栏。

值得注意的是现在许多农牧场虽然使用了很好的围栏器材，但架设起来的围栏却不能长期保持良好状态。这种情形在国内外都存在，有些围栏仅使用三五年，就已东倒西歪，不起作用，而正确架设的围栏可以使用35年以上。由此可见，普及围栏架设技术十分重要。本节内容参考中国农业农村部最新围栏架设的标准。

（二）网格围栏各部位名称

草原围栏的种类很多，从永久性、建设成本综合效果来看，目前主要采用网格围栏，先以网格围栏为例介绍如下：

（1）编结网——用扣结把纬线钢丝和经线钢丝结合在一起而形成的钢丝网。

（2）编结网纬线——架设后的编结网中平行于地面的钢丝线。

（3）边纬线——架设后的编结网中最上端和最下端的纬线。

（4）中纬线——位于边纬线之间的纬线。

（5）编结网经线——架设后的编结网中垂直于纬线的钢丝线。

（6）股线——刺钢丝的主线钢丝。

（7）刺钢丝——把刺钉线绕结在单根或双根股线上形成的带刺钢丝线。

（8）小立柱——安装在围栏线路上，用来支撑编结网的柱子。

（9）中间柱——承受编结网张紧力的柱子。

（10）角柱——安装在围栏线路的方向变化较大处，用来承受编结网张紧力的柱子。

（11）支撑杆——支撑在中间柱、角柱、门柱上的柱子。

（三）围栏作业名称及施工工具

（1）围栏工程设计——进行实地勘测，确定围栏线路和区域，制订施工设计方案。

（2）围栏线路——架设围栏制品后在地面上形成的轨迹。

（3）围栏架设——架设围栏的工作过程。

（4）张紧器——把编结网纬线或刺钢丝股线拉紧的工具。

（5）张紧力——围栏的编结网纬线或刺钢丝股线所承受的拉力。

（四）网格围栏材料

所用材料主要是市场提供的钢丝编结网和立柱。围栏主要零部件技术要求符合JB/T 7138.1-3—1993的要求，经农业农村部农机鉴定总站鉴定，地方质量监督检验部门颁布生产许可证及产品合格证，方可使用。

1.编结网

使用时根据围栏的用途，选用不同规格的编结网。常用编结网的规格有6×90×60型、6×100×60型、7×90×60型、7×100×60型、7×110×60型、8×110×60型。编结网的参数见表17。

表17 编结网围栏规格与基本参数

规格	纬线根数	网宽（mm）	经线间距（mm）	钢丝公称直径(mm)			自上而下相邻两纬线间距（mm）
				边纬线	中纬线	经线	
8×110×60型	8	1100	600	2.8	2.5	2.5	200,180,1880,150,130,130,130
7×110×60型	7	1100	600				200,200,180,180,180,160
7×100×60型	7	1000	600				150,180,180,180,160,150
7×90×60型	7	900	600				180,180,150,130,130,130
6×90×60型	6	900	600				210,210,180,160,140
6×100×60型	6	1000	600				240,220,200,180,160

2.立柱

立柱按规格分为大立柱、中立柱和小立柱三种。按建筑材料可分为角钢立柱、砼立柱或其他。

角钢立柱用热轧等边角钢。角钢立柱规格，门柱、角柱9mm×90mm×8mm，中间柱70mm×70mm×7mm，小立柱40mm×40mm×4mm，支撑杆用直径50mm的焊管。在潮湿地区使用角钢，应喷涂防锈漆。

砼立柱用钢筋、水泥、沙子制成。其小立柱规格：120mm×120mm×1800mm，120mm×120mm×2000mm，120mm×120mm×2300mm；中间柱及角柱规格：160mm×160mm×2200mm，160mm×160mm×2500mm。制作立柱的技术要求是：内含冷拔钢筋4根，小立柱钢筋φ6~8mm，中间柱及角柱钢筋φ9~10mm，每根柱内有5根8-10#铅丝固定；水泥标号为425#，每根立柱预制挂钩的数、相关尺寸与刺丝围栏和编结网围栏的纬线间距要求一致。

3.围栏高度的确定

标准围栏的高度为1100~1300mm，以拦挡小畜为目的的围栏高度可降低200mm，以拦挡野生动物为目的的围栏高度视具体动物而定。

（五）围栏架设施工

1.围栏定线

（1）平地定线

在欲建围栏地块线路的两端各设一标桩，从起始标桩起，每隔30m设一标桩，直至全线完成,使各标桩呈直线。

(2)起伏地段定线

在欲建围栏地块线路的两端各设一标桩,定准方位,中间遇小丘或凹地,要在小丘或凹地依据地形的复杂程度增设标桩,要求观察者能同时看到三个标桩,使各标桩呈直线。

2.线路清理

对欲建围栏的作业线路要清除土丘、石块等,平整地面。

3.围栏中间柱的设置

为使围栏有足够的张紧力,每隔一定距离需设置中间柱。

(1)平坦地区的直线围栏

① 围栏长度应在100~200m,设置1个中间柱。若围栏长度超过200m,用中间柱将围栏总长分隔成不超过200m的若干部分。

(2)起伏地形的直线围栏

起伏地形的直线围栏,要将中间柱设置在凸起地形的顶部和低凹地形的底部,将围栏分隔成数段直线。

4.小立柱间距及埋深的设置

地势平坦且土质疏松的地段,间距4~6m,小立柱埋深0.5~0.6m;土壤紧实的地段,间距8~12m,小立柱埋深0.3~0.5m;地形起伏的地段,间距3~5m。

5.中间柱的埋设

中间柱(角钢中间柱或水泥中间柱)埋深0.7~1.0m,地上部分与小立柱取齐,然后在其受力的方向上加支撑杆。

6.水泥小立柱的埋设

(1)挖坑

要求坑口尽量小,以能放入水泥小立柱为限,坑深0.5~0.6m。

(2)埋设

将水泥小立柱放入坑中,回填土并夯实,线路上各小立柱要成直线。

7.角钢小立柱的埋设

先在角钢小立柱底端0.5m处做好埋深标记,按规定间距将小立柱垂直砸入地下,直至标记为止。

8.角柱、地锚埋设和支撑架设

角柱埋深0.7~1.0m,在角柱受力的反向埋设地锚或在角柱内侧加支撑杆。

9.特殊地段围栏立柱的埋设

(1)若围栏通过低凹地,凹地两边为缓坡,相邻小立柱之间的坡度变化≥1∶8时,应在凹地最低处增设加长立柱,并将桩坑扩大,在桩基周围浇灌混凝土固定。若雨季有水从围栏下流过,则应在溪流的两边埋设两根如上所述的加长立柱。在两立柱之间增加几道刺钢丝以提高防护性。

(2)若围栏穿过低湿地,可使用悬吊式加重小立柱,用混凝土块加重,亦可用钢筋作栏桩,以石块加重。

(3)围栏跨越河流、小溪,若河流宽度不超过5m,可在河流两岸埋设小立柱,使围栏跨越河流;若河流宽度超过5m,则应在河流两岸埋设中立柱,为了防止水流冲毁围栏,不宜在河流中间埋设立柱,可将木杆或竹竿吊在沟槽处起拦挡作用。

10.围栏的架设

围栏架设要以两个中间柱之间的跨度为作业单元,围栏线端应各自固定在中间柱上。

(1)刺钢丝围栏的架设

刺钢丝围栏纬线的架设要逐条进行,放一道线安装好一道。具体程序如下:

①首先要在中间柱受力方向的延长点上竖立临时作业立柱,安装张紧器张紧刺线,为避免架设时刺线出现松弛,应由下往上一道一道张紧。

②将刺钢丝线在中间柱的一端绑紧,然后放线。

③用张紧器张紧刺钢丝线,张紧要适度,防止纬线拉断或张紧器滑脱伤人。

④将刺钢丝线固定在中间柱和小立柱上。防止钢丝因热胀冷缩而引起围栏松动,每隔80~100m加装一个花篮螺丝,各花篮螺丝之间的刺线用活钩或弹簧卡支撑,以便随时进行加固。

(2)编结网围栏的架设

①施工程序先是固定门柱、拐角柱和受力中立柱,然后展开网片→固定起始端→专用张紧器固定→夹紧纬线→实施张紧→绑扎固定网片→移至下一个网片段施工。②从中间柱的一端开始,沿围栏线路铺放编结网。将编结网铺在围栏草原内侧,将网格较紧密的一端朝向立柱,起始端留5~8cm编结网。③编结网的一端剪去一根经线,将编结网竖起,把每一根纬线线端在起始中间柱上绑扎牢固。④继续铺放围栏网,直到下一个中间柱,将编结网竖起并初步固定。若需将两部分编结网连接在一起,可使用围栏线铰接器接头。⑤埋设临时作业立柱,安装张紧器张紧围栏,各纬线张紧力为700~900N,整片围栏受力要均匀。⑥将围栏另一端相对中间柱的位置除去一根经线,

自中纬线分别向上向下将每根纬线分别绕中间柱绞紧。⑦将编结网自边纬线向中间逐一绑扎在线桩上。

11.门的安装

预先将围栏门留好，门宽6~8m，高1.2~1.3m。门柱要用支撑杆予以加固，用门柱埋入环，与门连接，加网前将门柱及受力柱固定好。

（六）围栏轮牧小区内的其他设施

1.饮水

轮牧小区内可打井并设置管道供水系统或车辆供水。轮牧小区内根据牲畜数量设置饮水槽。给畜群供水要及时，保证水槽内有足量的清水，保证牲畜夏季饮水2~3次/d，冬季1~2次/d。

2.布设舔砖、擦痒架、遮荫设施

轮牧小区布设适量舔砖，为畜群及时补充盐分。根据实际情况及牲畜数量小区内可设置擦痒架及遮荫棚。

（七）甘肃省实施草地围栏成本核算（2004年）

甘肃省实施草地围栏成本核算见表18。

表18　草地围栏成本核算表

围栏编号		1	2	3	合计
面积公顷		10	10	10	30
网围栏	长度(m)	1400	1400	1400	420
	单价(元)	2.45	2.45	2.45	2.45
	金额(元)	3430	3430	3430	10 290
小立柱(套)	数量	189	189	189	567
	单价(元)	26	26	26	78
	金额(元)	4914	4914	4914	14 742
中柱(套)	数量	6	6	6	18
	单价(元)	65	65	65	195
	金额(元)	390	390	390	1170
角柱(套)	数量	4	4	4	12
	单价(元)	70	70	70	280
	金额(元)	280	280	280	840
门柱(套)	数量	1	1	1	3
	单价(元)	65	65	65	195
	金额(元)	65	65	65	195

续表

围栏编号		1	2	3	合计
门(扇)	数量	1	1	1	3
	单价(元)	300	300	300	900
	金额(元)	300	300	300	900
地锚(根)	数量	80	80	80	240
	单价(元)	7.5	7.5	7.5	22.5
	金额(元)	600	600	600	1800
运费(元)	长途	533.3	533.3	533.3	1600
	短途	360	360	360	1080
装卸(元)		160	160	160	480
野外补贴(元)		280	280	280	840
其他费(元)		200	200	200	600
合计(元)		11 601	11 601	11 601	34 803
每米成本(元)		8.29	8.29	8.29	24.87

表19　围栏周长与围栏面积的参考资料

围栏形式	矩形单围栏				矩形四联围栏			矩形六联围栏		
围栏周长（m）	1000	2000	5000	10 000	4900	5800	7000	7000	8300	9900
围栏面积（hm^2）	6.3	25.0	156.3	626.7	16.7×4	23.3×4	33.3×4	16.7×6	23.3×6	33.3×6
单位面积平均周长（m/ hm^2）	158.7	80.0	32.0	16.0	73.4	62.2	52.6	70.0	59.3	49.5

（八）验收原则

（1）方案有无缺陷，是否为优化方案。

（2）围栏线路应符合用户的要求，外观整齐。

（3）围栏张紧力要按JB/T 7138.4—1993的检测方法检查。

（4）围栏纬线与各立柱的绑结应牢固可靠。

（5）所有立柱应牢固可靠，所有紧固螺丝应拧紧。

（6）地面不应有碎钢丝、铁钉等金属物。

（7）围栏架设后如不符合上述要求，应立即返修，经检验合格方可交付使用。

（九）日常维护和管理

1. 围栏设施的检查和维护

围栏设施需经常检查，发现围栏松动或损坏要及时维修。

2.围栏草地样点监测

（1）围栏草地样点中，设立定点拍摄点，为该样点草地植被的变化动态提供图像资料；并测定草原第一生产力。

（2）围栏草地应该分别代表天祝县各类草地的夏、秋、冬退化草地的基本状况和生产力，对其进行围栏封育，其一是有严格进行围栏封育的样地，则可以进行连续几年的草地状况调查研究，找出退化草地恢复植被的规律，为提高草地生产力、改变生态环境提供理论和实践证据。其二是利用禁牧措施来恢复草地植被可以起到一个示范作用，给当地牧民提供一个示范现场。

3.围栏禁牧中存在问题的建议

（1）目前，大部分牧区草地载畜量偏高，基本上再无可开发利用的草地。因此，大规模进行围栏禁牧技术时必须建立饲草基地、舍饲圈养调整畜群结构、提高出栏率、降低存栏量相结合方能奏效，否则会影响牧民的经济收入。

（2）夏季大多数草场还未围栏封育，牧民有强烈的愿望将夏季牧场实施围栏，但是，夏季牧场交通不便，建设围栏成本较高，建议各级政府及有关单位设立项目，采用自办社助的方法来完成夏季草场草地围栏。

五、草场整合利用

草场整合利用是针对近年来草场分户承包而形成的“碎片化”经营利用模式的改进型利用方式。根据北京大学环境管理系教授李文军对于内蒙古地区草场承包到户效果调查的研究表明，家庭独户经营所带来的草场资源破碎化使用致使内蒙古部分区域草原出现了一些负面效应。一是草场分户经营以后，因为家庭劳动力的限制，牲畜品种逐渐单一化，对饲草资源利用效率降低，同时对生态产生负面影响。小畜（羊）的繁殖周期快，因此数量急剧上升，而大畜（骆驼、马、牛等）数量则急剧减少。每种牲畜喜好的饲草是不一样的，牲畜单一化难以对不同饲草进行充分、有效地利用。同时，单一畜种对某些饲草的长期采食会造成饲草种类及其群落结构的变化。二是草场分户经营使得牲畜在小范围围栏内采食，由于反复践踏造成草场退化，尤其是在水井、定居点周围。理论上同样的草场面积，如果划分成几片分别单独使用，实际载畜能力会显著下降。同样的载畜率，草场共用不会过牧，而将其分隔成小面积的草场分别使用就会出现超载过牧的现象。三是牧民间互惠合作，通过转场移动牲畜来应对自然灾害，独户经营则完全依赖买草来抗灾，造成生产成本急剧提高。当前内蒙古牧区畜牧业生产成本中大约70%用于买草料。而牧区现在的收入结构主要还是单一化地依赖畜牧业，因此买草成本的上升，必定是以养更多的牲畜来覆盖这个成本，否则家庭畜牧业生产将难以维持。在这种情况下，就出现了一个很奇怪的现象：牧民养的牲畜在不断增多，但是收入并没有向预期的方向发展。

因此，草场整合利用是对草场利用制度的创新，通过转变生产经营方式实现牧区的可持续发展以及生态文明建设。大体而言，当前牧区自发性的整合有两种方式：基于市场机制的草场流转，联户或合作社发展模式。一是草场流转模式，与农区同步，当前牧区也正在推行草场资源三权分置，鼓励牧民通过经营权流转的市场机制将破碎化草场重新整合，进行规模化经营。二是联户、合作社发展模式，以政府支持项目为主导，在畜牧业经营过程中面对市场环节选择联户或者建立合作社的合作发展模式，共同生产经营，共同抵御风险。

六、实施草原保护工程

按照党的十九大关于“加快生态文明体制改革、建设美丽中国”的部署要求，将草原保护与建设作为治理水土流失、促进生态自我修复的重要措施。结合当前开展的退牧还草工程、草地围栏建设工程、人工草地建设工程，根据各区域草原生态特点，科学规划新的草原保护与建设工程项目。充分发挥草地围栏、人工种草、改良草地等措施在调节畜草平衡、治理草地退化、恢复草地植被中的有效作用，采取适宜的人工措施，减少人为因素对草原生态的负面影响，充分给予草原生态休养生息的环境，发挥大自然的力量，促进生态自我修复。

推行草原生态环境保护制度措施，实施草原生态系统保护和修复重大工程，治理退化沙化草原，转变草原畜牧业生产经营方式，推动形成人草畜和谐发展的新格局，要重点抓好五项工作。

一是落实好草原生态环境保护和建设各项改革任务。按照党中央、国务院关于推进生态文明体制改革的要求，紧紧围绕“源头保护、过程控制、损害赔偿、责任追究”，推进草原生态环境保护制度建设，建立健全草原资产产权、监测评价、生态保护红线、生态补偿、生态损害赔偿与责任追究等制度。稳定和完善草原承包经营制度，规范承包经营权流转。开展全国草原生态状况调查评估，摸清草原生态系统服务功能和生态系统质量变化等情况，强化草原禁牧休牧和草畜平衡管理，落实资源管控措施。

二是加强草原资源精细化管理。在新一轮草原资源调查的基础上，全面摸清草原面积、类型、质量、利用现状等，为草原改革任务落地提供坚实基础。整合建立草原大数据中心，加强草原数据采集、资源管理、监测预警、应急指挥、综合执法等信息平台建设，全面提升草原信息化管理水平。修订《土地利用现状分类》，科学界定草地、林地、耕地的概念范围，合理调整“未利用地”范围。开展第三次国土资源调查，妥善解决“一地多证”“林草矛盾”等问题。

三是强化草原法制建设。配合修订《中华人民共和国草原法》，研究完善草原生态文明关键制度、草原征占用审核审批管理、草原执法监督和法律责任等方面的规定，以解决现有草原违法案件处罚依据不充分、处罚偏轻等问题。推进《基本草原保护条例》立法步伐，依法严格划定基本草原，确保面积不减少、质量不下降、用途不改变。加强土地利用总体规划实施管理，严格落实土地用途管制制度，禁止可能威胁草原生态系统稳定的各类土地利用活动，严禁改变生态用地用途。强化草原监理体系和村级草原管护员队伍建设，充实人员，改善装备，提升能力。组织开展“大美草原守护行动”，严厉打击乱垦滥挖等破坏草原行为，加大草原违法案件查处曝光力度。

四是实施好强牧惠牧政策。加大对草牧业转型升级的支持力度，综合考量草原面积、牧草产量和牛羊肉价格等因素，稳定和完善草原补奖政策，在保护草原的同时，提高牧民政策性收入。继续实施好退牧还草等草原生态保护建设重大工程项目，加大草原修复力度。扩大退耕还林还草，完善落实补助政策。指导各地根据草原植被恢复情况，合理调整草原禁牧、草畜平衡的范围和面积，确保禁牧封育成效，有序实现草原休养生息。进一步加强草原自然保护区建设与监管。

五是推进现代草牧业发展。落实全国牛羊肉生产发展规划，加强牧区养殖基础设施建设，因地制宜发展人工种草和节水灌溉饲草料地，繁育推广牛羊良种，强化基础母畜饲养扩繁，防控重大动物疫病，发展适度规模的标准化集约化养殖。培育现代草原畜牧业新型生产经营主体，提升产、加、销一体化程度，促进养殖、加工、流通等环节利益合理分配，实现产业发展和牧民增收双赢。继续转变生产经营方式，促进草原畜牧业可持续发展。同时，继续支持发展草原生态旅游等绿色产业，设置草原管护公益性岗位，探索建立草原地区牧民参与矿藏开发的利益共享机制，不断拓宽牧民的转产就业渠道，减轻对传统草原畜牧业的过度依赖。

第二篇

草原生态监测技术

第一章　草原地面监测

第一节　地面监测概述

针对不同的监测目标，草原地面监测能够以抽样的方式获得地面一系列点上草原的地形、土壤等环境特征，植物构成、高度、盖度、产量等生长状况，以及鼠虫病害的数量、密度和危害程度等基础数据和资料，并为遥感手段获取的数据提供空间样本，也能在一定程度上动态地或离散地反映草原资源的现实及变化情况。同时，通过地面监测还可以掌握放牧压力、草原管理、保护与建设等实践资料，作为草原本底补充资料，为建立草原资源与生态基础数据库奠定基础。

一、地面监测的作用

（一）典型分析和机理研究

地面监测数据可以反映草原类型、环境、利用方式、鼠虫害发生、建设工程的现状和动态，以抽样方法获取不同监测内容的现实和动态状况，通过连续的周期监测可以获取一个地点草原群落演替、生产力波动，以及退化、沙化、盐渍化的面积、范围和等级等本底资料，对鼠虫病害发生发展、植被恢复机理及其与环境因素的关系进行科学的分析和评价。

（二）作为遥感监测的样本

通过定位信息将地面监测数据与遥感图像复合，了解监测区内不同草原类型在一定的群落学特征、生态条件、分布规律和利用方式下在遥感图像上所反映出的波谱特征，以地面监测样地、样方为样本，建立针对不同监测内容的监测模型，通过模型运算获取区域草原资源状况，对比分析草原资源的动态变化。

(三)验证遥感监测结果

利用遥感图像周期覆盖、可比性好的优势，加上监测模型的积累，经过多年监测后，一些监测内容对地面监测数据的依赖就越来越少，部分监测过程甚至可以实现自动化，地面监测数据将更多地应用于对监测结果的验证和对监测模型的调整、改进。

二、地面监测的周期

(一)年度监测

在以草原生产和生态状况为目标的监测中，主要是监测草原资源随气候、人为利用、工程措施等发生的年际动态变化，监测时间应在每年的草原植被生物量高峰期进行。但不同地区由于气候条件的差异，草原生长高峰出现的时期不一致，测定时间以一般草原群落中主要牧草进入盛花期时为宜，这一时期也有利于辨别、鉴定植物。

北方草原一般在7~8月；南方热带、亚热带地区、西北荒漠区干旱区的草原，由于夏季高温、干旱，草原植物有短时期的休眠，草原产草量在一年中可能呈现双峰曲线，因此进行年度监测时，应选择在两个高峰中最高的时期进行。

而对草原灾害和建设情况的年度监测，需根据实际的发生或实施情况，因地制宜地安排监测的时间。

(二)月度监测

月度监测主要是掌握一定利用方式下草原植物的生长状况，鼠虫病害发生、发展的过程，以及它们与气候、土壤等因素季节动态之间的关系。

月度监测还可以反映草原资源随季节及利用方式变化(季节牧场、季节性休牧等)而发生的差异，以确定草原的第一性生产力、草原的适宜利用强度和草畜平衡。

月度监测从草原牧草返青开始，到当年植物生长结束，每月测定1次。一般北方草原在4—5月返青，每月中旬测定1次，直到10月中旬左右草原植物生长停止；在冷季，可以每两个月监测1次。南方热带、亚热带草原植物生长没有明显的枯黄期，但一年四季中植物生长均有差异，因此一般在植物的旺盛生长时期即4—11月，每月中旬监测1次，11月以后，每两个月监测1次。

（三）短周期监测

在鼠虫病害发生期和牧草生长的特定时期，需要逐日或以非常短的时间间隔（一般小于1周），对重点地区或典型区域进行连续地观察和测定，以掌握植物、动物种群的数量动态和病害发生的程度等内容。

这种监测频率高，很难在大范围内多个地点实施，获取的样本数量少，因而在样地或样点的选取上应充分考虑其区域代表性。

三、地面监测的工作流程

（一）准备工作

包括组织地面监测所需的人员，准备材料、工具和资料等。

（二）选择路线和样地

参照路线及样地选择的方法及注意事项，在地形图或遥感图像上初步确定调查路线，之后经对选定的监测路线、样地实地踏查及对比，确定监测路线、样地以及监测时的交通线路。

（三）访问调查

访问调查是地面监测中的一项主要内容，主要是与有经验的干部和群众座谈，或发放调查表进行访问。访问调查主要是了解生产利用特点，包括牧草的适口性、草场利用方式、割草场和放牧场配置、放牧方法、放牧技术、割草方法、时间、贮藏形式、数量；季节草场划分的原则、分布和利用情况，草场退化情况，各类草场的分布、利用情况；人工草场建立的条件及分布状况，种植饲草饲料的种类、品种、产量、栽培技术和管理措施等；草场建设的主要经验，牧业生产的主要问题及今后的设想和规划意见等。在访问调查时要事先列好提纲，在访问中才能做到不遗漏。

（四）野外测定

根据确定的路线或样地，针对不同的监测内容，按期进行野外观察、测定和描述。这一环节是地面监测实际的实施环节，一般情况下地面监测数据需要与遥感图像进行准确的空间位置复合，因而地面取样的过程需要用GPS手持终端进行准确定位。

（五）数据汇总、分析或上报

外业调查、试验数据的整理，表格、资料的汇总、分析。地面监测工作范围很大时，需要分层次地组织实施，低层次的监测数据需要逐级上报，汇总后统一进行处理、分析。

四、地面监测的准备工作

(一)资料准备

在开始地面监测前,为了保证野外工作的顺利进行,一般在开始监测前,需要了解监测地点的草原资源基本概况、利用方式及现状、社会经济和自然条件等。可以借助纸质的图件、文字资料或空间数据库中收集的信息,了解监测区内不同生态地段所处的植被、气候、灾害、社会经济等情况,以便于对草原资源的差异进行分析。主要应了解的基本情况有:

1.自然条件概况

包括植物和植被、气候、地貌、土壤及地质等方面的情况。

2.社会经济概况

包括行政区划、人口、劳动力、农牧业生产比例、产值、土地利用现状等。

3.畜牧业生产概况

包括家畜种类、品种、数量、生产性能、饲养方式、繁殖方式、商品生产、草原建设、饲料平衡等。

4.灾情统计

包括发生灾害种类、面积、程度、防治、损失等方面的资料。

(二)地面监测工具

1.采样工具

用于植物、土壤样品的采集和保存,主要有剪刀(草本植物群落用普通剪刀,灌木和高大草本用灌木剪)、袋子(布袋、封口塑料袋)、样方框(木制、塑料、铝合金等材料

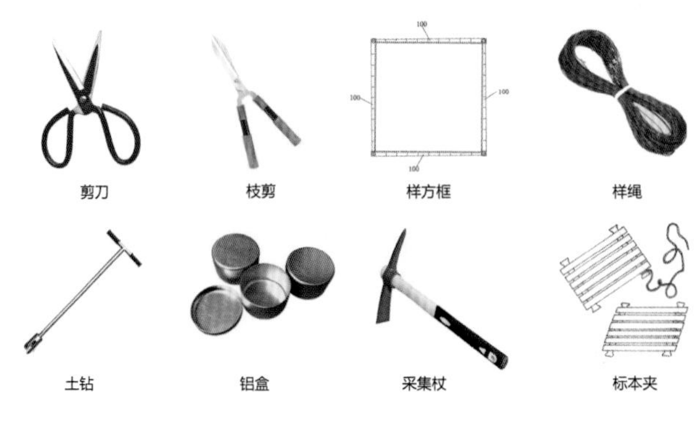

图21 采样工具

制成1m×1m、Φ1.13m的样方，也常有用绳和铁钉制成的）、测绳（用作灌木样方的测定）、土钻（用于土样的采集）、铝盒（装土样）、标本采集杖和标本夹等，如图21所示。

2.称重工具

采用便携式电子天平或克秤（图22）。草原植物群落特征的测定中需要用到称重工具，可用便携式电子天平，一般精度为0.1g，克秤则精确到1g，主要用于野外草原生物量的鲜重测定。由于野外环境条件不稳定时，如大风天气，造成野外现场称量误差增大时，此时可将样品用无纺布袋或塑料自封袋带回室内称量，从中取出部分样品进行干鲜比的测定。

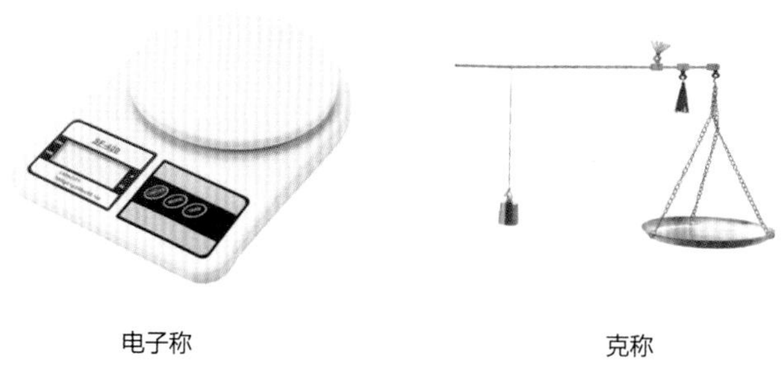

图22　称重工具

3.位置、尺寸测定工具

定位可采用GPS接收机（图23），测定样点的经纬度、海拔。经纬度的记录方式为度、分（数据精度为0.001分），也可以为度、分、秒（数据精度为0.1秒），一般来说前者在数据表达上精度更高。坡度、坡向的测定工具为坡度仪或罗盘，单位用度。高度、长度测定工具可用普通米尺或卷尺，精确到1mm。

图23　GPS接收机

4.工具

土壤含水量测定需用土钻取样,回室内烘干测定。有条件的地区可采用中子仪实地测定。植物含水量(干鲜比)可用便携式烤箱或烘箱(图24)配合电子天平测定。

图24　烘箱

5.图像采集工具

使用数码照相机记录图像资料。

6.数据储存和处理设备

外业调查时需要配备便携电脑、掌上电脑等数据储存和处理设备,以便与GPS手持终端、便携式波谱仪等设备连接。

(三)培训实习

第一次实施地面监测时,要对当地植物、动物的辨别、鉴定,路线的设置,样地和样方的选择、测定、登记等主要内容进行实地的培训、实习。

第二节　样地与样方

一、样地与样方的基本概念

样地。用于植被调查采样而限定范围的地段。主要用来描述草原植被特征和利用状况。

样方。草原调查时在草地上的取样单位,是能够代表样地信息特征的基本采样单元,用于获取样地的基本信息。

二、样地选择与样方布设

(一)样地选择

样地代表草原类型、工程措施、利用现状等,样地获得的地面数据,直接用于草原第一性生产力的估算。

样地应选择在相应草原群落的典型地段。要通过合理布局有限的样地,最大限度地获取当地植被的基本特征、利用状况和产草量的准确信息。对于面积大、分布广、利用强度大的草原类型,样地密度、数量要加大;而面积分布小、利用强度轻或不利用的草原,可适当减少样地数量。平地上的样地应位于最平坦的地段,山地上的样地应位于高度、坡度和坡向适中的地段。具有灌丛的样地,应是灌丛盖度中等的地段。草原植被样地面积应不小于100hm²,荒漠植被样地面积可适当扩大,在此范围内设置样条和样方。

样地要求生境条件、植物群落种类组成、群落结构、利用方式和利用强度等具有相对一致性。样地要能代表一定区域的草原类型,尽可能设在不同的地貌类型上,以充分反映不同地势、地形条件下植被生长状况。样地之间要具有空间异质性,而每个样地在能够控制的最大范围内,地形、植被等条件要具有同质性,即地形以及植被生长状况应相似;此外还要考虑交通的便利性与调查人员的安全性。样地控制范围不小于1hm²。

(二)样地设置原则

(1)所选样地要具有该类型分布的典型环境和植被特征,植被系统发育完整,类型判断要准确,具有代表性。

(2)样地选择中,应考虑主要草地类型中优势种、建群种在种类与数量上的变化趋势与规律。例如草原沙化、退化监测样地的设置应能反映出梯度变化趋势。

(3)山地垂直带上分布的不同草原类型,样地应设置在每一垂直分布带的中部,并且坡度、坡向和坡位应相对一致。

(4)对隐域性草原分布的地段,样地设置应选在地段中环境条件相对均匀一致的地区。草原植被呈斑块状分布时,则应增加样地数量,减小样地面积。

(5)对利用方式不同及利用强度不一致的草原,应考虑分别设置样地,如割草地、放牧场、季节性放牧场、休牧草场、禁牧草场,以及有不同培育措施的草场和存在不同利用强度的草场等,力求全面反映草原植被在不同利用状况下的差异。

(6)进行草原保护建设工程效益监测时,要同时选择工程区内样地和工程区外样地进行监测,其他条件如地貌、土壤和原生植被类型均需尽量保持一致。

(7)当草原的利用方式或培育措施发生变化时,及时选择与该样地相对应的新的对照样地,以监测上述变化造成的影响。

(8)样地一般不设置在过渡带上。

(三)样方布设

样方设置在选定的样地内,每个样地内至少布设草本及矮小灌木样方3~5个,或灌木及高大草本样方1个。样方在样地内分布不要求一定均匀,但一定要是整个样地的缩影,能够反映样地植被整体情况和基本信息。为了获得更接近草原真实的生物量,在被调查的样地,尽量选择未利用的区域做测产样方。

样方的设置应尽可能反映样地情况,获取的信息应尽量详细,一般做1个描述和测产样方,辅助测定2~4个测产样方。

1.样方设置原则

(1)样方设置在样地内。

(2)沿任意方向每隔一定距离设置一个样方。选定第一个样方后,按一定方向、一定距离依次确定第二个、第三个样方等。样方设置既要考虑代表性,又要有随机性。样方之间的间隔不少于250m,同一样方不同重复之间的间隔不超过250m。

(3)如遇河流、建筑物、围栏等障碍,可选择周围邻近地段草原类型相同、利用方式和环境状况基本一致,与原定点具有相同代表性的地点进行采样。

(4)为获得最接近真实的生物量,在被调查的样地内,尽量选择未利用的区域做测产样方。

(5)退牧还草工程项目监测,要在工程区围栏内、外分别设置样方,进行内、外植被的对比分析。内、外样方所处地貌、土壤和植被类型要一致。不同组的对照样方尽量分布在不同的工程区域。

2.样方种类

(1)草本、半灌木及矮小灌木的草原样方:布设样方的面积一般为1m^2,若样地植被分布呈斑块状或者较为稀疏,应将样方扩大到2~4m^2。

草本、半灌木及矮小灌木的高度:一般草本为80cm以下,半灌木及矮小灌木为50cm以下(且不形成大株丛)。

(2)灌木及高大草本植物的草原样方:样地内具有灌木及高大草本植物,且数量较多或分布较为均匀,布设样方的面积为100m^2。

高大草本的高度：一般为80cm以上，灌木高度一般在50cm以上。这些植物通常形成大的株丛，有坚硬的枝条家畜不能直接采食。

3.样方形状

样方一般为正方形、长方形或圆形。在一般情况下，以草本植物组成的草地，样方的面积要比以木本植物为主的草地小些。群落草层低矮、结构简单、分布均匀的草地，样方也要小些，反之要大。用于牧草产量测定的样方面积一般均小于定型性样方的面积。

草本植物为主组成的草地，样方的面积一般以1m×1m比较合适；在植被稀疏、分布均匀，以生长灌木为主的荒漠、草原化荒漠草地上测产，可用2m×2m的样方。具有灌木及高大草本类植物的平坦草原，样方可为正方形（10m×10m）。具有灌木及高大草本类植物的山坡地草原，也可为长方形（20m×5m），沿坡纵向设置；也可取半径为5.65m的圆形样方。

4.样方数量

一般情况下，一个样地内，应不少于3个样方。面积大、地形复杂、生态变异大的样地，应多设样方。以灌木及高大草本类植物为主的草原，一个样地内可只设置一个100m^{2}的样方，不做重复。

第三节　定点监测与路线调查

一、定点监测

建立定位观测站，在草原重点类型、重点监测区域和工程重点监测区域，以长期定位样地的方式，观测草原群落及生态因子变化，分析草原资源和生态变化规律，积累地面资料和基础数据。

长期定位样地与样方的设置参考本章第二节。

二、路线调查

按选定的路线监测草原资源空间变异状况，为宏观掌握草原资源与生态变化及草原利用管理现状，积累地面资料和基础数据。

（一）路线选择原则

监测路线的选择主要依据监测目的、任务、服务对象、地形条件、成图比例尺和草原类型分布情况来决定。

监测路线的选择原则：

（1）选择的调查路线要有代表性，符合草原资源在空间上分布的梯度或变化趋势，能够确定调查区域草原资源类型的界限。

（2）监测路线应沿不同的垂直和水平方向分布，应尽可能考虑到交通状况，能够穿越基本地貌单元。

（3）监测路线必须反映不同的利用方式、工程措施、土壤、植被、水分、退化梯度、沙化带及草原利用状况等，可能影响草原资源空间分布差异的因素。

（4）根据地形复杂程度，必要时可以在监测的主要路线上设支路线，作为两条路线间的补充。

（二）路线设置方法

根据监测路线选择原则，依照遥感影像特征、地形图、植被图及草原类型图等相关资料，利用室内和野外兼顾的方法，布设监测区的监测路线及典型样地。路线之间的间距，应以能够反映监测区草原类型的分布规律和草原资源空间变异状况，从大尺度上宏观把握监测区草原资源的变化状况及草原的利用、管理状况。

（三）样方设置

在路线监测中，要注意视线范围内草原及其环境的变化，随时用GPS明确自己所在的位置。通常在相邻草原类型的过渡区域和草原类型的中心区域，都要设置取样点，以控制草原资源变化的梯度。每个取样点做描述样方1个，测产样方3个，草本样方面积1m^2，含灌木的样方面积100m^2。样方设置如图25所示。

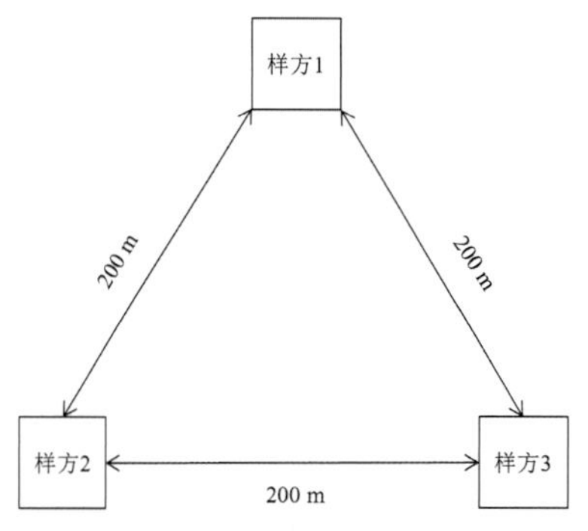

图25　样方设置示意图

第四节　草原监测指标及测定方法

一、草原植被(群落)数量特征指标

(一)盖度

1.概念

盖度也称覆盖度，指草地植被(包括叶、茎、枝)在地面的垂直投影面积与取样面积的百分比，见图26。

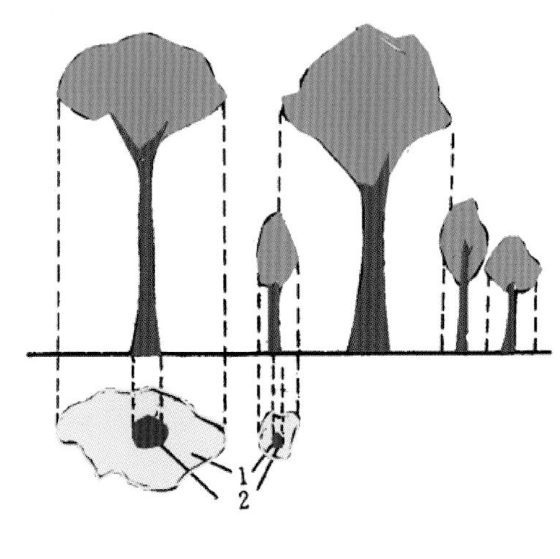

投影盖度　　基盖度

图26　植被盖度示意图

盖度是草地植物群落结构的重要测定指标之一，反映植被的茂密程度和植冠光合作用面积的大小，也可表示草地牧草的数量。

2.测量方法

(1)目测法

是根据经验目估判别植被覆盖度的方法。具体分为传统目估法、相片目估法、椭圆目估法和网格目估法。

传统目估法是在野外划定一定区域，由经验判断植被覆盖度；相片目估法是多人根据同一野外相片估算植被覆盖度，然后计算其平均值；椭圆目估法是在植被稀疏的情况下，把地表植物近似看成椭圆形，估算样地植被盖度；网格目估法是将样地划分为若干网格，估算各网格样地的植被盖度均值。

(2)对角线测量法

该方法是目估法的改进。以在样地(样方)内对角线上的植物作为调查对象，分别估测两条对角线上植物的覆盖度(重叠部分只算一次)，根据平均数算出总覆盖度。

(3)点测法

将一根样针在植被中垂直刺下，接触到植物枝叶的样针数占总样针数的百分数即为植被覆盖度，见图27。

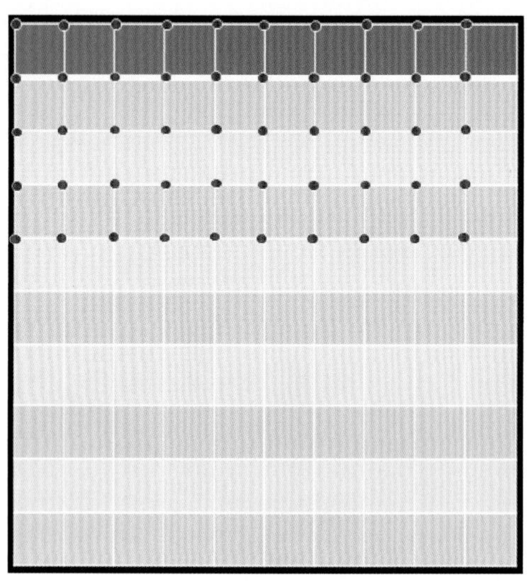

图27　点测法示意图

(4)样线法

利用皮尺或者标有长度的绳子(可根据样地样方的大小选择长度，一般为3~5m或者10~20m)放在调查样地的地面上，拉直作为一条测量线，量出沿线被植物株丛覆盖的总长度(减去空白长度)，以其与测线全长之比换算为百分数，称为“线性盖度”。测量时应多测量几条线，求平均数。

(5)步测法

在样地段中央设一点(基点)，从基点布3条100m的长线，线与线之间呈120°(图28)，然后沿线步测度量(1m)，以脚尖所至处为测点进行调查，如果脚尖接触到该种植物，算作一次“有”，在盖度表栏内划记一次(正字)；如没有出现则不划记。最后计算划记的次数占总测点的百分数，即为盖度。

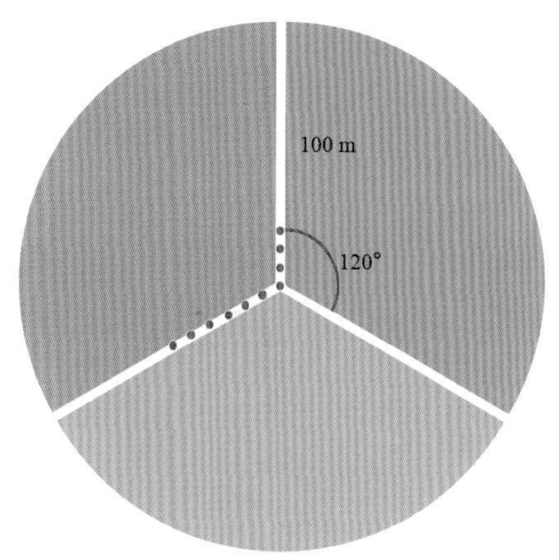

图28　步测法示意图

3.适用范围

中国过去许多资料中的植被覆盖度都是由目测法获得。因为此法简单易行,但要求几个人同时对测定的样地或照片进行估测,该方法不适于野外调查。目测法主观随意性较大,精确度与测量者的经验密切相关。相关研究表明,目测法的最大绝对误差可达40%。进行野外调查时,可使用对角线测量法、点测法或样线法。点测法测量程序复杂,费时费力,受到的条件制约多,效率不高,但是精度相对高,适用于相对较小的样方(样地)。对角线测量法与样线测量法适用于分布灌丛或大丛草本植物的群落,或者不连续覆盖地面的丛生禾草草原的调查。步测法适合异质性较高的样地。

(二)高度

高度有种的高度和草层高度。种的高度有自然高度和伸展高度,并分别按生殖枝和营养枝测定。

1.分种高度

①自然高度。是指植物自然生长状态的高度。②伸展高度。是指将植物拉直后量取的高度。调查时一般只量取自然高度。

2.草层高度

指草地植被优势种生殖枝的自然高度,营养枝的高度称为叶层高度。测量时,一般直接用直尺量取自然高度即可。对于禾本科植物或其他有顶生花序的植物,应分出叶层高度和生殖枝高度。简单的可以用自制简易测高仪或者目测估计高度。

(三)频度

一个物种在调查范围内出现的频率。常用包含该物种的样方数占调查总样方数的百分数表示。草本植物一般以0.1m²的小样圆在样地内随机投掷,重复50次来计算。小灌木、半灌木及高草可用1m²的样圆随机投掷20次来计算。走遍调查样地,沿着经过的路线随机将样方抛出,将样方内出现的植物名录登记在频度登记表中。在编制好全部的样方植物名录之后,计算每一种植物在总样圆中出现的百分数即为频度。

(四)容度

单位面积或空间上植物个体的数量。对于植物,也有用每片叶子、每个植株、每个宿主为单位的。由于生物的多样性,具体数量统计方法随生物种类或栖息地条件而异。

对密丛型的禾草,莎草可按照每平方米有多少丛来计算,对杂草而言,可以按照每平方米有多少株来计算。分布比较均匀的草原可以适当的缩小样方,可以选择0.25m²的样方;有灌木的草原,样方应该选择在10m²以上的区域,按照每平方米有的株数或枝数计算。

(五)草产量

单位面积草地刈割的植物(包括可食与不可食)地上部生长的总重量。

草本群落的调查要在调查地段上设立若干小样方,分别将其中的草割下,立即称其鲜量,晾干再称其干重(风干重);并从中选取2个最有代表性的样地,按经济类群(A:禾本科或禾本科+莎草科植物;B:豆科植物;C:蒿类植物;D:杂草类;E:有毒有害植物;F:碎屑-不能鉴别的小残体)分别称重。在荒漠、草原化荒漠类草地还应当分出藜科植物;高寒草甸类草地应单独分出莎草科植物;早春调查时需分出“秋黄草”等类群。这种分类可直接在野外进行,也可用塑料袋封装带回室内尽快进行。以上数据均需登记于草地产量测定记录表中。

刈割草的留茬高度:干草原类草地为3cm;荒漠草原、荒漠类草地的草本植物为2~3cm;高大草本植物为5~6cm;割草地为6~8cm。

带有灌木、半灌木或高大草丛的群落须用较大的样地,常用100~1000m²的大样方,采取“株丛法”测定重量。株丛法又称为标准株法,即先将样地灌木、半灌木或高大草丛按株丛大小分为大、中、小3级,分别剪(割)有代表性的5~10株的可食茎叶。称得平均单株重量,需要注意的是:灌木、半灌木只剪直径2~3mm以下的枝条,高大灌丛的上部、家畜采食不到的部分不剪割。这种方法可测定灌木的可食牧草,如测定群落产量,则应将选定枝条全株剪下。一般认为,羊可采食到1.2cm以下,牛为2cm,骆驼为3cm,同时统计样地内实有的各级株丛数,以各级单株重量乘以株丛数,并将3级得数相加即为样地内的总重量。称鲜重后可以从其中称取一部分,带回晾干后再称干重。测产时必须将牲畜可食及不可食的分开登记。

灌木、半灌木或高大草丛下面的草本植被，仍用上述草本群落测产法测定，但折合成单位面积的鲜重和干重时要除去灌木、半灌木或高大草丛占去的面积。最后将灌木、半灌木、高大草丛的重量加上其下面草本的重量则可得到群落总重量。

(六)优势度

又称重要值，用来表示某个物种在群落中所起作用和所占地位重要程度的综合指标。在草原的研究中尤以重量和盖度的意义重要，经常用相对盖度和相对重量的平均值作为优势度。

优势度计算方法为：

$$优势度(\%)=\frac{相对盖度+相对地上生物量}{2}$$

其中，

$$相对盖度(\%)=\frac{优势种或共优种的分种盖度}{样方内所有植物种的分种盖度之和}\times 100\%$$

$$相对生物量(\%)=\frac{优势种或共优种的地上生物量}{样方内所有植物种的地上生物量之和}\times 100\%$$

注：优势种或共优种的盖度，采用样方法目测或针刺法测定；样方中植物地上生物量，运用收获法和烘干称量法进行测定。

二、草原植被功能性状特征指标

(一)分蘖数、分枝数

分蘖数：禾本科植物产生新枝条的数量。

分枝数：豆科或杂类草植物产生新枝条的数量。

(二)叶长、叶宽、叶面积

1.叶长

叶片长度，是指叶片的骨线长度。

2.叶宽

叶片宽度。

3.叶面积

叶的实际面积大小。用单个叶面积或一定土地面积上所有叶片的面积表示。

采集植物叶片放入叶面积仪(见图29)扫描后，系统自动计算叶长、叶宽和叶面积。每种植物叶片重复10次以上。

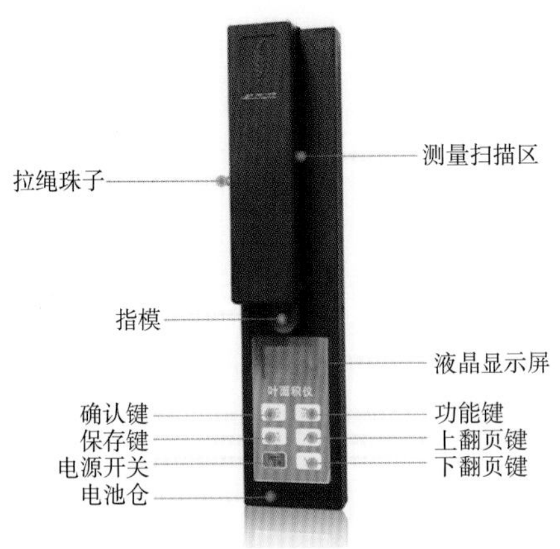

图29 叶面积仪

(三)茎、叶鲜质量

选取长势一致且有代表性的10株植物的整株,再将其分为茎(包括叶柄)、叶两个部分,分别称鲜质量,并做好记录工作。

(四)茎、叶干质量

将称量完鲜质量的茎、叶分别装入信封纸袋中,放进烘箱内以105℃杀青30min,然后在80℃条件下烘干至恒重后,分别称取其干质量,并做好记录工作。

(五)营养枝高度、生殖枝高度

营养枝高度:用直尺或钢卷尺测量营养枝(不开花的枝条)的自然高度。

生殖枝高度:用直尺或钢卷尺测量生殖枝(开花结果的枝条)的自然高度。

(六)叶功能性状指标

将叶片及其着生小枝一同剪下,装入保鲜箱后立即带回实验室称重(m_1·g),将其完全浸没于去离子水中直至饱和称重(m_2·g),然后将其放入叶面积仪中测定叶面积(S·cm^2)。将扫描过的材料放入铝盒中,105℃杀青30min,65℃烘干至恒重,得到干重(m_3·g)。

叶片含水量(leaf water content,LWC,%):$LWC=(m_1-m_3)/m_1\times 100\%$。

叶干物质含量(leaf drymaterial content,LDMC,%):$LDMC=m_3/m_2\times 100\%$。

比叶面积(specific leaf area,SLA,$cm^2\cdot mg^{-1}$):$SLA=S/(1000\times m_3)$。

叶饱和含水量(leafsaturated water content,LSWC,%):$LSWC=(m_2-m_3)/m_3\times 100\%$。

叶相对含水量(leaf relative water content,LRWC,%):$LRWC=(m_1-m_3)/(m_2-m_3)\times 100\%$。

第二章　草原遥感监测

卫星遥感与其他遥感方式相比在草原领域具有不可替代的优势。首先，草原的面积广阔，要求遥感信息覆盖范围广，这一点只有卫星遥感能够实现；其次，对大区域的草原生产力和生态状况的监测需要固定周期、稳定运行的信息源，这一点卫星遥感也有不可替代的优势；最后，草原地区人口稀少，地面交通、服务等设施相对落后，对航空遥感或其他地面及近地面遥感平台的作用造成诸多不便，只有卫星遥感需要的地面支持和服务很少，非常适用草原地区。

第一节　3S技术概述

3S技术是遥感（Remotesensing，RS）、地理信息系统（Geography informationsystems，GIS）和全球定位系统（Global positioningsystems，GPS）的统称，是空间技术、传感器技术、卫星定位与导航技术和计算机技术、通信技术相结合，多学科高度集成地对空间信息进行采集、处理、管理、分析、表达、传播和应用的现代信息技术。

3S技术已经成为草原资源调查、草原退化、草原沙化、草原盐渍化监测、草原生物灾害、自然灾害监测、草原保护与建设工程监测以及草原确权与流转监测的主要手段。其中，GPS主要用于目标物的空间实时定位和不同地表覆盖边界的确定；RS主要用于快速获取目标及其环境的信息，发现地表的各种变化，及时对GIS进行数据更新；GIS是3S技术的核心部分，GIS通过空间信息平台，对RS、GPS及其他来源的时空数据进行综合处理、集成管理及动态存取等操作，并借助数据挖掘技术和空间分析功能提取有用信息，使之成为决策的科学依据。

一、遥感技术原理及常用的遥感信息源

（一）遥感的概念

遥感是在远离目标和非接触目标物体条件下运用传感器探测目标地物，获取其反射、辐射或散射电磁波信息，并根据其特性对物体的性质、特征和状态进行分析的理论、方法和应用的科学技术。

遥感具有大面积同步观测、时效性强、数据的综合性和可比性较高等特点。

（二）地理信息系统的功能与应用

1.数据采集与输入

数据采集与输入，即将系统外部原始数据传输到GIS系统内部的过程，并将这些数据从外部格式转换到系统便于处理的内部格式的过程。多种形式和来源的信息存在着综合和一致化的过程。数据采集与输入要保证地理信息系统数据库中的数据在内容与空间上的完整性、数值逻辑一致性与正确性等。一般而论，地理信息系统数据库的建设占整个系统建设投资的70%或更多。

2.数据编辑与更新

数据编辑主要包括图形要素编辑和属性编辑。属性编辑主要与数据库管理结合在一起完成；图形要素编辑主要是编辑、选择、查询等，其中编辑操作包括增加（输入）、修改、删除、拓扑关系建立、图幅拼接、投影变换以及误差校正等。数据更新则要求以新纪录数据来替代数据库中相对应的数据项或纪录。由于空间实体都处于发展进程中，获取的数据只反映某一瞬时或一定时间范围内的特征。随着时间推移，数据会随之改变，数据更新则可以满足动态分析之需。这里只讨论要素的空间形状、位置的编辑；选择操作除了直接选取要素和圈定选择区域两种方式外，还有按照空间位置与关系选择、按照属性选择两大类；查询操作本质上就是要素的选择。

考虑其他要素均在点、线和多边形3种简单要素上构建，这里只介绍ArcGIS中简单要素的编辑与查询。

（1）点要素编辑

点要素的输入可以选择多种方式：一是用数字化仪或鼠标点击输入；二是直接输入点的坐标值（ArcGIS中Absolute X、Y功能）。点的修改主要是空间位置上的移动，除

用鼠标直接移动外，也可用Absolute X、Y功能直接输入新的坐标位置，或者用Delta X、Y功能移动到现有坐标相对偏移后的位置上。

(2)线要素编辑

由于线要素是点要素连接而成的，因而在点的编辑上与点要素基本一样，线上的每一个点都可以选择不同的输入方式，且可以对线要素中已输入的点进行修改；同时也增加了4个常用编辑功能：①输入经过现有2条线的交叉点；②以开始、中间、结束三点控制的方式输入弧段；③以开始、结束点结合鼠标控制弧度的方式输入弧段；④以按照指定距离跟踪现有线要素的方式输入线段。此外，线要素支持分割和旋转功能。

(3)多边形要素编辑

多边形要素是线要素建立拓扑关系后闭合形成的，对其边界的修改与线要素的修改相似，但不能将边界分割开来，只能在一定位置将整个多边形分割开。

线要素和多边形要素还支持多个要素的操作，包括合并、并集、交集。其中合并是将多个线或多边形要素合并为一个，而并集、交集操作则是将多个要素进行并集、交集运算后置于目标层中，原有的要素不发生改变。

(4)要素查询

选择和查询操作对于要素编辑有重要的作用，可以有目标地找出需要编辑的对象或检验可能存在的编辑错误。要素查询有两种方式：按照属性查询和按照空间位置及关系查询。按照属性查询可以针对要素的一个或多个字段，输入一定的查询条件，选择符合条件的要素；查询条件是一个逻辑表达式，支持多个条件的组合。按照空间位置查询的方式很多，包括：要素相交，在指定的距离内，包含(线包含点，多边形包含线，多边形包含多边形)，完全包含(多边形要素)，中心位置被包含，共享部分线段(线、多边形要素)，边界相接(线、多边形要素)，边界相交，两个要素类中的要素相同，被包含，完全被包含等，其中一些是两个要素类之间的查询。

3.数据存储与管理

数据存储与管理是建立地理信息系统数据库的关键步骤，涉及到空间数据和属性数据的组织。栅格模型、矢量模型或栅格/矢量混合模型是常用的空间数据组织方法。空间数据结构的选择在一定程度上决定了系统所能执行的数据与分析的功能；在地理数据组织与管理中，最为关键的是如何将空间数据与属性数据融合为一体。

地理数据库可以对地理要素类及其相互关系、几何网络、栅格图像、要素属性表、常规数据库数据表、注释类等进行有效管理，并支持对要素数据集及其关系进行建立、删除、修改等更新操作。ArcGIS中,地理数据库是最完全的空间数据管理模型。

用ArcCatalog建立地理数据库,首先需要建立一个新的地理数据库(Personal Geodatabase),然后建立或加载空间数据,包括数据表、要素类、要素数据集等。加入数据后,可以在适当的字段上建立索引,以便提高查询效率;可以建立关系表,设置空间要素属性表或非空间属性表之间的关联、合并等。由于加载各项数据的过程相似且简单,所以这里仅介绍在地理数据库中建立表、要素类、要素集和关系类的方法。

(1)建立表

在ArcCatalog环境中,可以用表设计器来建立Geodatabase中的非空间数据表(Info Table或Dbase Table),根据需要设计数据表的结构和字段特性(字段类型、宽度等)。

表的编辑操作包括增加、删除字段,添加记录、数据编辑、删除记录和复制数据等。属性表的大部分编辑操作前提是将其置于可编辑状态下(ArcGIS打开表、要素类等,最初总是处于不可编辑的状态)。属性表数据可以逐记录、逐字段输入,或将ASCII文本文件中的数据批量导入,大多数文字处理器、电子表格、数据库、统计程序、GPS接收机的数据传输软件都可以创建ASCII文本文件。导入过程中识别用逗号、空格(或)、回车分界(分隔)的ASCII数据,不识别TAB键分隔的数据。如果数据表已经存在,则只需添加到地理数据库中即可。

(2)建立要素类

使用ArcCatalog可以在地理数据库或要素集里建立或加载要素类。建立要素类时,可以接受默认设置建立一个简单要素类,即一般的点、线、多边形要素类;也可以自己定制要素类,如几何网络、注释、3D要素等。当创建单独的要素类时,必须定义坐标系统和投影;在地理数据库中建立新的要素类则不需要立即定义坐标系统和投影(要素集中所有的要素类使用相同的坐标系统,在建立要素集时已定义,因而在其中建立要素类不需要设定坐标系统和投影)。

仅仅使用要素类输入位置和形状信息的实际意义很小,大部分对象分析如在坐标空间查找、计算和定位,不是根据要素的位置、形状,而是根据它们在现实世界表现的特性,而且很难通过要素的位置、面积、形状等信息判定地物类型,因而属性表才是要素的主要信息载体。就像在野外调查一样,不仅需要记录点、线和面的空间位置,更要记录点、线和面对象的类型,每个类型的数量或属性值以及它们的种类。

属性索引是关系型数据库管理系统用于检索表的纪录。在对属性表和要素类中的数据进行查询检索时,可以在字段上建立属性索引以提高查询速度,空间索引可以提高对空间要素的图形查询速度。可以在要素类和属性表中的一个或多个字段上建立弧形索引，索引建立后任何时间内都可以读取或修改。

(3)建立要素数据集

在地理数据库中建立一个新的要素数据集，必须定义其空间参照系统，包括坐标系统、投影、坐标域(空间幅度，包括各方向上的最小坐标值、精度等)等。要素数据集可以看成是一个容器，它包含了空间或拓扑关系上相联系的要素类。同一要素集的要素类一般可以组成几何网络或共享的边界。为了能维持拓扑关系，同一要素集中的所有要素必须使用相同的坐标系统，所有要素的坐标值必须在坐标域的范围内。在定义坐标系统时，可以选择预先定义的坐标系，或使用已有要素数据集和独立要素类的坐标系作为模板。例如，我们可以把同一区域的行政区划、土地利用、土壤、草原类型、水系、交通、城镇和居民点等各种要素类添加在一个要素集中，以便进行空间分析。

(4)关系类

两个属性表通过一个关键字段可以进行合并或关联。属性数据合并可以依据空间位置进行，也可以依据每个表中的某一个关键字段连接进行。当两个属性表中的关键字段取值具有一对一或多对一的关系时，可以应用合并操作，而当两个数据库或属性表中的相关字段具有一对多或多对多的关系时，就只能应用关联操作。图30是属性数据表关联的示例，SOIL-ID是关键字段。

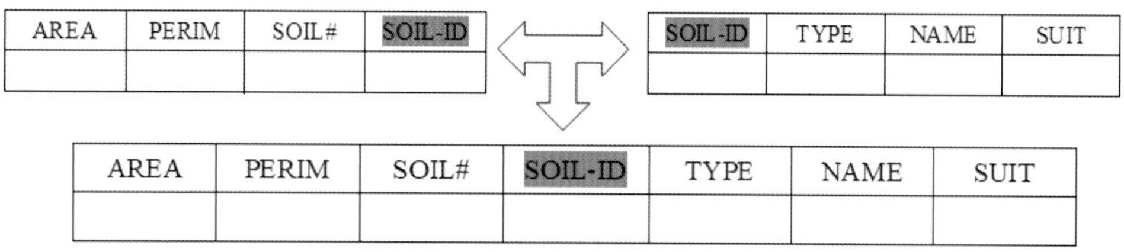

AREA	PERIM	SOIL#	SOIL-ID

SOIL-ID	TYPE	NAME	SUIT

AREA	PERIM	SOIL#	SOIL-ID	TYPE	NAME	SUIT

图30　属性数据表的关联

4.空间数据分析与处理

地理信息系统出现后，迅速吸取能利用的空间分析方法和手段，将它们植入GIS软件中，并且利用各种计算机新技术，使复杂的传统空间分析任务变得简单易行，并能方便、高效地应用几何、逻辑、代数、数理统计分析等方法，更科学、高效地分析和解释地理特征间的相互关系及空间模式。GIS为空间分析提供了良好支撑平台，而GIS正是因为有空间分析功能才使之区别于一般的计算机辅助设计系统。

地理信息系统集成了多学科的最新技术，如关系数据库管理、高效图形算法、插值、区划和网络分析，为GIS空间分析提供了强大的工具。GIS空间分析已成为地理信息系统的核心功能之一。早期GIS发展集中于空间数据结构及计算机制图方面；随着GIS基础理论研究逐步走向成熟，计算机软硬件技术和相关学科的进步也为GIS提供了更好的支撑，GIS技术正处于飞速发展的进程中，其中融合的数据量急剧增长。在此基础上人们不仅需要知道“在哪里”“怎么去”这些基本的GIS空间分析问题，更关心所处的具体位置与周围环境之关系，普通市民会关心住宅区房屋的采光效果、噪声影响、交通和生活便利情况等；农业规划管理和生产者关注具体的地理环境下山地退耕还林、农业生产效率、农作物分区种植等方案的确定；城市规划和决策者则需要考虑城市的合理规划，如垃圾处理厂对周围环境的影响程度，考虑商场、学校、交通站点的地点选择；水利、铁路、环境等部门则关心所涉辖区域在面临大量降雨情况下哪些区域可能发生诸如泥石流、山体滑坡、洪水淹没、交通破坏等灾害事件等。这些人们关心和亟待解决的问题大都可以划归为空间分析的范畴，可见GIS空间分析正成为人们关注的焦点，对生活起到越来越重要的作用。GIS空间分析目前已广泛应用于水污染监测、城市规划与管理、地震灾害和损失估计、洪水灾害分析、矿产资源评价、道路交通管理、地形地貌分析、医疗卫生、军事领域等。下面将从不同的角度和层次介绍GIS的空间分析功能。

(1)按空间数据结构类型

按处理的空间数据结构类型来看，可分为栅格数据分析、矢量数据分析。

栅格数据分析是建立在矩阵代数基础上的，在数据处理与分析中使用二维数字矩阵分析法作为其数学基础。因此分析处理过程简单，处理的模式化很强。一般来说，栅格数据的分析处理方法可以概括为聚类、聚合分析、复合叠加分析、窗口分析、追踪分析等。

矢量数据分析的数学基础则是二维迪卡尔坐标系统。常用矢量数据空间分析方法包括拓扑包含分析、缓冲区分析及网络分析等。其中有些分析方法二者兼而有之，只是分析处理方式不同，如叠加分析在矢量数据和栅格数据中都有完善的实施方案。

(2)按分析对象的维数

按分析对象的维数区分，包括二维分析、DTM三维分析及多维分析。

二维分析包括常规GIS分析的大部分内容，如矢量数据空间分析、栅格数据空间分析、空间统计分析(空间插值、创建统计表面等)、水文分析(河网提取、流域分割、汇流累积量计算、水流长度计算等)、多变量分析、空间插值、地图代数等。

三维分析则有如下内容：三维模型建立和显示基础上的空间查询定位分析，以及建立在三维数据上的趋势面分析，表面积、体积、坡度、坡向、视亮度、流域分布、山脊、山谷及可视域分析等。

多维空间分析是建立在多维GIS系统之上的。相对于时态GIS而言，时空分析包括如下内容：时空数据的分类、时间量测、基于时间的数据平滑和综合、根据时空数据变化进行统计分析、时空叠加分析、时间序列分析及预测分析等。

(3)按分析的复杂性程度

从分析复杂性程度来看，GIS空间分析可以分为空间问题查询分析、空间信息提取、空间综合分析、数据挖掘与知识发现、模型构建。

空间问题查询分析包括利用地理位置数据查询属性数据、由属性数据查询位置特征、区位查询[查询用户给定的图形区域（如点圆、矩形或多边形等）内的地物属性和空间位置关系]。

空间信息提取涉及空间位置、空间分布、空间统计、空间关系、空间关联、空间对比、空间趋势和空间运动等的研究。其对应的空间的分析操作为：空间位置分析、空间分布分析、空间形态分析和空间相关分析等。

空间综合分析涉及空间统计分析、可视性分析、地下渗流分析、水文分析、网络分析等内容。

数据挖掘与知识发现则包括空间分类与聚类、空间关联规则确定、空间异常发现与趋势预测等内容。模型构建作为复杂空间的分析内容，主要涉及各种机理模型的构建，包括空间机理模型、空间统计、机理模型、空间运筹模型、空间复杂系统模型等内容。

5.数据与图形的交互显示

可视化是用来解释输入到计算机中的图像数据，并从复杂的多维数据中生成图像的一种工具。地理空间信息要被计算机接受处理就必须转换为数字信息存入计算机中。这些数字信息对于计算机来说是可识别的，但对于人的肉眼来说是不可识别的，必须将这些数字信息转换为人可识别的地图图形才具有使用的价值。这一转换过程即为地理信息的可视化过程，其内容表现在以下几个方面：

(1)地图数据的可视化表示

其最基本的含义是地图数据的屏幕显示。我们可以根据数字地图数据分类、分级特点，选择相应的视觉变量（如形状、尺寸、颜色等），制作以全要素或分要素表示的可阅读的地图，如屏幕地图、纸质地图等。

(2)地理信息的可视化表示

利用各种数学模型,对各类统计数据、实验数据、观察数据、地理调查资料等进行处理,然后选择适当的视觉变量以专题地图的形式表示出来,如分级统计图、分区统计图、直方图等。这种类型的可视化正体现了科学计算可视化的初始含义。

(二)遥感系统的构成

遥感技术从数据获取、处理到应用构成了一个复杂的系统。

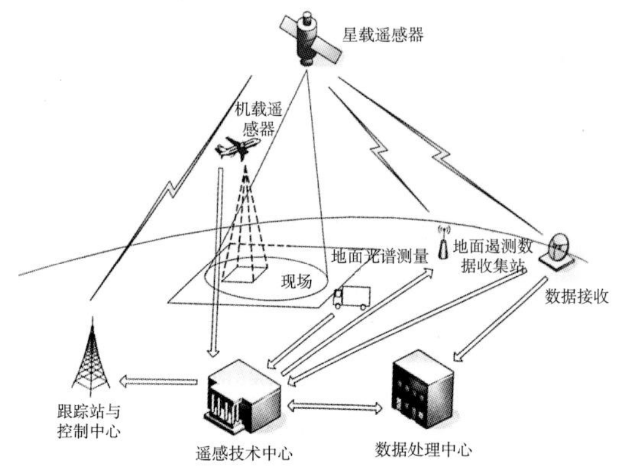

图31　遥感系统基本构成

遥感系统的基本构成见图31,包括能量或辐射源(A)、能量或辐射传输(B)、地物(C)、传感器及其装载平台(D)、数据或信号传输(E)、数据处理与分析(F)、应用(G)等7个主要的环节。辐射或能量从源头发射后,经过在大气中的传输过程,会发生散射、吸收等作用,之后到达地物。一部分辐射或能量透射或被地物吸收,地物反射的能量和辐射与地物本身的能量与辐射会重新发射出去,再次经过大气后到达传感器。地物的材质、形态不同,其反射、吸收和透射的特性也不同,地球表面的物体大部分以反射、吸收的形式返回,透射很少。由于地物的发射和自身的辐射不仅仅是朝着传感器的方向,而常常是各个方向都有,所有传感器接收的能量或辐射在数量上都很小,需要很高的灵敏度,传感器距地物越远,采集的难度越大,其精度也越低。传感器以光学、电子或数字的形式接收、记录能量,或辐射信息后通过中继卫星,或直接传到地面站,再由地面站或数据处理者进行处理、分析和制图后,交付用户使用。遥感图像是其覆盖区域地面情况的整体镜像,因而可应用于不同的专业分析和信息提取。

遥感系统中首先需要提供能量才能实现电磁波、其他能量或信号的采集,如果能量来自遥感系统的传感器,则称之为主动遥感,反之,来自太阳、其他光源或地物自身,则称为被动遥感。目前的遥感系统大部分是被动遥感,其能量来源主要是太阳。

（三）遥感数据采集原理

1.空间分辨率

对于大多数遥感设备，平台距目标的距离决定了获取信息的精细程度。特别是遥感平台远离目标或观测较大区域时，很难保证图像的细节。

图像的精细程度决定于空间分辨率（Spatial resolution），也即传感器可以分辨的最小的地物大小。被动传感器的空间分辨率主要决定于其瞬时视场（Instantaneous field of view，IFOV）。瞬时视场见图32。

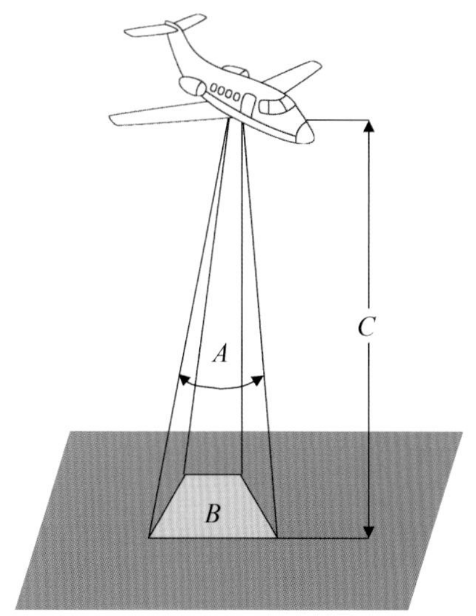

图32　瞬时视场示意图

图32中瞬时视场是传感器锥形能见区的角度A，它决定于传感器在一瞬间能检测的地面面积B。而这一面积由瞬时视场和传感器距地面的高度C决定，一般称分辨率单元，决定了传感器的最大空间分辨能力。要想识别同一类型的地物，它的大小必须等于或大于分辨率单元。如果地物尺寸小于分辨率单元，那么采集的信息只能是分辨率单元内所有地物的平均亮度。当然，有时一些比分辨率单元小的地物如果其亮度在其中占主导地位，也可以通过像元分解区分或直接在像元水平上表达出来。

大部分遥感图像是像元的阵列。像元（Pixel）是图像中的最小单元，它一般是正方形，在图像中占有一定的面积。一个像元并不代表一个地物，大部分情况下一个像元中包含了多种地物信息的混合（混合像元）。了解空间分辨率和像元大小之间的差异也很重要。如果传感器的空间分辨率为20m，显示的图像采用最高的分辨率，每个像元所代表的面积为20m×20m，那么像元的大小与分辨率单元一致。但有时我们处理图像时会采用与空间分辨率单元大小不同的像元尺寸，同一分辨率采集的图像，可用于不同尺寸像元的分析与制图。

只能分辨大的地物的图像称为粗糙或低分辨率图像，在精细或高分辨率图像上，可以辨别更小的地物，军事用途的传感器可收集更精细的信息。商业用途的卫星提供空间分辨率几米到几公里的图像。总的来说，空间分辨率越高，可以覆盖的地面面积越小。

2.波谱分辨率

波谱曲线反映地物在不同波长的发射或反射水平。可以通过地物波谱曲线在特定波长上的差异区分它们。图33为植被的反射波普曲线。

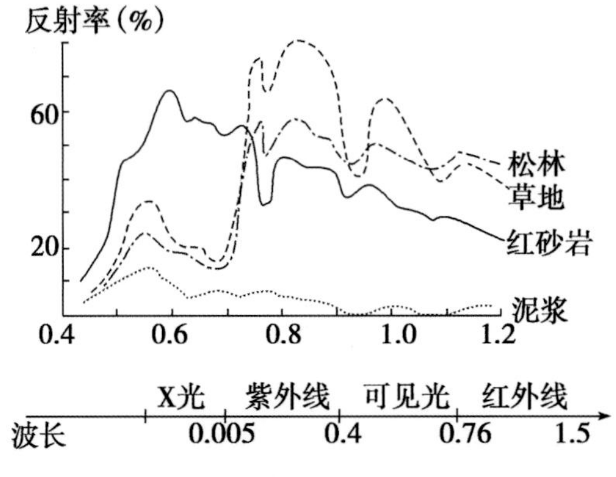

图33　不同植被的反射波普曲线

一些特定类别的地物，如不同类型的岩石，可能在可见光的范围内无法被区分，需要在更适合的波长范围内区分。所以我们需要传感器有更高的波谱分辨率(Spectral resolution)，利用更多、更好的波长区间更好地区分地物。要达到高的波谱分辨率，必须设置更窄的波长区间或增加波段数。在同一遥感平台上搭载更多的传感器，使用不同的传感器可以采集不同波段区间的信息(甚至以不同的采集方式进行)，有助于提高波谱分辨率。

很多传感器都有几个波段以采集不同波长范围的信息，一般称它们为多光谱传感器(Multi-spectralsensor)。还有高光谱传感器(Hyperspectralsensor)，其特点是每个波段的区间很窄，一般有上百个波段，覆盖电磁波谱可见光、近红外、中红外等部分，极高的波谱分辨率便于在不同波段的波谱响应上区分地物。

3.辐射分辨率

图像的空间结构表现为像元阵列，每一个像元记录了对应的小块地面信息。当传感器将地面信息采集到胶片或传感器上时，获得的能量量化的精度决定了辐射分辨率(Radiometric resolution)。辐射分辨率描述传感器区分辐射量变化水平的能力，较高辐射分辨率的传感器更为敏感，能够检测微小的发射或反射能量的变化。

一般图像数据被量化为一个0~2n（可以为0，但小于2n）之间的正整数，n与占用的计算机二进制数据位数（bit）相等，它的大小可代表辐射分辨率的高低。最大的数代表接收到最高的能量。如果n=8，即以8位二进制数记录传感器获取的信息，那么可能出现的数值共有2^8即256种，即0~255；如果以n=4的方式记录，那只有2^4即16种，即0~15，这样图像分辨率就相对低了很多。图像数据可显示为不同的灰度水平，数值0显示为黑色，而最大的值（8bit情况下为255）显示为白色。

4.时间分辨率

对同一地区的重复观测周期就是时间分辨率，重复观测周期越长，表明时间分辨率越差。一些传感器可以在一定的角度内改变朝向，从而可以在相邻或相近的轨道上，短期内多次覆盖同一地区，这大大地提高了时间分辨率。通过传感器朝向的变化，在不同的轨道上传感器可以多次获取同一地点的信息，可以应用到洪水、原油泄漏等一些紧急的事件中，在短期内可以提高小范围的信息获取频率。如果提供同类传感器在多个平台上搭载、协调工作，多个平台在时间上交错采集同一地区的信息，将会大大提高时间分辨率，但这样做无疑需要增加成本。而在应用遥感中，对同一地区不同时期的数据采集能力是一个非常重要的因素。为便于对比分析一个地区的变化，不同时期采集的图像或波谱特性称为多时相图像。例如，可以利用多时相的图像监测草原恢复或被开垦的情况、作物生长时期的变化，在云覆盖较多的地区通过连续的图像可以获得清晰的无云图像，可对鼠虫病害的年度变化情况进行监测，根据作物收获期的不同判别作物类型等。

（四）主要卫星遥感信息源

目前，遥感技术已形成多星种、多传感器、多分辨率共同发展的局面。各种遥感卫星包括资源卫星、环境卫星、海洋卫星、气象卫星等，所获取的遥感信息具有厘米级到千米级的多种尺度，如61cm、1m、3m、4m、5m、10m、20m、30m、60m、120m、150m、180m、250m、500m、1100m等多种分辨率，重访周期从1~50d不等，在获取资源环境空间和时间信息方面构成很好的互补关系。遥感技术在地球资源与环境研究和测量任务中扮演着越来越重要的角色，它所具有的高度的空间概括能力，有助于对区域的完整了解；不同卫星的重访周期有利于对地表资源环境的动态监测和过程分析；以多光谱观测为主并辅以较高分辨率的全色数据，极大地提升了对地物的识别和分类。卫星遥感技术的发展使资源环境研究得到了极大的促进。

草原监测应用的遥感信息以卫星遥感为主，这里以空间分辨率由低到高的顺序，对常用于草原监测的卫星遥感信息源进行介绍。

1.NOAA极轨气象卫星

NOAA卫星是美国国家海洋大气局第三代实用气象观测卫星，第一代是TIROS系列（1960—1965年），第二代称是ITOS系列（1970—1976年）。

美国NOAA极轨气象卫星从1970年发射第一颗以来，目前已经发射了18颗之多。其系列采用双星系统，两颗卫星与太阳同步近极地圆形轨道，分别在同一地点、同一地方时间的上午和下午成像。两颗近极轨的NOAA卫星同时工作，可以在不超过6h的时间内覆盖地球任何地方1次。一颗在上午由北向南越过赤道，另一颗在下午反向经过。两颗卫星的轨道平均高度分别为833km和870km，轨道倾角分别为98.7°和98.9°。

NOAA卫星上主要的传感器AVHRR（Advanced Very High Resolution Radiometer），能获取可见光、近红外、中红外和热红外的信息，其图像主要用于气象和小比例尺的对地观测和侦察。AVHRR的辐射分辨率高，其灰度值分布范围为10bit（0~1023）。

AVHRR的扫描几何特性为：采用一个旋转式扫描镜对地面进行扫描，扫描镜的旋转速率为6r/s；每次对地观测的扫描角为±55.38°（相当于地面2800km），采样点数（像素）为2048个，每个采样点为等扫描角采样。

传感器AVHRR选用可见光到热红外（0.58μm~12.5mm）区间5个波段，见表20。NOAA-K增加了3A波段，用于云、雪区分及研究下垫面。3A波段波长为1.58μm~1.68mm，与原来的CH3（3B）交替工作，3A白天获取信息，3B则在夜间工作。

表20　AVHRR的波段与用途

波段	波长（μm）	用途
CH1	0.58~0.68	云、雪和冰的监测
CH2	0.725~1.1	水、植被和农业调查
CH3	3.55~3.93	海平面温度、火山、森林和草原火
CH4	10.5~11.3	海平面温度、土壤湿度
CH5	11.5~12.5	海平面温度、土壤湿度
3A	1.58~1.68	云、雪区分及下垫面研究

AVHRR数据的CH1和CH2可用于计算植被指数，进行草原生产力的估测；利用它很高的时间分辨率和辐射分辨率，可对草原生长季节进行动态的监测，从宏观上把握草原的生长和生态状况。由于数据获取的频率高，能够在一段时间内（10~15d）拼接成地面的无云或基本无云的图像，可用于1∶250万或1∶400万制图。但由于AVHRR数据的空间分辨率低，只能分辨大的地貌单元，从而只能反映大的草原类之

间的差异。AVHRR数据是草原火灾监测主要的信息源,它的热红外波段对草原火信息非常敏感,能够识别草原上较大的火点及其烟雾,对于及时发现火情、准确定位、分析扩散趋势有重要的意义。另外AVHRR数据对于草原雪灾和旱灾的监测也有重要的意义。

2.风云一号极轨卫星

风云一号C星简称FY-1C是中国的第一颗三轴控制的太阳同步极地轨道业务气象卫星。1999年5月10日由长征四号乙运载火箭从太原卫星发射中心发射升空,其主要功能是用于天气预报、气候研究及环境监测。中国各地地面站通过接收FY-1C的CHRPT数据,可以每天两次获取当地的观测资料。风云一号C星主要技术指标见表21。

表21　风云一号C星主要技术指标

指标	参数
轨道高度	870km
倾角	98.85°
偏心率	<0.005
轨道周期	102.3min
探测仪器	多波段可见光红外扫描辐射计

多波段可见光红外扫描辐射计MVIRS是风云一号的主要探测仪器,其波段数由风云一号A星的5个增加到10个,各波段特性见表22。

表22　MVIRS的波段特性

波段号	波长(μm)	主要用途
1	0.58~0.68	白天云层、冰、雪、植被
2	0.84~0.89	白天云层、植被、水
3	3.55~3.93	火点热源、夜间云层
4	10.3~11.3	洋面温度、白天/夜间云层
5	11.5~12.5	洋面温度、白天/夜间云层
6	1.58~1.64	土壤湿度冰雪识别
7	0.43~0.48	海洋水色
8	0.48~0.53	海洋水色
9	0.53~0.58	海洋水色
10	0.90~0.965	水汽

多通道可见光红外扫描辐射计的视场范围为1.2微弧,星下点分辨率为1.1km,扫描速度为每秒6条扫描线,每波段每条线有2048个像素。MVIRS的1~5波段与AVHRR基本一致,其用途也大致相同,6波段可以监测草原土壤墒情,7~9波段、10波

段分别用于海洋和天气的分析。

3.MODIS传感器

中分辨率成像光谱仪（Moderate-resolution Imaging Spectroradiometer，缩写MODIS）是美国宇航局研制的大型空间遥感仪器，主要用于了解全球气候的变化情况以及人类活动对气候的影响。MODIS是装载在TERRA和AQUA上的高光谱传感仪器，具有36个波段，分布在0.4~14μm的波长范围内。MODIS传感器位于距地表705km的太阳同步近极轨道上，降轨在当地时间上午10时30分过境，升轨在下午1时30分过境；在不同波段上，MODIS的星下点的空间分辨率分别为250m、500m、1000m，扫描宽度可达到2330km；辐射分辨率可达12bit。在对地观测过程中，每日或每两日可获取1次全球观测数据。MODIS传感器各波段的特性见表23。

表23　MODIS的波段特性

波段	波长（nm）	分辨率（m）	主要用途
1	620~670	250	陆地与云的界限
2	841~876	250	
3	459~479	500	陆地与云的性质
4	545~565	500	
5	1230~1250	500	
6	1628~1652	500	
7	2105~2155	500	
8	405~420	1000	海洋颜色、水体表层性质、生物化学
9	438~448	1000	
10	483~493	1000	
11	526~536	1000	
12	546~556	1000	
13	662~672	1000	
14	673~683	1000	
15	743~753	1000	
16	862~877	1000	
17	890~920	1000	大气水分
18	931~941	1000	
19	915~965	1000	
20	3.660~3.840	1000	地表/云温度
21	3.929~3.989	1000	
22	3.929~3.989	1000	
23	4.020~4.080	1000	

续表

波段	波长(nm)	分辨率(m)	主要用途
24	4.433~4.498	1000	大气温度
25	4.482~4.549	1000	
26	1.360~1.390	1000	卷云
27	6.535~6.895	1000	水汽
28	7.175~7.475	1000	
29	8.400~8.700	1000	
30	9.580~9.880	1000	臭氧
31	10.780~11.280	1000	地表/云温度
32	11.770~12.270	1000	
33	13.185~13.485	1000	云顶高度
34	13.485~13.785	1000	
35	13.785~14.085	1000	
36	14.085~14.385	1000	

MODIS数据主要有以下四个特点。首先是全球免费:NASA对MODIS数据实行全球免费接收的政策(TERRA卫星除MODIS外的其他传感器获取的数据均采取公开有偿接收和有偿使用的政策),这样的数据接收和使用政策对于目前中国大多数科学家来说是不可多得的、廉价并且实用的数据资源。其次是光谱范围广:MODIS数据涉及波段范围广(共有36个波段,光谱范围从0.4~14μm),数据分辨率比NOAA-AVHRR有较大的进展(辐射分辨率达12bits,其中两个通道的空间分辨率达250m,5个通道为500m,其余29个通道为1000m)。再次数据接收相对简单:它利用X波段向地面发送,并在数据发送上增加了大量的纠错手段,以保证用户用较小的天线(仅3m)就可以得到优质信号。最后是更新频率高:TERRA和AQUA卫星都是太阳同步的极轨卫星,TERRA在地方时上午过境,AQUA在地方时下午过境。TERRA与AQUA上的MODIS数据在时间更新频率上相配合,加上晚间过境数据,对于接收MODIS数据来说可以得到每天最少2次白天和2次黑夜的更新数据。这样的数据更新频率,对实时地球观测和应急处理(例如森林、草原火灾监测和救灾)有较大的实用价值。

MODIS产品有44种,可以分为大气、陆地、冰雪、海洋四个专题数据产品,MOD13(陆地3级标准数据产品),内容为栅格的归一化植被指数和增强型植被指数(NDVI/EVI)。其中MOD13Q1属于陆地专题的产品,全称为MODIS/Terra Vegetation Indices 16-Day L3 Global 250m SIN Grid。全球的MOD13Q1数据是一个采用Sinusoidal投影方式的3级网格数据产品,具有250m的空间分辨率,每隔16d提供1次。

MODIS数据适合大面积范围的遥感应用，是草原监测工作中经常使用的遥感数据，对于监测草原植被生长状况、生产力、土壤温度与湿度等有重要作用。目前主要利用MODIS的1、2波段数据，第1波段为红波段，第2波段为近红外；这两个波段分辨率较高，达250m，利用这两波段可以直接计算常用的植被指数。

4.Landsat系列卫星

美国航空航天局（National Aeronautic and Space Administration，NASA）1972年发射的地球资源技术卫星ERTS（Earth Resources Technology Satellite，之后更名为陆地卫星Landsat）。从1972年7月23日以来，已发射8颗（第6颗发射失败）卫星。目前Landsat1~5均相继失效。Landsat7于1999年4月15日发射升空。Landsat8于2013年2月11日发射升空。

陆地卫星的轨道设计为与太阳同步的近极地圆形轨道，用以确保北半球中纬度地区获得中等太阳高度角（25°~30°）的上午成像，而且卫星以同一地方时、同一方向通过同一地点。保证遥感观测条件的基本一致，利于图像的对比。如Landsat4、5轨道高度为705km。轨道倾角98.2°，卫星由北向南运行，地球自西向东旋转，卫星每天绕地球14.5圈，每天在赤道西移2752 km，每16d重复覆盖1次，穿过赤道的地方时为9时45分，覆盖地球范围N81°~S81.5°。

所有的陆地卫星均在近极轨、近圆形、太阳同步轨道上。前3颗卫星距地面高度为900km，重复观测周期为18d。之后的陆地卫星距地高度改为705km，重复观测周期也提高到16d。为保证太阳光照条件，所有的陆地卫星均在上午10时通过赤道。

陆地卫星装载的传感器包括反束光导管摄像机（Return Beam Vidicon，RBV）、多光谱扫描仪（Multi Spectral Scaner，MSS）、专题制图仪（Thematic Mapper，TM）。早期陆地卫星最为大众所知的传感器是MSS，之后逐渐被TM取代。所有的传感器扫描条带的宽度均为185km，一景（幅）图像的大小为185km×185km。MSS有4个波段，空间分辨率大约为59m×79m，辐射分辨率为6bit。每个波段有6个扫描镜同时由西向东扫描，即一次可收集6行扫描线。

MSS的数据采集到1992年结束，从陆地卫星4号开始TM取代了MSS。TM的改进主要有：更高的空间分辨率和辐射分辨率，除热红外波段空间分辨率120m外其余波段均为30m；辐射分辨率为8bit；波谱分辨率提高，增加为7个波段；每次同步扫描的行数增加，达到16行（热红外波段除外），即每个波段有16个探测器；扫描镜往返均扫描，而MSS只是由西向东扫描，返程不扫描，这样TM的接收信息停留时间更长，因而其辐射分辨率得以提高。陆地卫星5号的TM传感器各波段特征如表24。

表24　TM的波段特征

波段	波长范围(μm)	分辨率(m)	用途
1	0.45~0.52	30	区分土壤与植被,海洋探测、海岸线制图,农田、城镇特征鉴别
2	0.52~0.60	30	绿色植被制图(测定反射峰),农田、城镇特征鉴别
3	0.63~0.69	30	植被与非植被以及植物种类辨别(叶绿体吸收),农田、城镇特征鉴别
4	0.76~0.90	30	鉴别植物、植被类型、健康状况及生物量,水体描绘,土壤湿度
5	1.55~1.75	30	对土壤、植被湿度敏感,区分雪和云覆盖
6	10.4~12.5	120	热利用、热辐射原理判别植被压力和土壤湿度,热量制图(城镇、水)
7	2.08~2.35	30	辨别矿物和岩石,对植被含水量敏感

陆地卫星7号卫星于1999年4月15日由美国航空航天局发射,携带了改进后的增强型专题制图仪(ETM+)。它的轨道倾角为98.22°,运行周期为98.9min,每日绕地球约15圈。ETM+的波段特征见表25。

表25　ETM+的波段特征

波段	波长(μm)	分辨率(m)	主要用途
1	0.450~0.515	30	水体穿透性良好,很适合于海岸制图。用于区分针叶林、阔叶林、土壤与植被也较理想
2	0.525~0.605	30	对应于健康植被的绿反射区,很适合于植被的绿反射峰的测量研究,也适合于水体污染监测
3	0.630~0.69	30	探测植物叶绿素吸收的差异,是区分土壤边界和地质体边界的最有用的可见光波段
4	0.775~0.90	30	适于绿色植被类型,作物长势和生物量调查
5	1.550~1.75	30	岩石种类、云层、地面冰积和雪盖等,适合于区分水陆界限以及测量雨后的土壤湿度
6	10.40~12.5	60	热强度测定分析
7	2.090~2.35	30	适于地质制图,也适于区分健康植物和缺水现象
8	0.520~0.90	15	全色波段

目前陆地卫星7号在2003年上半年出现故障,之后无法接收到完整的图像,可用的是发射后到2003年4月间的数据。TM和MSS的数据广泛应用于资源管理、制图、环境及其变化监测等各方面,是目前全球应用最广的遥感数据。由于历史数据积累多,波谱分辨率和空间分辨率都比较高,在草原监测的实际应用中,TM/ETM+数据可实现草原类型判别、面积监测,草原退化、沙化、盐渍化分析,草原植被与环境因子的关系分析等多方面的任务,是中大比例尺监测与制图的主要信息源。

Landsat 8于2013年2月11日发射升空,携带有两个主要载荷:OLI和TIRS。其中OLI(Operational Land Imager,陆地成像仪)由科罗拉多州的鲍尔航天技术公司研制;

TIRS（Thermal Infrared Sensor，热红外传感器），由NASA的戈达德太空飞行中心研制，设计使用寿命为至少5年。

OLI陆地成像仪包括9个波段，空间分辨率为30m，其中包括一个15的全色波段，成像宽幅为185km×185km。OLI包括了ETM+传感器所有的波段，为了避免大气吸收特征，OLI对波段进行了重新调整，比较大的调整是OLI Band5（0.845~0.885μm），排除了0.825μm处水汽吸收的特征；OLI全色波段Band8波段范围较窄，这种方式可以在全色图像上更好地区分植被和无植被特征；此外还有2个新增的波段：蓝色波段band 1（0.433~0.453μm）主要应用海岸带观测，短波红外波段Band9（1.360~1.390μm）包括水汽强吸收的特征可用于云检测；近红外Band5和短波红外Band9与MODIS对应的波段接近。OLI的波段特征见表26。

TIRS包括2个单独的热红外波段，分辨率100m。

表26　OLI的波段特征

波段	波长（μm）	分辨率（m）	主要用途
1	0.433~0.453	30	海岸带观测
2	0.450~0.515	30	水体穿透性良好，很适合于海岸制图。用于区分针叶林、阔叶林、土壤与植被也较理想
3	0.525~0.600	30	对应于健康植被的绿反射区，很适合于植被的绿反射峰的测量研究。也适合于水体污染监测
4	0.630~0.680	30	探测植物叶绿素吸收的差异，是区分土壤边界和地质体边界的最有用的可见光波段
5	0.845~0.885	30	适于绿色植被类型、作物长势和生物量调查
6	1.560~1.660	60	分辨道路，裸露土壤，水，在不同植被之间有较好对比度
7	2.100~2.300	30	适于地质制图，区分健康植物和湿润土壤
8	0.500~0.680	15	全色波段
9	1.360~1.390	30	包含水汽强吸收特征，可用于云检测
10	10.60~11.19	100	感应热辐射目标
11	11.50~12.51	100	感应热辐射目标

5.SPOT卫星

Systeme Probatoire d'Observation de la Terre（简称SPOT）系列卫星是法国空间研究中心（CNES）研制的一种地球观测卫星系统，至今已发射SPOT卫星7颗。1986年已来，SPOT已经接受、存档超过7百万幅全球卫星数据，提供了准确、丰富、可靠、动态的地理信息源，满足了制图、农业、林业、土地利用、水利、国防、环保地质勘探等多个应用领域不断变化的需要。

SPOT卫星采用的太阳同步准回归轨道，通过赤道时刻为地方时上午10时30分，卫星轨道高度是832km，轨道倾角98.7°，轨道周期为101.469min/圈，每369圈覆盖地球1次，重复周期为26d。扫描幅宽为60km，但SPOT装有相同的两个传感器，1次获取数据的宽度为117km；SPOT具侧视能力，可生成立体图像，两侧侧视角为±27°，侧视覆盖宽度为950km。由于采用倾斜观测，所以实际上观测同一地区需2~3d的时间。

SPOT卫星1~3号携带的传感器为可见光高分辨率成像系统HRV，4号星改为高分辨率可见光近红外传感器HRVIR，分辨率20m的0.43~0.47μm波段替换为1.58~1.75μm，增加了分辨率为1km的植被监测仪器。将传感器5号星改进为高分辨率几何仪器HRG，全色波段（PAN）的空间分辨率改进为5m，可见光及反射红外波段由20m改进为10m，但中红外波段仍为20m。由于卫星同时装载了两个传感器，SPOT5可以采用两个传感器同时扫描同一条带、扫描线互相交叉的方式提高空间分辨率，数据经地面接收站插值后空间分辨率可达2.5m。SPOT6加入极高分辨率卫星Pléiades 1A的轨道。

这两颗卫星将共同提供服务并最终在2014年与Pléiades1B和SPOT7一起构成完整的Astrium Services光学卫星星座。SPOT7全色分辨率1.5m，多光谱分辨率6m，星上载有两台新型Astrosat平台光学模块化设备（NAOMI）的空间相机，两台相机的总幅宽为60km。SPOT7具备多种成像模式，包括长条带、大区域、多点目标、双图立体和三图立体等，适于制作1∶25 000比例尺的地图。SPOT的数据被世界上14个地点的地面站所接收，数据的应用目的和Landsat相同，以陆地上的资源环境调查和检测为主。SPOT各波段数据特征见表27。

表27　SPOT波段数据特征

波段	波长范围（μm）	分辨率（m）
1	0.50~0.59	20
2	0.61~0.68	20
3	0.78~0.89	20
4	1.58~1.75	20
5	0.51~0.73	10

SPOT的一景（幅）数据对应地面60km×60km的范围，在倾斜观测时横向最大可达91km，各景位置根据GRS（spot grid referencesysterm）由列号K和行号J的交点（节点）来确定。波段1位于植被叶绿素光谱反射曲线最大值的波长附近，同时位于水体最小衰减值的长波一边，可以探测水的浑浊度和10~20m的水深。波段2与陆地卫星的

MSS的第5通道相同(专题制图仪TM仍然保留了这一谱段),它可用来提供作物识别、裸露土壤和岩石表面的情况。波段3能够很好地穿透大气层。在该谱段,植被表现的特别明亮,水体表现得非常黑。同时,红和近红外谱段的综合应用对植被和生物的研究是相当有利的。SPOT卫星发展历程见图34。

图34　SPOT卫星

6.中巴资源卫星

中巴地球资源卫星(CBERS)是中国第一代传输型地球资源卫星,包含中巴地球资源卫星01星、02星、02B星(01~02B均已退役)、02C星、04星和04A星6颗卫星。CBERS-01/02卫星平台分别搭载3种传感器:电荷耦合器件摄像机(CCD)、红外多光谱扫描仪(IRMSS)、宽视场相机(WFI),见表28。CBERS-02C卫星搭载两台高分辨率相机(HR),空间分辨率为2.36m;搭载的全色及多光谱相机分辨率分别为5m和10m,幅宽为60km。CBERS-02B搭载CCD相机、高分辨率相机(HR)、宽视场成像仪(WFI)3种传感器,满足用户对不同分辨率及光谱波段遥感数据的要求。CBERS-04卫星共搭载4台相机,分别为5m和10m空间分辨率的全色多光谱相机(PAN),40m、80m空间分辨率的红外多光谱扫描仪(IRS),20m空间分辨率的多光谱相机(MUX)和73m空间分辨率的宽视场成像仪(WFI)。

表28　CBERS-01/02星有效载荷参数

有效载荷	波段号	光谱范围(μm)	分辨率(m)	重访时间(d)
CCD相机	1	0.45~0.52	20	3
	2	0.52~0.59	20	
	3	0.63~0.69	20	
	4	0.77~0.89	20	

续表

有效载荷	波段号	光谱范围(μm)	分辨率(m)	重访时间(d)
	5	0.51~0.73	20	
宽视场成像仪(WFI)	6	0.63~0.69	258	3
	7	0.77~0.89		
红外多光谱扫描仪(IRMSS)	8	0.50~0.90	78	26
	9	1.55~1.75		
	10	2.08~2.35		
	11	10.4~12.5	156	

CCD相机在星下点的空间分辨率为19.5m,扫描幅宽为113km。它在可见、近红外光谱范围内有4个波段和1个全色波段。具有侧视功能,侧视范围为±32°。相机带有内定标系统。

红外多光谱扫描仪(IRMSS)有1个全色波段、2个短波红外波段和1个热红外波段,扫描幅宽为119.5km。可见光、短波红外波段的空间分辨率为78m,热红外波段的空间分辨率为156m。IRMSS带有内定标系统和太阳定标系统。

宽视场成像仪(WFI)有1个可见光波段、1个近红外波段,星下点的可见分辨率为258m,扫描幅宽为890km。由于这种传感器具有较宽的扫描能力,因此,它可以在很短的时间内获得高重复率的地面覆盖。WFI星上定标系统包括一个漫反射窗口,可进行相对辐射定标。

CBERS-02传感器具有高、中、低三种空间分辨率的对地观测卫星,搭载的2.36m分辨率的HR相机改变了国外高分辨率卫星数据长期垄断国内市场的局面,在国土资源、城市规划、环境监测、减灾防灾、农业、林业、水利等众多领域发挥着重要作用。

7.QuickBird卫星

表29　QuickBird卫星的特性

成像方式	推帚式扫描	
传感器	全波段	多光谱
分辨率	0.61m(星下点)	2.44m(星下点)
波长	450~900nm	蓝:450~520nm
		绿:520~600nm
		红:630~690nm
		近红外:760~900nm
辐射分辨率	11bit	
星下点成像	沿轨/横轨迹方向(±25°)	
立体成像	沿轨/横轨迹方向	

续表

成像方式	推帚式扫描	
侧视宽度	以星下点轨迹为中心，左右各272km	
成像模式	单景16.5km×16.5km	
	条带16.5km×165km	
轨道高度	450km	
倾角	98°(太阳同步)	
重访周期	1~6d(取决于纬度高低)	

QuickBird卫星2001年10月18日由美国DigitalGlobe公司在美国范登堡空军基地发射，是目前世界上最先提供亚米级分辨率的商业卫星，其全色波段分辨率为0.61m，彩色多光谱分辨率为2.44m，幅宽为16.5km，表29是QuickBird卫星的具体特性。以QuickBird、IKONOS卫星为代表的商业小卫星有着很高的空间分辨率，适用于大比例尺制图，特别是城市制图；缺点是扫描幅宽小，重复观测周期非常长。QuickBird卫星每年可以采集7.5km²的卫星影像数据，截止到2007年WorldView-1发射前，QuickBird一直是采集性能最好、分辨率最高的商业遥感卫星。在中国境内每天至少有2~3个过境轨道，常常有多期存档数据可供选择。

2013年初，QuickBird卫星的轨道高度将由482km逐渐下降到450km，并继续向用户传输高分辨率卫星图像及相关图像产品，该卫星至今仍在持续为我们提供服务。随着时间的流逝，虽然QuickBird卫星延长了寿命，但在2014年以后不再获取新的遥感影像数据。

8.高分系列卫星

(1)高分一号

高分一号卫星，是一种高分辨率对地观测卫星，属于光学成像遥感卫星。高分一号于2013年4月26日成功发射，是高分辨率对地观测系统国家科技重大专项的首发星，配置了2台2m分辨率全色/8m分辨率多光谱相机，4台16m分辨率多光谱宽幅相机。高分一号卫星突破了高空间分辨率、多光谱与高时间分辨率结合的光学遥感技术，多载荷图像拼接融合技术，高精度高稳定度姿态控制技术，5年至8年寿命高可靠卫星技术，高分辨率数据处理与应用等关键技术，对于推动中国卫星工程水平的提升，提高中国高分辨率数据自给率，具有重大战略意义。

(2)高分二号

高分二号卫星，是中国目前分辨率最高的民用陆地观测卫星，属于光学遥感卫星，于2014年8月19日成功发射。高分二号卫星星下点空间分辨率可达0.8m，搭载有两台高分辨率1m全色和4m多光谱相机，标志着中国遥感卫星进入了亚米级“高分时代”。高分二号具有的亚米级空间分辨率、高定位精度和快速姿态机动能力等特点，有效地提升了中国卫星综合观测效能，使中国高分辨率遥感卫星技术达到了国际先进水平。

（3）高分三号

高分三号卫星，是中国首颗分辨率达到1m的C频段多极化合成孔径雷达（SAR）成像卫星，于2016年8月10日发射升空。

①多成像模式。高分三号是世界上成像模式最多的合成孔径雷达（SAR）卫星，具有12种成像模式。它不仅涵盖了传统的条带、扫描成像模式，而且可在聚束、条带、扫描、波浪、全球观测、高低入射角等多种成像模式下实现自由切换，既可以探地，又可以观海，达到“一星多用”的效果，见图35。

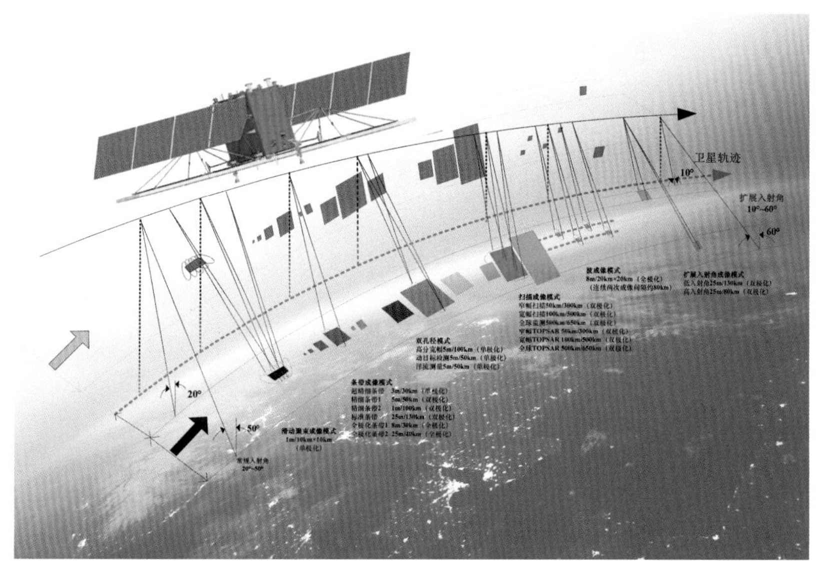

图35 高分三号卫星成像模式

②高分辨率。高分三号的空间分辨率是从1~500m，幅宽是从10~650km，不但能够大范围普查，一次可以最宽看到650km范围内的图像；也能够清晰地分辨出陆地上的道路、一般建筑和海面上的舰船。由于其具备1m分辨率成像模式，现阶段高分三号卫星是世界上C频段多极化SAR卫星中分辨率最高的卫星系统。

③全能应用。高分三号卫星不受云雨等天气条件的限制，可全天候、全天时监测全球海洋和陆地资源，是高分专项工程实现时空协调、全天候、全天时对地观测目标

的重要基础，服务于海洋、减灾、水利、气象以及其他多个领域，为海洋监视监测、海洋权益维护和应急防灾减灾等提供重要技术支撑，对海洋强国、“一带一路”建设具有重大意义。

（4）高分四号

高分四号卫星，是中国第一颗地球同步轨道遥感卫星，于2015年12月29日发射，搭载了一台可见光50m/中波红外400m分辨率、大于400km幅宽的凝视相机，采用面阵凝视方式成像，具备可见光、多光谱和红外成像能力，设计寿命8年，通过指向控制，实现对中国及周边地区的观测。

（5）高分五号

高分五号卫星，是世界上第一颗同时对陆地和大气进行综合观测的卫星，于2018年5月9日发射。高分五号一共有6个载荷，分别是可见短波红外高光谱相机、全谱段光谱成像仪、大气主要温室气体监测仪、大气环境红外甚高光谱分辨率探测仪、大气气溶胶多角度偏振探测仪和大气痕量气体差分吸收光谱仪。可对大气气溶胶、二氧化硫、二氧化氮、二氧化碳、甲烷、水华、水质、核电厂温排水、陆地植被、秸秆焚烧、城市热岛等多个环境要素进行监测。

高分五号卫星所搭载的可见短波红外高光谱相机是国际上首台同时兼顾宽覆盖和宽谱段的高光谱相机，在60km幅宽和30m空间分辨率下，可以获取从可见光至短波红外（400~2500nm）光谱颜色范围里，330个光谱颜色通道，颜色范围比一般相机宽了近9倍，颜色通道数目比一般相机多了近百倍，其可见光谱段光谱分辨率为5 nm，几乎相当于一张纸厚度的万分之一，因此对地面物质成分的探测十分精确。

（6）高分六号

高分六号卫星，是一颗低轨光学遥感卫星，于2018年6月2日发射。高分六号卫星配置2m全色/8m多光谱高分辨率相机、16m多光谱中分辨率宽幅相机，2m全色/8m多光谱相机观测幅宽90km，16m多光谱相机观测幅宽800km。高分六号还实现了8谱段CMOS探测器的国产化研制，国内首次增加了能够有效反映作物特有光谱特性的“红边”波段。

高分六号具有高分辨率、宽覆盖、高质量和高效成像等特点，能有力支撑农业资源监测、林业资源调查、防灾减灾救灾等工作，为生态文明建设、乡村振兴战略等重大部署提供遥感数据支撑。高分六号卫星与高分一号卫星组网实现了对中国陆地区域2d的重访观测，极大地提高了遥感数据的获取规模和时效，有效弥补国内外已有中、高空间分辨率多光谱卫星资源的不足，提升国产遥感卫星数据的自给率和应用范围。

(7)高分七号

高分七号卫星(GF-7)于2019年11月3日成功发射,牵头主用户为自然资源部,其他用户包括住房和城乡建设部、国家统计局等。

高分七号卫星运行于太阳同步轨道,设计寿命8年,搭载的两线阵立体相机可有效获取20km幅宽、优于0.8m分辨率的全色立体影像和3.2m分辨率的多光谱影像。搭载的两波束激光测高仪以3Hz的观测频率进行对地观测,地面足印直径小于30m,并以高于1GHz的采样频率获取全波形数据。卫星通过立体相机和激光测高仪复合测绘的模式,实现1∶10 000比例尺立体测图,服务于自然资源调查监测、基础测绘、全球地理信息资源建设等应用需求,并为住房与城乡建设、国家调查统计等领域提供高精度的卫星遥感影像。

高分系列卫星主要参数见表30。

表30 高分系列卫星主要参数

卫星	发射时间	空间分辨率	幅宽	波段
高分一号	2013年	全色2m,多光谱8m	60km	全色,蓝、绿、红、近红外
高分二号	2014年	全色0.8m, 多光谱3.2m	45km	全色,蓝、绿、红、近红外
高分三号	2016年	1/3/5/8/10/25 /50/100/500m	10/30/40/50/ 80/100/130/300/ 500/650km	C频段SAR
高分四号	2015年	50/400m	400km	可见光近红外、中波红外
高分五号	2018年	30m	60km	可见光至短波红外,全谱段
高分六号	2018年	全色2m,多光谱8m	≥90km	全色,蓝、绿、红、近红外
高分七号	2019年	全色≤0.8m, 多光谱≤3.2m	20km	全色,蓝、绿、红、近红外

二、地理信息系统简述

地理信息系统是一种特定的十分重要的空间信息系统。它是在计算机硬、软件系统支持下,对整个或部分地球表层(包括大气层)空间中的有关地理分布数据进行采集、储存、管理、运算、分析、显示和描述的技术系统。GIS是分析、处理和挖掘海量地理数据的通用技术。GIS属于信息系统的一类,不同在于它能运作和处理地理参照数据。地理参照数据描述地球表面(包括大气层和较浅的地表下空间)空间要素的位置和属性。GIS中的两种地理数据成分:空间数据,与空间要素几何特性有关;属性数据，提供空间要素的信息。

地理信息系统主要包括计算机硬件、软件、地理数据和用户等几个部分，其核心是地理数据，也称空间数据。在GIS工程里，空间数据的获取占有很重要的地位。实际上，整个地理信息系统都是围绕空间数据的采集、加工、存储、分析和表现来展开的。为了充分利用已有的数据，降低成本，实现信息资源的共享，在GIS工程实施过程中，经常需要利用不同来源的各种空间数据。由于GIS软件的多样性，每种软件都有自己特定的数据模型，造成数据存储格式和结构的不同。在数据的使用过程中，由于数据来源、结构和格式的不同，需要采用一定的技术方法，才能将他们合并在一起使用，这就产生了数据复合的问题。数字制图是GIS的重要组成部分，也是GIS的主要表现和输出形式。地理信息系统技术广泛应用于农业、林业、国土资源、地矿、军事、交通、测绘、水利等几乎所有的行业，并正在走进人们日常的工作、学习和生活中。考虑ArcGIS软件地理信息系统应用领域的广泛性、通用性，本节的术语和示例使用了ArcGIS的用法。

（一）基本概念和理论

1.坐标系统及投影

空间数据的获取、管理、分析等过程的基础在于空间位置的准确性和唯一性，因而系统中所有数据均需有确定的空间位置信息，例如经度和纬度坐标，或者地理网格坐标。也可以包含间接的空间参照系统（Spatial Reference），例如地址、邮政编码、人口普查区名、森林位置识别、路名等。GIS的地理坐标系可有效帮助用户在地球表面任意空间定位。

（1）椭球体

一般来说，空间位置信息主要由两个几何模型确定，第一个几何模型定义了地球的形状。我们日常生活中使用最多的空间位置信息是经度、纬度和海拔高度，这三个参数能够确定地球三维空间中的任意一点。但是，这种确定位置的过程基于一种假设：地球是圆形的；很明显，如果不考虑地球的形状，在地球上很多地方采用经纬度和海拔描述空间位置会发生不小的偏差。这种偏差在我们日常生活中并没有造成很大的问题，但在进行实地的测绘和大范围的地面作业时，将造成很大的影响。因而，需要给空间数据定义准确的地球形状，这种几何模型称为地球椭球体（Spheroid）。在地球表面的不同地方，地球的形状（向外凸或向内凹）不同，需要定义不同的椭球体。例如，中国大部分陆地是山地和高原，特别是青藏高原对地球的局部形状影响很大，一般采用Krasovsky椭球体定义的参数。椭球体模型一般包括两个基本的参数，即长轴和短轴的半径。

椭球体模型进一步扩展为基准(Datum)模型,普通的椭球体模型可称为椭球体基准,而另一种是基准面模型,它描述了椭球体基础上在不同方向上具有变化的地表曲面,几何上表达为具有水平、垂直方向上的变形的地球曲面的一定区域。在一般椭球体模型的2个基本参数基础上增加1个比例因子(一般为1或接近1),以及水平2个方向和垂直方向的6个几何参数(控制基准曲面的位置和偏向),可将椭球体模型转换为基准面模型。

(2)投影

投影(Projection)是用来描述地球表面位置信息的第二个几何模型。地表曲面在测绘和制图中存在很多不便,也不符合人们日常的空间感。所以,一般通过几何模型将地球曲面按照数学关系映射为一个平面,这一过程称为投影。具体过程为将地球曲面的某些部分先投影到一个投影面上,然后将投影面展开为一个平面。投影面可以是圆锥面、圆柱面或一个空间平面,投影面为平面的情况(称为方位投影)一般多应用于赤道或两极。常用的投影面为圆锥面或圆柱面(椭圆柱面),地球曲面与投影面之间的关系可以是相切或相割的。相切的情况下只需要地球曲面上的一条切线就可以确定投影面的位置,而相割时产生2条割线。如果切线或割线是1个或2个标准纬圈,则属于正轴投影类型;如果切线和割线与经线和纬线斜交,则为斜轴投影;一般的制图多用正轴投影。不同的投影具有不同的特点,如正形性(等角性)、等积性、等距性、正向性等,没有一种投影同时具有这些特点,一般只具有其中的一种或两种。中国的测绘、制图中最常见的投影有以下几种:

横轴墨卡托投影(Transverse Mercator):圆柱投影面与子午线相切,以中心投影的方式把地表投影到圆柱面上,然后伸展为平面。从这种投影的原理可知,投影后南北方向的变形小,而东西方向的变形大,在切线上的变形最小,因而适用于南北幅度大的区域制图。横轴墨卡托投影属于正形投影,等角条件下,图上任一点的经线比与纬线比相等,能保证方向的准确性;它有很多改进或优化的类型,如通用横轴墨卡托投影(Universal Transverse Mercator,UTM)是按照子午线把地球分割为60个带,每个带跨越6°的经度范围,与投影面相切的子午线(中心子午线)位于6°带的中心;这样,很大程度上减少了计算面积和距离过程中的误差,能够真正意义上实现南纬80°到北纬84°所有区域制图的投影。中国中、大比例尺地形图常用的高斯-克吕格投影,与通用横轴墨卡托投影相似。常用的TM图像经过系统纠正后,一般转化为横轴墨卡托投影,在全国范围内也是按照6°带分割,与通用横轴墨卡托投影接近。

阿尔伯斯等积圆锥投影(Albers Equal Area Conic):阿尔伯斯等积圆锥投影属于正割圆锥投影,有两个标准纬圈(或称双标准纬线),在标准纬线之间的区域变形最小,适用于东西向幅度大的区域制图。这种投影具有等积性,适于面积精度要求高的制图,但投影范围内除标准纬线外,不同位置的线条与实际的比例尺不相符,因而也不具等角性。这种投影适用于国家、地区或更小的区域,中国陆地全境的制图误差最大为1.25%,一般设置双标准纬线为25°N和47°N,中央子午线为105°E。

兰勃特等角圆锥投影(Lambert Conformal Conic):与阿尔伯斯等积圆锥投影相比,兰勃特等角圆锥投影形状的变形很小(正形性),面积的误差较大,其他方面二者很接近。兰勃特等角圆锥投影非常适用于中纬度地区,也适用于东西向幅度大的地区,一般可用于纬度跨度小于35°的区域。在中国陆地全境制图中,双标准纬线和中央子午线的设置与阿尔伯斯等积圆锥投影相同。

(3)坐标系统

确定了地球的形状后,我们可以采用各种坐标系统描述地球表面任意点的位置。日常使用的经纬度信息属于球面坐标系统,一般称为地理坐标系。地理坐标应用广泛,便于确定在地球上的位置,但在进行距离、面积测算时存在很多不便,需要大量地换算。

地球上任何一点,在数学上常用的笛卡尔坐标系统中表达为三维空间的一个点,具有三个轴向上的坐标值,坐标原点一般位于地心,也称地心坐标系。通常,三维笛卡尔坐标系统用于空间上的准确定位,目前最常用地心坐标系是WGS84(World Geodetic System of 1984,1984年确定的全球测量系统),采用的坐标单位一般为米;在GPS接收机的初始设置中,定位信息一般基于WGS84坐标系统进行换算,显示的经纬度值也是基于WGS84椭球体模型。

地球曲面经过投影后转换为二维平面,则可根据投影选择其中一点作为原点,建立二维的笛卡尔坐标系统,用两个轴向上(一般为经向或纬向)距原点的距离表示每一点的坐标,这也是测绘、制图行业最常用的坐标系统。二维笛卡尔坐标系统具有符合日常的空间感、便于计算面积距离等优点。新中国成立以来,中国于20世纪50年代和80年代分别建立了1954年北京坐标系和1980西安坐标系,制成了各种比例尺的地形图,限于当时的技术条件,中国大地坐标系基本上是依赖于传统技术手段实现的。1954年北京坐标系采用的是克拉索夫斯基椭球体。该椭球在计算和定位的过程中,由于没有采用中国的数据,故该系统在中国范围内符合得不好,不能满足高精度定位、地球科学、空间科学和战略武器发展的需要。20世纪70年代,中国大地测量工作者经过二十多年的不懈努力，终于完成了全国一、二等天文大地网的布测。经过整体平差，采用1975年IUGG第十六届大会推荐的参考椭球参数，中国建立了1980西安坐标系，1980西安坐标系在中国经济建设、国防建设和科学研究中发挥了巨大作用。中国的测绘、制图目前一般采用1980年西安坐标系统，它是参心坐标系，长轴6 378 140m，短轴6 356 755m，扁率1/298.257 221 01。

2008年3月，由国土资源部正式上报国务院《关于中国采用2000国家大地坐标系的请示》，并于2008年4月获得国务院批准。自2008年7月1日起，中国全面启用2000国家大地坐标系。因为采用现行的二维、非地心的坐标系，制约了地理空间信息的精确表达和各种先进的空间技术的广泛应用，无法全面满足当今气象、地震、水利、交通等部门对高精度测绘地理信息服务的要求，而且也不利于与国际民航与海图进行有效衔接，因此采用地心坐标系已势在必行。2000国家大地坐标系，是中国当前最新的国家大地坐标系，英文名称为China Geodetic Coordinate System 2000，英文缩写为CGCS2000。2000国家大地坐标系的原点包括海洋和大气的整个地球的质量中心；2000国家大地坐标系的Z轴由原点指向历元2000.0的地球参考极的方向，该历元的指向以国际时间局给定的历元1984.0为初始指向推算，定向的时间演化保证相对于地壳不产生残余的全球旋转，X轴由原点指向格林尼治参考子午线与地球赤道面（历元2000.0）的交点，Y轴与Z轴、X轴构成右手正交坐标系。

2.空间数据结构

基准、投影模型虽然完成了地面位置的描述，但对于具体的地物形状、属性的描述仍然很复杂。空间异质性导致了地物形态和属性的多样性，为了进行对比、分析，不同的地物必须建立统一的几何模型和关系模型，因而存在空间数据的组织结构问题。目前应用的描述空间数据的格式中，矢量（Vector）和栅格（Raster）是地理信息系统中两种主要的空间数据格式。

（1）矢量数据结构

矢量数据结构是一种最常见的图形数据结构，即把地面物体用几何形状描述，通过记录坐标的方式，尽可能地将点、线、面地理实体表现得精确无误。其坐标空间假定为连续空间，不必像栅格数据结构那样按照一定比例尺进行量化处理，因此矢量数据能更精确地定义地面物体的位置、长度和大小。矢量数据结构符合人们日常对环境的认识，具有准确、形象的特点。

在矢量结构中，一个空间的实体对应地被描述为一个要素，同时地物的特征也可以附着在几何形状上，转换为对应要素的属性。要素的形状通过空间上的坐标进行定义。要素也可以是离散的位置或事件点(Point),道路、边界等相对狭窄而长的线(Line),或具有一定面积的区域多边形(Polygon)。点由一对地理坐标定义,可以用来代表位置信息,如:省会城市、机场建设地点等。线通过一系列的坐标对定义,代表任何具有长度的地物,比如河流或街道。面或多边形代表任何具有边界的地物,无论这些边界是自然形成还是行政划定,比如行政区划,像县、镇等;也可以是自然存在的分界线,如以分水岭为界的山体。

地面上真正的点状物体很少,一般都占有一定的面积,只是大小不同。这里所谓的点状要素,是指那些占面积较小,不能按比例尺表示,又要定位的事物。如地物点、文本位置点或线段网的结点等。

线要素主要用来表示线状地物(公路、水系、山脊线)、符号线和多边形边界,其矢量编码包括以下内容:线标识码可以标识线的类型;起始点和终止点可以用点号或直接用坐标表示;显示信息是显示时的文本或符号等;与线相联的非几何属性可以直接存储于线要素属性表中,也可单独存储,由标识码连接查找。

多边形要素是描述地理空间信息的很重要的一类数据。多边形要素中,具有名称属性和分类属性,如行政区、土地类型、植被分布等;具有标量属性的有时也用等值线描述(如地形、降雨量等)。多边形矢量要素的编码,不但要能表示位置和属性,更重要的是能表达区域的拓扑特征,如形状、相互的邻接关系(邻域特征)和层次结构等,因此多边形的矢量编码比点和线实体的矢量编码要复杂得多,也更为重要。

同类要素的集合构成要素类(Feature Class),在ArcGIS中一般采用的文件格式为Shapefile(.shp)或Layer(.lyr)。点、线和面三种要素结合,可以描述地面的各种地物。多种要素类的集合构成要素数据集(Feature Dataset,简称要素集),其中ArcGIS的Coverage数据模型是主要数据格式。另外,一些三种要素结合要素的属性可以形成更为复杂的要素。如路径(Route)要素是在点、线、多边形要素上路径标识(Route Identifier)的属性,在线、多边形要素基础上增加连通性等属性可形成几何网络(Geometric Network)要素,而在点、线和多边形要素的结点(Node)上增加高程的属性就形成了描述地形的三维要素(3D Feature)。

(2)栅格数据结构

栅格结构是较为简单、直接的空间数据结构,是指将地球表面划分为大小相似紧密相邻的网格阵列,每个网格作为一个像元或像素,由行、列信息确定空间位置,并包含一个代码表示该像元的属性类型或量值,或仅仅包括指向其属性记录的指针(编码)。因此,栅格结构是以规则的阵列来表示空间地物或现象分布的数据组织,组织中的每个数据表示地物或现象的非几何属性特征；一个大的地物由若干像元在空间上的排列描述，每个像元的特征可能相近或相等；而特别小（小于像元大小）的地物混合了其他的成分则被描述为一个像元。图36是用栅格结构描述空间数据的示例。

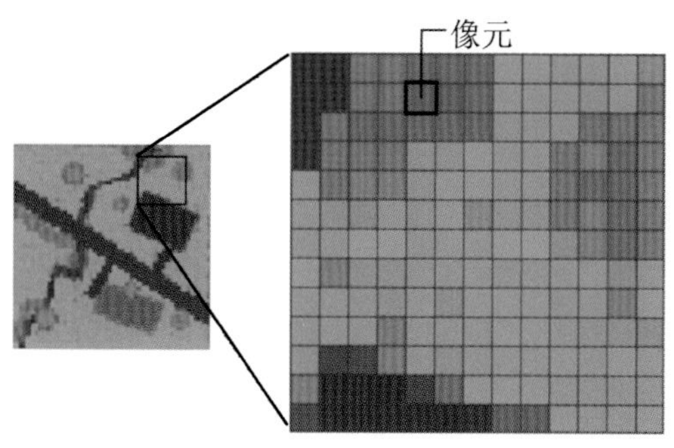

图36　栅格数据示例

在栅格数据结构中，点实体表示为一个像元；线实体则表示为在一定方向上连接成串的相邻像元集合；面实体由聚集在一起的相邻像元结合表示。这种数据结构很适合计算机处理，因为行列像元阵列非常容易存储、维护和显示。但是，用栅格数据表示的地表是不连续的，是量化和近似离散的数据，是地表一定面积内（像元地面分辨率范围内）地理属性的近似表达，如平均值、主成分值或按某种规则在像元内提取的值等；另一方面，栅格数据的比例尺就是栅格大小与地表相应单元大小之比。像元大小相对于所表示的面积较大时，对长度、面积等的度量有较大影响。

复杂的栅格结构支持非正方形的网格，如长方形、圆形等，但本质上只有正方形、长方形两种，它们都能通过行、列的排列覆盖整个空间区域。

遥感手段获取的图像、计算机显示的图像均为栅格数据，因而有充分的栅格数据来源。另外一些矢量结构的数据可以转化为栅格方式，便于计算和分析。

三、GPS原理及应用

（一）GPS卫星定位技术的发展

1.早期的卫星定位技术

1966—1972年，美、英、德合作应用卫星三角测量，测量了具有45个测站的“全球三角网”，点位精度约5m。卫星三角测量是将卫星作为空间动态观测目标。

2.子午卫星导航系统的应用及其缺陷

1958年12月，美国海军和HOPKINS大学联合研究了“美国海军导航卫星系统—

NNSS(NAVY NAVIGATION SATELLITE SYSTEM)”。由于卫星轨道通过南北地极,故称为子午卫星导航系统。1964年1月研制成功,用于北极星核潜艇的导航定位;军事导航定位。1967年7月,美国政府批准,对其广播星历解密提供民用,定位技术迅速兴起。作用:已知地面点坐标,测定多普勒频移,确定卫星运行轨道;已知卫星运行轨道,测定多普勒频移,确定地面点坐标。多普勒效应原理是当波源与接收器(观测者)做相对运动时,波源的发射频率与观测者接收频率之间成立关系。

3.NNSS的优缺点

优点:经济、快速、不受天气和时间限制。采集2d数据,可得到分米级精度的三维地心坐标。实现了全球范围内的核潜艇、导航测量船、军民用舰船的全天候导航,以及海上石油勘探、钻井定位、海底电缆铺设、海洋调查等方面的广泛定位。

缺点:子午卫星轨道高度低(1000km左右),难以做到精确定轨。卫星沿经圈运动。子午卫星仅有6颗,数量少,无法实现全球的实时导航和定位。其次是信号频率低,难以补偿电离层折射的影响。卫星沿经圈运动,精度与高程相关,只有在已知接收机高程的情况下,才能得到经纬度的导航解算。在美洲大陆测定了500多个多普勒点,西欧测定了30多个多普勒点,中国测定了近百个多普勒点,具有全国多普勒网。

(二)GPS系统介绍

1.GPS的产生

导航和定位对人类的许多活动都是至关重要的。确定人们在哪里,决定人们到哪里去,在哪里有我们所关心的人、物和事件,是一个古老的、需要解决的、关系到全球人类一切活动的基本难题。子午卫星导航系统的应用受到较大的限制,为突破局限性,实现全天候、全球性和高精度的连续导航和定位,GPS卫星定位技术由此产生,并发展到一个辉煌的历史阶段。在子午卫星的基础上,GPS卫星克服了其缺点。因此,具有“多星、高轨、测距”体制。导航解算需要多星,GPS卫星克服低轨缺点,保证了多星;轨道高,覆盖范围大;高动态,瞬时解算,以测距代测速。

(1)全球定位系统

20世纪60年代末,美国海军提出“Timation”计划,12~18颗卫星,全球网;美国空军提出“621-B”计划,3~4个星群,全球网。1973年,美国国防部联合计划局正式开始了GPS的研究和论证。1973年12月,美国国防部开始研制世界范围内的高精度的定位系统:NAVSTAR/GPS(卫星测时测距导航/全球定位系统)。1974—1993年,GPS计划经历了方案论证、系统论证、生产实验三个阶段,总投资超过200亿美元。论证阶段共发射了11颗叫作BLOCK Ⅰ的试验卫星,生产实验阶段发射BLOCKⅡR型第三代

GPS卫星,GPS系统由此为基础改建而成。其结果即是现代影响世界的全球定位系统,至此改变了全世界的定位和导航的历史。

(2)GLONASS

苏联于1982年10月开始研究,计划于1995年前建成。GLONASS工作卫星星座共有24颗卫星,其中21颗为工作卫星,3颗备用卫星,均匀分布在3个轨道上,轨道平面倾角64.8°;卫星高度:19 100km;运行周期:11h15分;信号频率:1600MHz,1200MHz。1990年12月8日至1994年8月11日,共发射9颗GLONASS卫星;1994年11月20日开始发射3个1组的GLONASS卫星。1997年全部完工,现已投入使用。

(3)Galileo

Galileo系统支持各种领域的广泛应用,包括实时导航、位置基准、安全和应急跟踪、体育、休闲服务和支持政府公共事业的需要。第一阶段(1999—2001)定义Galileo系统的框架,制订发展计划;第二阶段(2001—2005):发展阶段;第三阶段(2006—2007)实施阶段,进行卫星的研制、卫星的发射及地面设施建设;第四阶段(2008—2020)运行应用阶段。Galileo系统在技术构态上以30颗MEO轨道卫星为核心星座,其空间信号等效于GPS Block-ⅡF卫星上的信号,具有在L频段上和GPS兼容的多频体制,在无增强下可以达到10m精度。

Galileo系统由欧盟、欧洲空间局及一些民营公司共同管理运营。Galileo系统是欧洲独立经营的全民用卫星导航系统,它平行于GPS,与GPS兼容,建成后将能取代或超过GLONASS的影响力,打破美国垄断全球定位、导航、定时的局面。

Galileo系统服务的精度指标及其服务领域:公开服务(免费)区:15~20m(单频)、5~10m(双频);商业服务区:5~10m(全球,双频)、1~10m(局部);公共事业服务区:4~6m(全球,双频)、1m(局部)。

随着技术的发展,GPS技术越来越多地应用到了民用领域,如陆地运输、民用航空、海洋贸易、地球科学、测绘、建筑、矿业、电力系统、通讯、农业和户外娱乐活动等。GPS逐渐成为人们日常生活的一部分,成为商业和公共基础设施的要素,以及时间和空间信息的重要来源,成为信息时代的国家基础设施之一。

2.GPS的组成和原理

全球定位系统是以卫星为基础的无线电导航定位系统,具有全能性(陆地、海洋、航空和航天)、全球性、全天候、连续性和实时性的导航、定位和定时的功能。能为各类用户提供精密的三维坐标、速度和时间。GPS是由24颗卫星及他们的地面部分组成的、全球性的无线导航系统。它采用了人造卫星作为动态已知参考点去计算地面上米级精度的点位，而事实上可以用GPS获得优于厘米级的测量精度。

(1)卫星及星座

星座系统由21颗工作卫星和3颗在轨备用卫星组成GPS卫星星座，记作(21+3)GPS星座，见图37。24颗卫星均匀分布在6个轨道平面内。卫星高度为20 200km，当地球对恒星自转一周时，它们绕地球运行两周，即绕地球一周的时间为12恒星时。用GPS信号导航定位时，为了计算测站的三维坐标，必须观测4颗GPS卫星，称为定位星座。在观测过程中这4颗卫星的几何位置分布对定位精度有一定的影响，在某地某时，甚至不能测得精确的点位坐标，这种时间段叫作“间隙段”。但这种时间间隙段是很短暂的，并不影响全球绝大多数地方的全天候、高精度、连续实时的导航定位测量。GPS工作卫星的编号和试验卫星基本相同。

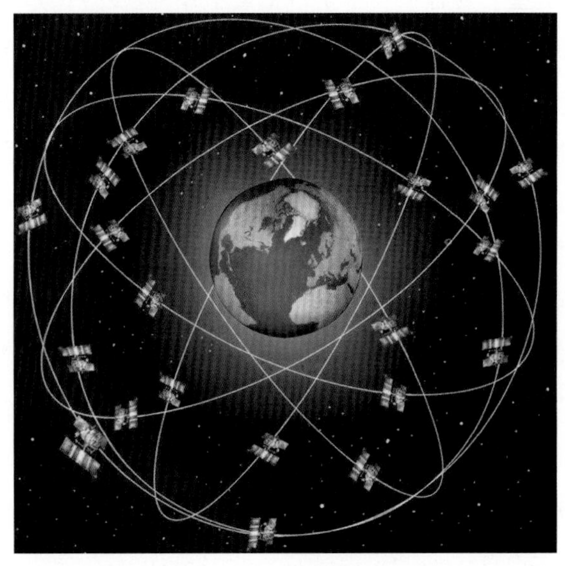

图37 GPS星座部署图

GPS工作卫星的在轨重量是843.68 kg，其设计寿命为七年半。当卫星入轨后，星内机件靠太阳能电池和镉镍蓄电池供电。每个卫星有一个推力系统，以便使卫星轨道保持在适当位置。GPS卫星通过12根螺旋型天线组成的阵列天线发射张角大约为30°的电磁波束，覆盖卫星的可见地面。卫星姿态调整采用三轴稳定方式，由4个斜装惯性轮和喷气控制装置构成三轴稳定系统，致使螺旋天线阵列所辐射的波速对准卫星的可见地面。

卫星信息包括三种信号分量：载波、测距码和数据码，其中载波采用两个频率发送；fL1=1575.42MHz，fL2=1227.6MHz；测距码分为粗码C/A码和精码，分别提供给民间用户和军方用户，都采用伪随机码；数据码的内容包括遥测码、转换码和3个数据块，数据块中含标志码、卫星时钟改正系数、卫星星历以及其他卫星的概略情况等。

GPS卫星的作用是向广大用户连续不断地发送导航定位信号（GPS信号）；并用导航电文报告自己的位置及其他卫星的概略位置；飞越注入站上空时，接收并存储地面注入站发射的导航电文和其他信息并把这些信息转换成GPS信号，再发送给用户；接收主控站的调度命令；接收并执行监控站的控制指令，纠正飞行偏差，应用备用钟；提供高精度的时间标准。

（2）地面监控系统

对于导航定位来说，GPS卫星是一动态已知点。卫星的位置是依据卫星发射的星历（描述卫星运动及其轨道的参数）算出的。每颗GPS卫星所播发的星历，是由地面监控系统提供的。卫星上的各种设备是否正常工作，以及卫星是否一直沿着预定轨道运行，都要由地面设备进行监测和控制。地面监控系统的另一重要作用是使各颗卫星处于同一时间标准——GPS时间系统。这就需要地面站监测各颗卫星的时间，求出钟差。然后由地面注入站发给卫星，卫星再用导航电文发给用户设备。GPS工作卫星的地面监控系统包括1个主控站、3个注入站和5个监测站。

主控站是设在科罗拉多的联合空间执行中心（SOC）；注入站分别设在南大西洋、印度洋的迪戈加西亚岛、南太平洋；监测站除以上四个站外，再加上夏威夷。

地面监控系统的作用：主控站负责协调管理所有地面监控系统：①数据处理并将结果传输给注入站：计算卫星星历（广播星历和精密星历）；计算卫星钟差改正数；计算大气层改正数（对流层和电离层）。②提供时间基准：各个监测站和卫星上的原子钟，均应和主控站原子钟保持同步；测定各个原子钟的钟差，并将钟差信息编写入导航电文（D码），送到注入站。③调整偏离轨道的卫星，使其沿指定的轨道运行。④启用备用卫星来代替失效的卫星。注入站负责将主控站推算的卫星星历、钟差、导航电文和其他控制指令注入相应卫星的存储系统，并监测注入信号的正确性。监测站负责主控站控制下的数据采集中心，连续接收卫星信号。

（3）用户的设备——GPS信号接收机

GPS信号接收机的任务是：捕获按一定卫星高度截止角所选择的待测卫星的信号，并跟踪这些卫星的运行，对所接收到的GPS信号进行转换、放大和处理，以便测量出GPS信号从卫星到接收机天线的传播时间，解译出GPS卫星所发送的导航电文，实时地计算出测站的三维位置，甚至三维速度和时间。静态定位中，GPS接收机在捕获和跟踪GPS卫星的过程中固定不变，接收机高精度地测量GPS信号的传播时间，利用

GPS卫星在轨的已知位置,解算出接收机天线所在位置的三维坐标。而动态定位则是用GPS接收机测定一个运动物体的运行轨迹。GPS信号接收机所位于的运动物体叫作载体(如航行中的船舰、空中的飞机、行走的车辆等)。载体上的GPS接收机天线在跟踪GPS卫星的过程中相对地球而运动,接收机用GPS信号实时地测得运动载体的状态参数(瞬间三维位置和三维速度)。

接收机硬件和机内软件以及GPS数据的后处理软件包,构成完整的GPS用户设备。GPS接收机的结构分为天线单元和接收单元两大部分。对于测地型接收机来说,两个单元一般分成两个独立的部件,观测时将天线单元安置在测站上,接收单元置于测站附近的适当位置,用电缆线将两者连接成一个整机。也有的将天线单元和接收单元制作成一个整体,观测时将其安置在测站点上。GPS接收机一般用蓄电池做电源,同时采用机内机外两种直流电源。设置机内电池的目的在于更换外电池时可以不中断连续观测。在用机外电池的过程中,机内电池可以自动充电。关机后,机内电池为RAM存储器供电,以防止丢失数据。近几年,国内引进了许多种类型的GPS测地型接收机。各种类型的GPS测地型接收机用于精密相对定位时,其双频接收机精度可达5mm+1PPM.D,单频接收机在一定距离内精度可达10mm+2PPM.D。用于差分定位其精度可达亚米级至厘米级。

(三)GPS技术特点

1.GPS技术应用特点

(1)定位精度高

应用实践已经证明,GPS定位的相对精度在50km以内可达10^{-6}量级,100~500km可达10^{-7}量级,1000km以上可达10^{-9}量级。在300~1500m工程精密定位中,1h以上观测的解析平面位置误差小于1mm,与ME-5000电磁波测距仪测定的边长比较,其边长较差最大为0.5mm,较差中误差为0.3mm。

(2)观测时间短

随着GPS系统的不断完善,软件的不断更新,目前,20km以内的相对静态定位,仅需15~20min;快速静态相对定位测量时,当每个流动站与基准站相距在15km以内时,流动站观测时间只需1~2min,然后可随时定位,每点观测仅需几秒钟。

(3)测站间无需通视

GPS测量不要求测站之间互相通视,只需测站上空开阔即可,因此可节省大量的造标费用。由于无需点间通视,点位位置根据需要,可疏可密,使选点工作甚为灵活,也可省去经典大地网中的传算点、过渡点的测量工作。

(4)可提供三维坐标

经典大地测量对平面与高程采用不同方法分别施测，而GPS可同时精确测定测站点的三维坐标。目前GPS水准可满足四等水准测量的精度。

(5)操作简便

随着GPS接收机的不断改进，自动化程度越来越高，有的已达“傻瓜化”的程度；接收机的体积越来越小，重量越来越轻，极大地减轻了测量工作者的工作紧张程度和劳动强度，使野外工作变得轻松愉快。

(6)全天候作业

目前GPS观测可在全天的任何时间进行，不受阴天、黑夜、起雾刮风、下雨、下雪等气候的影响。

(7)功能多，应用广

GPS系统不仅可用于测量、导航，还可用于测速、测时。测速的精度可达0.1m/s，测时的精度可达几十毫微秒。其应用领域不断扩大。

2.GPS定位测量中的坐标转换

不同的测量成果均对应于各自的坐标系。GPS定位结果属于协议地球地心坐标系，即WGS-84坐标系，且通常以空间直角坐标（X，Y，Z）s或以椭球大地坐标(B,L,H)s的形式给出。而实用的常规地面测量成果或是属于国家的参心大地坐标系，或是属于地方独立坐标系，因此必须实现GPS成果的坐标系的转换。另外，GPS相对定位所求得的GPS基线向量通常是以WGS-84坐标差的形式表示，对于这种特殊的坐标表示形式，应考虑其相应的转换模型。

3.GPS时间系统（GPST）

为了满足精密导航和测量需要，全球定位系统建立了专用的时间系统，由GPS主控站的原子钟控制。GPS时属于原子时系统，秒长与原子时相同，但与国际原子时的原点不同，即GPST与IAT在任一瞬间均有一常量偏差。IAT-GPST=19s，GPS时与协调时的时刻，规定在1980年1月6日0时，随着时间的积累，两者的差异将表现为秒的整数倍。GPS时与协调时之间关系$GPST=UTC+1S\times n-19s$。1987年，调整参数n为23，两系统之差为4s；1992年调整参数为26，两系统之差已达到7s。

4.GPS卫星星历

卫星星历是描述卫星运动轨道的信息，对应某一时刻的轨道根数及其变率。

根据卫星星历可以计算出任一时刻的卫星位置及其速度。GPS卫星星历分为预报星历和后处理星历。

(1)预报星历

预报星历是通过卫星发射的含有轨道信息的导航电文传递给用户,经解码获得所需的卫星星历,也称广播星历,包括相对某一参考历元的开普勒轨道参数和必要的轨道摄动项改正参数。参考历元的卫星开普勒轨道参数称为参考星历(或密切轨道参数),是根据GPS监测站约一周的监测资料推算的。参考星历只代表卫星在参考历元的瞬时轨道参数(或密切轨道参数)。在摄动力的影响下,卫星的实际轨道将偏离其参考轨道。为了保证卫星预报星历的必要精度,一般采用限制预报星历外推时间间隔的方法。为此,GPS跟踪站每天利用观测资料,更新用以确定卫星参考星历的数据,计算每天卫星轨道参数的更新值,每天按时将其注入相应的卫星并存储。据此GPS卫星发播的广播星历每小时更新1次。

(2)后处理星历

卫星的预报星历是用跟踪站以往时间的观测资料推算的参考轨道参数为基础,并加入轨道摄动项改正而外推的星历。用户在观测时可以通过导航电文实时得到,对导航和实时定位十分重要。但精密定位服务则难以满足精度要求。

后处理星历是一些国家的某些部门根据各自建立的跟踪站所获得的精密观测资料,应用与确定预报星历相似的方法,计算的卫星星历。这种星历通常是在用户观测后向用户提供的观测时的卫星精密轨道信息,因此称后处理星历或精密星历。该星历的精度目前可达分米。

后处理星历一般不通过卫星的无线电信号向用户传递,而是通过磁盘、电视、电传、卫星通讯等方式有偿地为所需要的用户服务。

建立和维持一个独立的跟踪系统来精密测定GPS卫星的轨道,技术复杂,投资大,因此,利用GPS预报星历进行精密定位工作仍是目前一个重要的研究和开发领域。

5.GPS的精度和美国的SA政策和AS政策

美国政府在GPS的最初设计中,计划向社会提供两种服务,精密定位服务(PPS)和标准定位服务(SPS)。精密定位服务的主要服务对象是政府部门或其他特许民用部门,使用双频P码,预期定位精度达到10m。标准定位服务的主要对象是广大的民间用户,使用C/A码单频接收机,无法利用双频技术消除电离层的折射的影响,其单点实时定位的精度约为100m。

但是在GPS的实验阶段,由于提高了卫星钟的稳定性和改进了卫星轨道的测定精度,使得利用C/A码定位的精度达到14m,利用P码定位的精度达到3m,大大优于预期。美国政府于1991年在Block Ⅱ卫星上实施了SA和AS政策,其目的是为了降低

GPS的定位精度。

SA(Selective Availability)政策即可用性选择政策,通过控制卫星钟和报告不精确的卫星轨道信息来实现。它包括两项技术:第一项技术是将卫星星历中轨道参数的精度降低到200m左右;第二项技术是在GPS卫星的基准频率施加高抖动噪声信号,而且这种信号是随机的,从而导致测量出来的伪距误差增大。通过这两项技术,使民用GPS定位精度重新回到原先估计的误差水平,大约100m。

军用接收机则由于装备了特殊的硬件和码,能减轻"SA"的效果。GPS系统管理人员通过地面指挥旋转开关,控制"SA"的开与关。值得指出的是,SA是空间相关的,所以民用用户可以通过差分GPS(DGPS)的方法消除SA,当然用户必须对此增加自己的成本。

2000年5月2日,SA政策被取消。美国放弃这一举措,可能基于两种考虑,一是其国内和国外的应用需求,以及国际竞争的需要,希望保持GPS的国际领先地位,同时使GPS成为国际标准的战略性策略;二是美国已经具备新的阻断敌对方利用民用信号对其发动攻击的能力,尤其是在局部区域内的控制使用能力。

AS(Anti-Spoofing)政策即反电子欺骗政策。它将P码与高度机密的W码模2相加形成新的Y码。其目的在于防止敌方对P码进行精密定位,也不能进行P码和C/A码相位测量的联合求解。

SA和AS技术是各自独立实施的。

6.差分GPS

由于实施SA政策后,GPS存在100m的误差,在相当多的应用中此误差难以被接受,所以人们越来越重视差分GPS的研究。差分GPS可以消除卫星钟差、星历误差、电离层和对流层延迟误差等,特别可以消除SA引起的误差,另外可以消除部分传播误差,使得定位精度大幅提高。

根据差分GPS基准站发送的信息方式,差分GPS可分为四类:一是位置差分,基站覆盖范围100km;二是伪距差分,基站覆盖范围200km,修正后精度可达1~5m;三是相位平滑伪距差分,基站覆盖范围200km;四是相位差分,一般用于测量型GPS应用,能达到厘米级精度。

以上介绍的四种差分方法,其工作方式都是由差分基站发送改正数,用户站接收后对测量结果进行修正,以获得精确的定位结果,此种方式统称为前差分。工程应用中还有一种差分手段,后差分(逆向差分),即移动点将位置发送到基站,基站再来修正误差,得到较精确的移动点位置。两者相比较,后差分比前差分少了一套下行传输系统，但无线信道中要传输更多的信息，而不是简单的经纬度，所以会降低系统的容量。

第二节　专题图件数字化

对于前期收集的草原监测涉及的草原专题图等纸质图件，必须经过数字化处理，形成数字图，存储使用。数字化的过程是将平面图中的几何形状及其属性转换成数字方式下的矢量要素，并在这些要素上标注属性。如将河流数字化为一个线要素，并在线要素的属性中标注河的名称、流量、宽度、深度等；或将一块草场数字化为一个多边形要素，在其属性中标注草场的类型、等级、主要植物等特征。通常采用两种方法进行数字化，一是利用数字化仪，直接数字化到计算机存储；二是利用扫描仪，结合地理信息系统软件，扫描后勾绘成矢量图或清绘后扫描成矢量数字图。图件数字化除了要选择合适的方法外，还需要为图件建立准确的空间位置信息，包括坐标系、投影等。本节主要介绍如何使用ArcGIS软件数字化专题图件。

一、数字化前准备

（一）扫描地图

扫描仪数字测图是一种重要的输入设备，主要用来获取栅格数据，即将各种图件转换成栅格数据结构的数字化图像数据，再输入给计算机。扫描仪是机电一体化的产品，它的硬件主要有光学成像部分，机械传动部分和转换电路部分，其核心是完成光电转换的电耦合器件CCD。扫描仪将自身携带的光源照射到图件上，以反射光或透射光的形式，将光信号传给CCD器件，并将它转换成电信号，然后进行模/数（A/D）转换，把形成的数字图像信号传给计算机。扫描地图时需要尽可能的保持图纸的平整，扫描的分辨率建议在300~500dpi左右即可。

（二）图像校正与配准

通过控制点的选取，对扫描后的扫描图像进行坐标匹配和几何校正。经过配准后的图像具有地理意义，具有地理坐标。在此基础上采集得到的矢量数据才具有一定地理空间坐标，能更好地描述地理空间对象，解决实际空间问题。

配准的精度直接影响到采集的空间数据的精度。因此，配准是进行地图扫描矢量化的关键环节。具体步骤如下：

1. 打开georeferecing工具

具体操作是在ArcGIS工具栏点右键，选中georeferecing，把需要进行配准的影像加到ArcMap中，会发现georeferecing工具栏中的工具被激活，将georeferecing工具栏中的AutoAdjust前的对勾点掉（即不选择AutoAdjust）。注意：由于ArcGIS的主要功能模块与操作均基于英文，因此为避免出错及处理，运算方便可行，应采用英文目录和英文命名文件。

2. 选取控制点

在配准中，我们需要指定一些特殊点的坐标，通过读图，或者已知图像坐标信息，通过从图中选取一些控制点，来给整幅图像赋予地理坐标。实际中我们需要在图像上均匀且尽可能多的选取控制点。

在georeferecing工具栏上点击添加控制点按钮。利用Tools中的放大、缩小、Pan等工具，放大拖放地图到合适位置，使用该工具在扫描图像上精确找到一个控制点点击，然后鼠标右击输入该点实际的坐标位置，输入X、Y坐标。用相同的方法，在影像上增加多个控制点，输入它们的实际坐标。点击影像配准工具栏上的查看链接表按钮。注意在连接表对话框中点击保存按钮，可以将当前的控制点保存为磁盘上的文件，以备使用。检查控制点的残差和RMS，删除残差特别大的控制点并重新选取控制点。增加所有控制点，并检查总体均方差RMS后，在影像配准菜单下，点击更新显示。

3. 设定数据框的属性

执行菜单视图中数据框属性，设定数据框属性。

出现Data Frame Proerties对话框后，点击General选项，设置图像实际单位和显示单位。

在Data Frame Proerties对话框中，点击Coordinate System选项，设置与扫描地图的坐标系一致的实际坐标系统。

点击确定后，更新为真实的坐标。

4. 矫正并重采样

在影像配准菜单下，点击矫正按钮，对配准的影像根据设定的变换公式重新采样，另存为一个新的图像文件。

加载重新采样后得到的栅格文件，并将原始的栅格文件从数据框中删除。后面的数字化工作是对这个配准和重新采样后的影像进行操作的。

二、图像数字化

(一)数字化前的准备工作

在GIS中,我们把地理实体按照点、线、面分成三类。在ArcCatalog中建立相应图层文件。

打开ArcCatalog,在指定目录下,鼠标右击,在新建菜单中,选择shape file。修改文件名,设置要素类型为polyline,并且定义坐标系统,如图38所示。

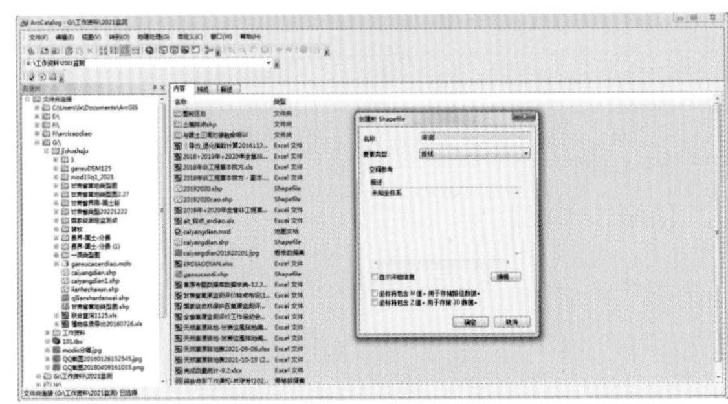

图38　新建要素类型

(二)数字化

1.添加要素图层

点击ArcMap工具栏中,将新建的线要素图层,加载到包含已配准地图的数据框中,保存地图文档,如dizhi.mxd。

双击左边图层控制栏中,计量站下的地图符号,选择自己需要的类型和颜色。依次修改,如图39。

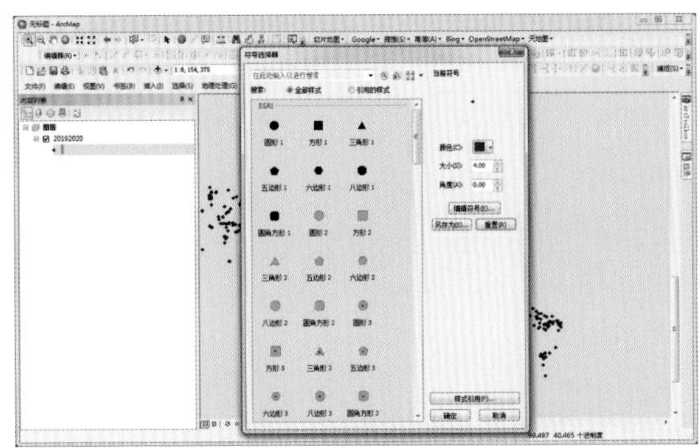

图39　图层符号修改

2.编辑要素图层

检查工具栏，如果没有Edit工具，在工具栏中的Tools工具，选择Editor ToolBar，如图40所示。

图40　编辑工具栏

将地图放大到合适的比例下，沿着线段中心跟踪一条图斑边框线，当完成一个段线的矢量化操作后，在图层的任意一点点击鼠标右键，选择Finish Sketch提交。

当需要接着编辑上一条线段时，移动鼠标到准备连接线段的位置，点击鼠标右键，选择Snap To Feature。

配合使用Arcmap提供的编辑快捷键完成全图：Z放大（Zoom In）；X缩小（Zoom Out）；C移动图层（Pan）；V显示转折点（Show vertices）；Esc撤销（Cancel）；Ctrl+Z取消操作（Undo）；Ctrl+Y恢复操作（Redo）。

3.属性赋值

属性是空间数据的重要特征，描述了空间对象丰富的语义。对图形要素进行相应的属性赋值是地图数字化的重要方面，在数字化过程中快速准确地进行属性数据的数字化，并保证图形要素和属性数据的一致性，是地图高效数字化的重要体现。我们可以用ArcMap为表增加一个新字段。

启动ArcMap，加载一个要修改的shapefile，在目录表（TOC）中右键单击shapefile文件，从环境菜单中选择Properties。

在Layer Properties对话框中，单击Fields标签。属性表中的每一个字段都列在这里，并且显示了数据类型和特性。单击OK，关闭Layer Properties对话框。

如果要增加字段，在目录表中单击shapefile，从环境菜单中选择Open Attribute Table。

单击Options按钮，选择Add Field，如图41所示。

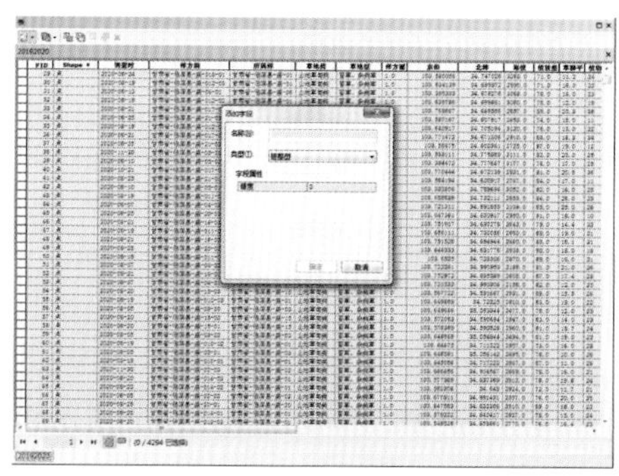

图41　添加字段

在Add Field对话框中,为新字段命名并选择数据类型。在Field Properties中设置相应的字段特性。单击OK,关闭对话框。

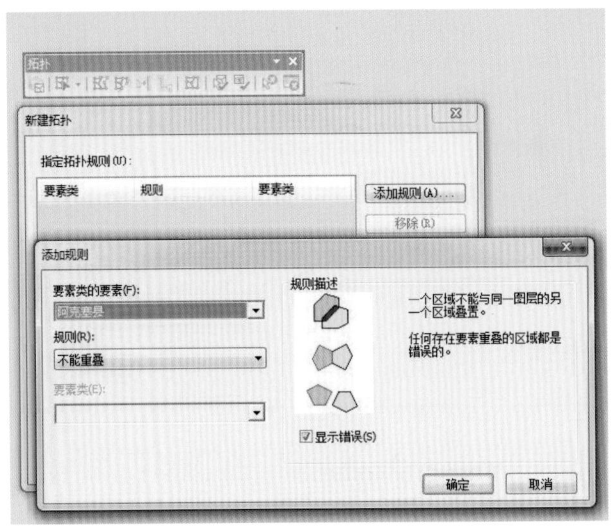

图42 **添加属性**

4.拓扑检查

空间数据在采集和编辑过程中,常会有出现假节点、冗余节点、悬线、重复线等情况,这些数据错误往往量大,而且比较隐蔽,肉眼不容易识别出来,通过手工方法也不易去除,导致采集的空间数据之间的拓扑关系和实际地物之间的拓扑关系不符合。进行拓扑处理,通过一定的拓扑容限设置,可以较好地消除这些冗余和错误的数据。在工具栏点右键选择Topology,点击select all,进行拓扑检查,见图43。

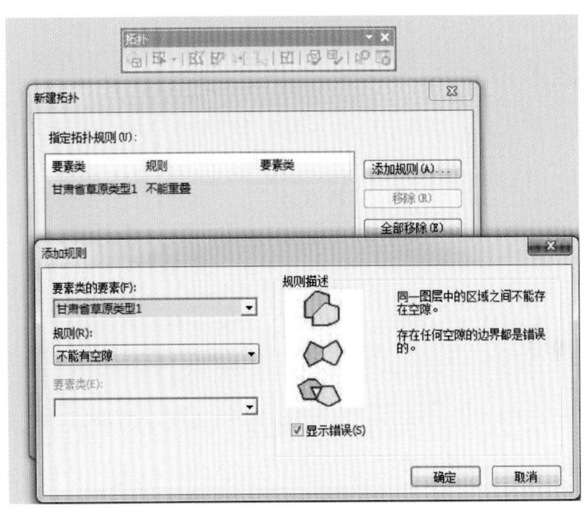

图43 **拓扑检查**

第三节　遥感影像处理

遥感图像处理是指利用计算机或光学方法对遥感图像或照片进行显示、增强、变换、分类、判别、信息提取等处理，判读图像信息，把感兴趣的信息用常规的表、专题图、统计数据等表达出来。光学图像处理方法出现在遥感技术应用的早期，因为当时缺乏快速、大容量的计算机支持，只能采用光学的方法对遥感信息进行展示和处理，包括对照片进行彩色合成、增强、频谱变换等。光学处理后，图像处理者采用目视解译的方式，在照片上辨别、勾绘地物，提取信息并制图。随着计算机技术的发展，光学图像处理的大部分方法已不在实践中应用，而目视解译也改进为在计算机辅助下的人机交互方式。因为目视解译存在着一些不足，即对研究区域要熟悉，并且工作量较大，还有在光谱特征方面的一些细微差异通过肉眼也难以区分等，所以很多领域已经被计算机自动分析取代。

计算机通过各种算法对图像进行自动处理和分析的方法称为数字图像处理。数字图像处理概念上并不是指针对数字图像的处理，而是指以数字方法处理图像。使用数字方法处理图像有许多优点：因计算机在任何处理过程中均能保存数据，故非常便于编辑、修改；使用统一方法对多幅图像进行处理时，数字处理方法可以编制成计算机程序，通过计算机自动运算能节约大量人力、时间；能减少因专业人员素质差异和工作疏忽造成的误差；数字分析以数值为依据，可辨别的范围远远高于人类肉眼；数字方法处理的边界、属性更为准确，计算距离、面积和进行数据汇总、统计也更为方便等。

随着遥感技术和计算机技术的不断发展，遥感图像数字处理等定量遥感分析方法在遥感应用中越来越重要。国内外已经研制了多种遥感图像处理软件，而ERDAS Imagine遥感图像处理系统，它以其先进的图像处理技术，友好、灵活的用户界面和操作方式，面向广阔应用领域的产品模块，服务于不同层次用户的模型开发工具以及高度的RS/GIS集成功能，为遥感及相关应用领域的用户提供了内容丰富且功能强大的图像处理工具，得到了广泛应用。本节我们主要以ERDAS Imagine处理Landsat TM影像为例介绍遥感图像处理软件的主要功能。

一、TM影像处理

(一)影像预处理

1.数据导入

(1)导入的数据类型

ERDAS Imagine的数据输入输出功能(Import/Export),允许输入多种格式的数据,同时允许将Imagine的文件转换成多种数据格式,几乎包括常用或常见的栅格数据和矢量数据格式,具体的数据格式都罗列在Imagine输入输出对话框中。

(2)二进制图像数据输入

打开输入输出对话框,选择输入数据操作Import、输入数据文件类型为普通的二进制(Generic Binary)、选择输入数据媒体为文件(File)、确定输入文件路径和文件名、确定输出文件路径和文件名;设置参数:数据格式(BSQ或BIL或其他)、数据类型、图像记录长度、头文件字节数、数据文件行数、列数、波段数量等,最后输入单波段数据。

(3)组合多波段数据

首先需要将各波段依次输入,转换为ERDAS Imagine的.img文件。再将若干个单波段图像文件合成一个多波段图像文件。首先在ERDAS Imagine中要先打开Image Iterpreter→Utilities→Layer Stack→Layer Selection and Stacking,在Layer Selection and Stacking对话框中,依次选择并加载单波段图像,将选择的多个波段图像组合成一幅多波段图像。

2.图像辐射纠正

传感器获取的辐射信息受地球自转、公转状态,大气和气象条件,卫星、地球与太阳三者之间的空间位置关系,卫星姿态控制,传感器检测时的几何特征和灵敏度等多方面因素的影响,从而使图像中表现的辐射水平差异与地面的实际差异不同。通过辐射纠正可以在一定程度上减少这种差异。但是,不同的传感器获取辐射信息的方式有差异,因而辐射纠正也很难有通用的模式。通常,辐射纠正包括太阳高度角纠正(Sun elevation correction)、日地距离纠正(Earth-sun distance correction)和大气纠正(Atmosphere correction)。

3.图像几何校正

遥感图像的几何校正是指从具有几何畸变的图像中消除畸变的过程。遥感成像时,因飞行器的姿态(侧滚、俯仰、偏舵)、高度、速度以及地球自转等因素而造成图像相对于地面目标发生畸变，表现为像元相对于地面目标实际位置发生的挤压、扭曲、拉伸和偏移等现象。进行几何纠正就是最大限度地弥补由这些因素所导致的变形。一般地面接收站对一些系统所导致的变形已经给予纠正，这里我们重点考虑随机因素以及一些未知系统因素所导致的畸变，建立遥感图像的像元坐标（图像坐标）与目标物的地理坐标（地图坐标）间的对应关系。

首先获取图像中一系列像元的地面真实位置，这些地面点被称为几何纠正的地面控制点（Ground Control Point，GCP），通过统计分析方法建立这些像元畸变位置与地面真实位置之间的数学关系模型；然后用该模型对图像中的所有像元进行纠正（坐标转换）。

ERDAS Imagine针对不同类型的遥感图像和数字图件，提供了多种几何纠正模型，其中多项式变换模型为通用类型的纠正方法，适用于遥感图像、照片、扫描图等多种类型图像。下面用已纠正的标准图像为基础对Landsat TM图像进行几何校正。

首先打开两个图示窗口Viewer#1和Viewer#2，在Viewer#1中打开需要校正的TM图像，在Viewer#2中打开已经过纠正的标准图像。在Viewer#1窗口中单击Raster菜单中的几何纠正命令，在参数设置窗口中选择多项式几何校正模型Polynomial，单击确定，打开Geo Correction Tools窗口和Polynomial Model Properties窗口。

在多项式模型特性窗口中定义多项式模型参数及投影参数，其中多项式的次数（Polynomial Order）决定了最小的控制点个数（如2次多项式最少为6个，3次多项式最少为10个）；而投影类型、坐标单位必须与控制点的坐标系统和投影统一。单击应用（Apply），打开GCP Tool Reference Setup对话框，如果有地面测定的控制点，可采用键盘输入或文件输入；这里，选择采点模式为Existing Viewer，即从打开的图像中选择控制点；单击OK，打开Viewer Selection Instructions指示器，在Viewer#2中（标准图像）单击，弹出的Reference Map Information对话框中会显示标准图像的相关信息，点击确定进行控制点采集。

在GCP Tool窗口中，按钮用于选择已有的控制点，按钮用于标定控制点。可首先在Viewer#1窗口的放大图像中用按钮选择一个点（纠正前的坐标），然后在Viewer#2的标准图像中用同样的方法选取该点的参考控制点（即纠正后的坐标）；然后重复以上操作，选取足够的点。控制点一般选择在道路的交叉处、几何特征明显的地物边界处；还应注意均匀选点，待纠正图像的每个边角和中心的控制点分布应比较平均，在一个区域控制点过于集中也会影响纠正的效果。在GCP Tool窗口中点击编辑，选中下拉菜单Set Point Type中的Check命令，可将控制点变为检验点（Check Point），用于检验所建立的转换模型的精度。

控制点输入完成后，也可以点击编辑下拉菜单的Point Matching命令，在弹出的对话框中设定GCP匹配参数；用于选取控制点同样的方法定义检查点。之后利用点击Σ按钮计算模型的参数和统计模型的误差，或用☑计算检查点误差。这种误差用标准均方误差（Root Means Squared，RMS），误差的计量单位为原始图像的坐标计量单位，如果用像元来表达，则需要换算；例如，原始TM图像的坐标单位为m，一个像元大小为30m，如果RMS误差是100m，那么误差约折合3.3个像元。一般模型的最大的误差应控制在1个像元以内。

最后点击Geo Correction Tools窗口的按钮进行图像重采样，在打开的重采样窗口中设定输出文件名，并选择重采样方法（这里选择双线性内插法），定义输出像元大小（本例中设置为30m×30m），单击OK启动重采样运算。

最后利用图示窗口，打开纠正后的TM图像和参考的标准图像，并利用View下拉菜单中Link/Unlink Viewers的Geographical（地理连接图示）功能，光标查询纠正图像和参考图像的复合程度及校正结果。

4.图像裁剪

在实际工作中，经常需要根据研究工作范围对图像进行分幅裁剪，主要可分为两种类型：规则分幅裁剪和不规则分幅裁剪。规则分幅裁剪是指裁剪图像的边界范围是一个矩形，通过左上角和右下角两点的坐标就可确定图像的裁剪位置。不规则分幅裁剪是指裁剪图像的边界范围是个任意多边形，无法通过左上角和右下角两点的坐标确定图像的裁剪位置，而必须事先生成一个完整的闭合多边形区域，针对不同情况采用不同裁剪过程。接下来介绍不规则裁剪的过程。

不规则裁剪的裁剪边界范围可以是一个AOI多边形，也可以是Arcinfo的一个Polygon Coverage，针对不同的情况采用不同的裁剪过程。

（1）AOI多边形裁剪

首先在视窗中打开需要裁剪的图像，并应用AOI工具绘制多边形AOI，可以将多边形保存在文件中（*.aoi），也可以暂时不退出视窗，将图像与AOI多边形保留在视窗中。在ERDAS图标面板菜单条选择Main→Data preparation→Subset imagine→Subset imagine。点击Data pre→Data preparation→Subset imagine→Subset imagine。在Subset imagine中确定输入文件名称和输出文件名称后，应用AOI确定裁剪范围，即点击AOI按钮，打开选择AOI对话框，选择AOI的来源（文件或视窗），确定后直接进入下一步，完成后执行裁剪。

(2)Arcinfo多边形裁剪

如果是按照行政区划或自然区划边界进行图像的分幅裁剪,往往是首先利用Arcinfo或ERDAS的Vector模块绘制精确的边界多边形,然后以Arcinfo的Polygon为边界条件进行图像裁剪。

将Arcinfo多边形转换成栅格图像文件。在ERDAS图标面板菜单条选择Main→Interpreter→Utilities→Vector to Raster→Vector to Raster。点击Interpreter→Utilities→Vector to Raster→Vector to Raster。

通过掩膜运算(Mask)实现图像不规则裁剪。选择Main→Interpreter→Utilities→Mask。

5.图像拼接

图像拼接处理是要将具有地理参考的若干相邻图像合并成一幅图像或一组图像,需要拼接的输入图像必须含有地图投影信息,或者说输入图像必须经过几何校正处理。虽然所有输入图像可以具有不同的投影类型、不同的像元大小,但必须具有相同的波段数。进行图像拼接时,需要确定一幅参考图像作为拼接图像的基准。决定拼接图像的对比度匹配以及输出图像的地图投影、像元大小。在ERDAS图标面板菜单条选择Main→Data preparation→Mosaic Images→Mosaic Tool。加载Mosaic图像,进行图像叠置组合,对图像进行匹配设置,最后运行Mosaic工具。

(二)影像增强

1.辐射增强

辐射增强主要包括:拉伸(Stretch)、直方图均衡化(Histogram Equalize)、直方图匹配(Histogram Match)等。本质上,这些方法都是以拉伸为基础的。

主要的拉伸方法有:线性拉伸(ERDAS中为Data Scaling或Rescale)、分段拉伸(Piecewise Stretch)和非线性拉伸等几大类;在ERDAS中还有利用标准差(Standard Variance)、断点(Breakpoint)编辑和查找表(Lookup Table,LUT)实现的分段拉伸,此外对比度、亮度调节也属于拉伸的范畴,在ERDAS软件的Viewer模块Raster菜单中可以调节。

(1)线性拉伸

线性拉伸就是将原始图像的灰度区间均匀地扩大到输出图像的整个灰度值区间。当图像灰度值分布符合正态分布或接近正态分布时,可以使用线性拉伸。

具体操作是在视窗的栅格菜单(Raster)中执行对比度调整命令(Contrast),对应有:线性拉伸。打开视窗菜单条以Raster→Contrast→General Contrast→General Contrast→选择Linear方式进行调整图像。分段线性拉伸：Raster→Contrast→General Contrast→Piecewise Contrast→Contrast Tool。在Contrast Tool对话框中：Range Specification栏目下的Low、Middle、High分别对应于低、中、高三段不同的亮度值范围，而Select Color栏目下的Red、Green、Blue则分别对应于图像的红、绿、蓝三个波段。通过波段与亮度范围的选择组合，达到调整图像亮度与对比度的目的。

（2）直方图均衡化

直方图均衡化是较为广泛应用的一种非线性拉伸方法。直方图均衡化又称直方图平坦化，实际上是对图像进行非线性拉伸，重新分配图像像元值，使一定灰度范围内像元的数量大致相等。这样，原来图像的直方图中间的灰度峰部分的对比度得到增强，而两侧的灰度谷部分的对比度降低。其算法依据就是根据图像灰度值出现的频率来分配它们的拉伸范围。

具体操作是在ERDAS图标面板菜单条选择Main→Images Interpreter→Radiometric Enhancement→Histogram Equalization→Histogram Equalization。

（3）去相关拉伸

去相关拉伸是结合波谱增强的一种拉伸方法，对于波段之间相关性较大的遥感图像，这种方法能够增大图像中主要地物之间的反差。

去相关拉伸的处理过程为：首先对原始图像进行主成分分析，并对各主成分分量进行对比度拉伸，然后依据主成分变换时的特征矩阵，再进行主成分逆变换，将图像恢复到原来的波谱空间，以达到图像增强的目的。

在ERDAS软件中，首先点击Interpreter模块Spectral Enhancement中的Decorrelation Stretch命令，在弹出的对话框中确定输入输出文件路径名，文件坐标类型为Map，选中Stretch to unsigned 8 bit将输出数据拉伸到0~255，然后点击OK即可。

2.空间增强

空间增强包括卷积增强（Convolution）、平滑（Smooth）、边缘检测（Find Edge）、非定向边缘增强（Non-directional Edge）、统计滤波（Statistics Filter）、锐化（Sharpen）、分辨率融合（Resolution Merge）等。空间增强侧重于图像的空间特征，特别是图像的平滑或粗糙程度，即遥感图像中相邻像元灰度值之间的变化范围及变化程度；当小范围的灰度值变化较大时，称之为“粗糙”，比如在地物边界处；而在单一的地物范围内，像水体、同类型的草原等，相邻像元的灰度值变化较小，这样的区域称之为“平滑”。

除融合处理外，空间增强的各种方法都是在一个小的图像窗口中进行，通过一个与窗口大小匹配的特定矩阵或统计函数（称为卷积核、滤波器等），对图像窗口中的像元灰度值进行处理，使其更为“粗糙”或“平滑”；小图像窗口在图像中完全遍历后(通过循环窗口中心经过图像中每个像元)，就完成了一次空间增强。

分辨率融合(一般简称融合)是使用同一区域高分辨率图像与低分辨率图像融合，用于提高低分辨率图像的空间分辨率。下面先以卷积增强和融合为例介绍空间增强处理的方法。

(1)卷积增强

卷积增强可以完成平滑、锐化或边缘增强等不同功能，其关键是卷积核的选择。卷积核实际上是一个行列数相等且为奇数的矩阵，一般将卷积核与遍历图像的小窗口进行运算，并将结果赋予遍历窗口中心的像元。ERDAS Imagine 提供了 3×3、5×5 和 7×7 三种卷积核矩阵，并对每种卷积核预制了不同的系数，矩阵中系数的组合决定了卷积核的功能，如低通滤波、高通滤波、边缘检测、边缘增强等，而且可以通过系数的变化控制检测的方向。一般根据图像处理的要求选择卷积核，也可根据需要编辑、修改或重建卷积核。

在 ERDAS 软件中打开 Interpreter 模块，选取 Spatial Enhancement，点击 Convolution，在弹出的对话框中确定输入输出文件，定义卷积核为 3×3 低通卷积核，输出数据类型为 unsigned 8bit，选中卷积核的归一化处理，定义边缘处理方法为 Reflection，点击 OK 即可。

低通滤波实质上是滤去遍历窗口内灰度值出现频率低(差异大、相近值像元少)的像元，以达到平滑图像的目的。即使同样用于低通滤波，也存在不同的卷积核。而高通滤波则相反，让遍历窗口内灰度值出现频率高的像元通过滤波器，保留低频率的成分(反差大的像元)。自适应滤波(Adaptive Filter)其实是利用 Wallis Adapter Filter 方法对遍历窗口进行对比度拉伸处理，从而增加边界的反差，以达到图像增强的目的。

遍历窗口的大小，即卷积核的行列数对滤波的效果也有很大的影响。一般来说，遍历窗口越大，滤波的增强效果就越强。同时，卷积核内系数之间的大小反差，对增强的效果也有很大的影响。通过改变这两个因素的设定，可以控制滤波中的信息通量，调整增强效果。

空间增强对草原地区遥感图像处理有重要作用。例如，同一类型草场内部由于植物分布不均匀，造成图像的色调变化多，图像表现“粗糙”，则可以利用低通滤波平滑图像。

(2)融合

不同几何分辨率,有时还有不同辐射分辨率的图像融合,甚至还有图像、图形、属性数据融合成一个整体,反映出更为复杂、细致的信息,这样的数学方法称之为数据融合。遥感图像信息融合(Fusion)是将多源遥感数据在统一的地理坐标系中,采用一定的算法生成一组新的信息或合成图像的过程,其中最常见的是不同空间分辨率的图像融合(Merge)。通过图像融合,可以把遥感图像的空间分辨率、波谱分辨率和时相分辨率进行优势互补,以扩大各自信息的应用范围,大大提高了遥感图像分析的精度。譬如,我们为了提高TM图像的分析精度,可以通过全色波段图像和多光谱波段图像进行融合,从而利用了全色图像15m的高分辨率中的一些信息;或者利用高分辨率的SPOT图像和TM图像进行融合,既利用了SPOT图像较高的空间分辨率,同时也吸收了TM遥感图像较高波谱分辨率的优点。

3.波谱增强

波谱增强的各种运算和处理方法主要依据地物的波谱特征,针对不同波段之间的信息关系进行。包括:主成分分析(Principal Component Analysis)及逆变换、缨帽变换(Tasseled Cap)、波段之间的运算等。

(1)主成分分析(K—L变换)

主成分分析(K—L变换)是对某一多光谱图像X,利用K—L变换矩阵A进行线性组合,而产生一组新的多光谱图像Y的操作,表达式为:Y=AX。它可以将具有相关性的多波段数据压缩到完全独立的较少的几个波段上,使图像数据更易于解译。

K—L变换后的新波段主分量包括的信息量不同,呈逐渐减少趋势。其中,第一主分量集中了最大的信息量,常常占80%以上,第二、第三主分量的信息量依次快速递减,到第n分量信息几乎为0。由于K—L变换对不相关的噪声没有影响,所以信息减少时,便突出了噪声,最后的分量几乎全是噪声。所以这种变换又可以分离出噪声。基于上述特点,在遥感数据处理时,常常用K—L变换做数据分析前的预处理。

主成分分析的操作为ERDAS图标面板菜单条:Main→Images Interpreter→Spectral Enhancement→Principle Comp.→Principle Components。在该窗口中首先定义输入和输出文件,确定输出数据类型选择Floatsingle,根据需要定义其主成分数目(1~7个,以TM/ETM+数据为例),并设定特征矩阵文件,点击OK执行主成分变换。

主成分变换的结果与图像区域大小有关,由于不同区域存在着地物种类、土地利用等信息的差异,尤其是不同区域的植被类型及构成比例、利用状况等有很大的差异,在分析过程中选取的区域大小将影响分析的结果。为了更好地突出目标地物间的差异，可分区进行主成分变换，从而达到特定地物信息增强的目的。此外，主成分变换后的各分量经过一定处理后，还可利用逆变换（Inverse Principal Component Analysis）返回到原始的波段空间。

（2）缨帽变换（K-T变换）

K-T变换是一种坐标空间发生旋转的线性变换，但旋转后的坐标轴不是指向主成分方面，而是指向了与地面景物有密切关系的方向。

K—T变换是针对植物学家所关心的植被图像特征，在植被研究中将原始图像数据结构轴进行旋转，优化数据显示效果。植被信息可以通过三个数据轴（亮度轴、绿度轴、湿度轴）来确定，而这三个轴的信息可以通过简单的线性计算和数据空间旋转获得，当然还需要定义相关的转换系数以及传感器类型。

K—T变换的研究主要针对TM数据和以前使用过的MSS数据。目前，应用范围较窄，但它抓住了地面景物，特别是植被和土壤在多光谱空间中的特征。对于扩大陆地卫星TM影像数据分析在农业方面应用有重要意义。

缨帽变换的具体操作为ERDAS图标面板菜单条：Main→Images Interpreter→Spectral Enhancement→Tasseled Cap→Tasseled Cap。在弹出的Tasseled Cap窗口中定义输入文件和输出文件，选中输出文件类型为Stretch to unsigned 8bit，设定各波段的缨帽变换系数，单击OK即可。缨帽变换后亮度、绿度和湿度三个分量的假彩色合成图像。缨帽变换的特征向量与当地的土壤、植被类型、含水量有密切关系，不同区域的特征向量不可能一样，需要根据当地的土壤、植被条件建立专门的特征向量。

（3）图像波段运算

根据地物波谱原理，同类型地物在各波段的反射或辐射响应不同，因而可以通过波段之间的运算提取特定的地物信息。在多波段遥感图像处理过程中，波段运算是常用的一种突出地物信息的手段。波段运算是针对每个像元，对不同波段的灰度值之间进行运算。ERDAS Imagine软件在Interpreter模块中提供了2个命令用于图像的运算。其一为Spectral Enhancement菜单下的indices命令，用于提取常用的植被、岩石、矿物等信息，主要以比值和差值运算为主；其二为Utilities菜单下的Operators命令，可以实现同一图像或不同图像各波段之间的加、减、乘、除、幂、求余数等运算。另外，也可基于Modeler模块进行波段之间的运算，它可以实现更为复杂的运算。

波段之间最常见的运算是比值，可以在一定程度上消除因地形、云层等使地面照度发生变化而导致同一地物出现不同亮度值的影响，或增加地物之间的反差，减少无关的信息，以达到增强目标信息的目的。比值增强处理还可与选择主成分分析结合考虑，来进行增强处理。当两个特征波段相关性较大时，我们采用主成分分析来增强信息；当两个波段相关性较小时，由于采用主成分分析就会使得相关性很小的信息丢失，这时可以用比值来进行信息的增强处理。

比值方法是以地物波谱的斜率为依据，简单易行。但由于比值图像中的方差信息是分子和分母非线性叠加的结果，解释起来有时比较困难；此外，比值运算与比例相关，在生成比值图像时对原始波段的不同处理，可以导致差别很大的比值图像，常常会扩大异常区。因而我们可以配合其他一些处理方法来进行图像处理。

在草原遥感监测遥感图像处理过程中，除了植被指数、比值等运算，一些简单的运算经常用到，像差值运算一般用来分析图像间的变化检测（ERDAS 软件 Interpreter 模块中 Utilities 中的 Change Detection）；加法和减法运算结合可以用来提取一些特定信息，如城市、水体等。

（三）影像分类

分类是最基本的遥感图像处理方法之一，也是遥感图像信息提取最主要的手段。遥感图像分类是按照图像中像元多波段灰度值的分布特征、样本的波谱特征和地物的几何形态等对像元进行归类或划分等级，形成图像的专题属性，把地面的波谱响应描述（或映射）转变为专业属性的描述。

遥感图像分类一般是基于波谱模式识别、空间模式识别以及时间模式识别三种模式，对各个像元自动地进行分类，或者三种模式结合进行分类。波谱模式识别是指根据像元之间的波谱差异来自动划分类型的分类过程。空间模式识别是指根据像元与其周围像元的空间关系进行图像分类，如考虑图像结构、大小、形状、纹理等。时间模式识别是指利用不同时相的图像，识别一定季节或年份表现不同的地物。目前，分类的依据主要是基于地物光谱特征，有的分类技术也考虑到地物空间分布及混合像元等问题。

传统的目视解译分类，是手动在计算机上勾绘，操作速度较慢但准确性较高。随着遥感技术在各领域的应用步伐日益加快，一些新的自动分类方法达到了较好的效果，如神经元网络分类法、基于混合像元分解等分类技术。本节主要是介绍常用非监督分类和监督分类。

在 ERDAS 软件中，分类结果文件是 Thematic 类型的专题图像，只有一个波段，每个像元的灰度值实际上是它的分类属性。专题图像一般可设定两种显示方式，一种是以灰度方式按照分类属性值的大小显示明暗的色调；另一种是建立颜色表采用伪彩色显示，每个类别设定一个特定的颜色（由红、绿、蓝三个分量确定）。

1.监督分类

监督分类更多受用户控制，常用于了解研究区域的情况，首先选择可以识别或借助的其他信息以断定其类型的像元，建立训练样本，运用一定算法计算每类训练区的各种灰度特征，包括灰度平均值、均方差、空间频率、波段间灰度值之比例关系等特征，然后依据这些特征，使计算机自动识别具有相同特性的像元，根据分类结果再对样本进行修改，多次反复建立一个比较准确的样本来进行最终分类。

监督分类常用的两种分类算法是最小距离分类法和最大似然法。最小距离分类法是用特征空间中的距离作为像元分类依据。包括最小距离判别法和最近领域分类法。最小距离判别法要求在遥感图像中每一个类别中选择一个具有代表意义的统计特征量（均值），先计算待分像元与已知类别之间的距离，然后将其归属于距离最小的一类。最近领域法是上述方法在多波段遥感图像分类的推广。在多波段遥感图像分类中，每一类别具有多个统计特征量，它首先计算待分像元到每一类中每一个统计特征量间的距离，这样，该像元到每一类都有几个距离值，取其中最小的一个距离作为该像元到该类别的距离，最后比较该待分像元到所有类别间的距离。将其归属于距离最小的一类。最小距离分类法原理简单，分类精度不高，但计算速度快，它可以在快速浏览分类概况中使用。最大似然分类法是经常使用的监督分类方法之一。它是通过求出每个像元对于各类别归属的概率（似然度），是把该像元分到归属概率（似然度）最大的类别中去的方法。

监督分类的第一步就是训练样本。ERDAS支持的样本分为两类，一类样本为参数型（Parametric），包含了样本区域内像元的统计特征；另外一类是无参数的（Non-parametric），仅是样本区域内像元的集合。在ERDAS软件中，单击Classifier模块，选取Classification中的Signature Editor命令，打开样本编辑器；输入待分类的遥感图像文件，在Viewer窗口中点击AOI下拉菜单中的工具，利用☑在图像上输入地面采集的不同类型的样本，或直接在屏幕上选取各类别的样本，要尽量多地选择样本，每种类别的样本数量要均匀，样本的空间分布也要均匀。选取每一区域或点样本后，单击Signature Editor窗口中按钮，形成一个样本；选中同类别的样本，在Signature Editor窗口中击进行合并，确定类别名称；所有类别全部输入后，保存为样本文件。样本文件也可以进行编辑、评价等。

建立比较理想的分类样本后，在ERDAS软件中，点击Classifier模块，选取Classification中的Supervised Classification命令，进行分类。首先输入待分类图像文件和分类模板文件；命名输出文件名和分类结果的距离统计文件（Distance File，不同类别之间的距离),用于分类结果的阈值处理;指定需要统计的样本属性选项,包括最大值、最小值、均值和均方差等(Minimu、Maximum、Mean、Std. Dev、Low Limit和High Limit等);当样本为无参数类型时,需要选择分类的算法,可选的是Parallelepiped(平行六面体法)和Featurespace(特征空间)。

2.非监督分类

非监督分类指不必对影像地物获取先验知识,仅依靠影像上不同类地物的光谱信息(或纹理信息)进行特征提取,可以不输入实际类别的样本,只需给出需要分类的类别数目,计算机则能自动进行分类。非监督分类主要采用聚类分析方法,聚类是把一组像元按照相似性归成若干类别,即“物以类聚”。其目的是使得属于同一类别的像元之间的距离尽可能的小,而不同类别像元间的距离尽可能的大。常用的方法有ISODATA(Iterative Self-Organizing Data Analysis Technique,迭代自组织数据分析方法)和K—means等。

非监督分类的一般步骤:聚类过程始于任意聚类平均值或一个已有分类模板的平均值;聚类每重复一次,聚类的平均值就更新一次,新聚类的均值再用于下次聚类循环。ISODATA实用程序不断重复,直到最大的循环次数已达到设定阈值或者两次聚类结果相比有达到要求百分比的像元类别已经不再发生变化。

非监督分类的具体操作是ERDAS图标面板工具条Dataprep→Data preparation→Unsupervised Classification→Unsupervised Classification。指定待分类的遥感图像、输出的分类文件以及分类结果统计特征存放的文件(Signature Set Filename);选择获得初始类中心的方法:Initialize from Statistics或者Use Signature Means,指定初始分类数(一般将分类数取为最终分类数的2倍以上),定义最大循环次数(指ISODATA重新聚类的最多次数,一般在应用中将循环次数取6次以上),设置循环收敛阈值为0.95(指两次分类结果相比较保持不变的像元所占最大百分比),单击OK执行非监督分类。

3.两种分类方法的比较

非监督分类确定了各个类别在光谱上的可分性,具有能够减少人为误差、较好地划分小类别、分类运算效率高等优点,对分类区域不太了解或不熟悉的人员也可粗略地对监测区域作出分类。不过,非监督分类总是基于单个像元的,未考虑地物的空间形态、纹理等像元的邻域特征,因而在地面结构复杂的地物分类方面存在明显不足。

监督分类减少了非监督分类后归并类型的步骤,可以按照地物类别有目的地选择地面样本,而且可通过地面样本的检验避免严重的分类错误。虽然监督分类在对类别判定的准确性上比非监督分类有明显的优势,但是监督分类也有一些不足。其最大的缺点在于训练样本的选择存在人为因素，分类者不可能采集到各种地物、各种状态下的完整的样本集，总有一些处于特定状态下的地物因没有样本而被划分为别的类型；同时地面采集的实际类别与遥感图像上划分的类别一般不能完全对应，导致出现某些样本类别无法区分的问题。因而，在选取训练样本时，不仅需要较大的数量和较为均匀的空间分布，还应结合遥感图像的波谱特征确定分类方案，划分样本的类别。

4.精度评价与验证

分类后的关键工作就是精度验证。精度高低是决定分类成功与否的关键。ERDAS软件中，提供了分类精度评价模块：包括分类叠加、阈值处理、精度评估等，其中精度评估所生成的报告中包括误差矩阵，并在误差矩阵基础上生成分类的生产者精度、用户精度以及总精度。生产者精度是指与实际情况相比，一个类别正确分类的样本数占被分入该类别中验证样本数的百分比。用户精度是指正确分类的样本数占该类别抽取的验证样本数的百分比。总分类精度是所有类别正确分类样本数占总验证样本数的百分比。这三类评价指标是针对不同对象而言的，是从不同侧面对分类精度的统计评价指标。生产者精度是体现制图精度，是从制图者角度来分析的；而用户精度是考虑分类图中各类别的可信度而言的。这里简单介绍分类精度评估的操作：首先打开分类前的遥感图像，打开分类精度评估模块，在分类评估对话窗打开分类后的图像文件，然后与分类前图像建立连接，输入验证样点后即可进行分类精度评估。

二、植被指数提取及估产模型建立

遥感图像处理的基础在于地物波谱特征之间的差异，利用某类遥感传感器采集的图像，确定不同地物的类别后，统计不同地物各波段的反射或辐射水平，形成基于这类传感器的地物波谱曲线，对于指导遥感图像的处理具有重要的意义。需要说明的是，从遥感图像上采集的波谱响应是地物反射或辐射后经过大气层的传播到达卫星传感器的，与地面的波谱响应水平存在差异；而且，图像的波谱响应准确与否还受传感器的辐射定标水平和成像系统的灵敏度、卫星姿态、大气层的气象条件等多种因素的影响，所以利用遥感图像测定地物波谱特征需要综合考虑这些因素，在有利的条件下测定。

无论以何种方式测定地物的波谱特征，都需要掌握影响地物波谱特征的主要因素，包括：入射辐射的波长、角度，地物本身的材质，内部结构和外表形态（多个不同类个体混合的地物还需了解其空间关系和组合），反射或辐射能量传播过程中所受的影响，传感器采集的精度和误差等。

（一）不同地物的反射特征

不同地物的反射率不同，主要取决于地物本身的材质、表面形态、入射电磁波的波长和入射角度；反射的能量总小于入射的能量，所以反射率总小于1。图44是不同地物的反射率，从图中可以明显地看出，不同地物的反射波谱曲线各不相同，可以很容易的区分雪、沙、水、土壤和植被，并且相同植被种类在不同季节也有明显的差异。

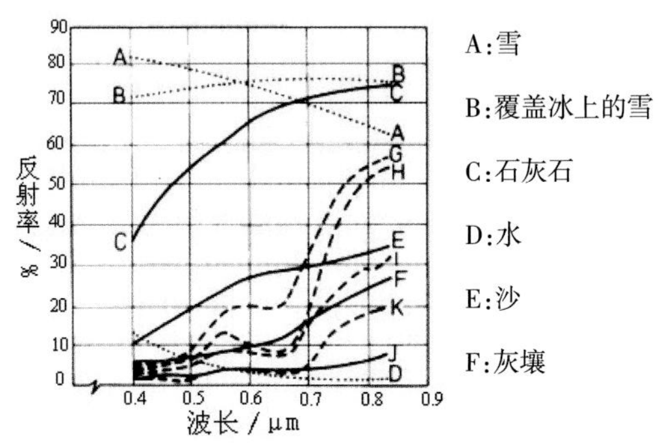

图44 不同地物的反射波谱曲线

植被的反射波谱曲线具有显著的特点，见图45，在可见光范围内在波长0.55μm（绿）处有一个小的反射峰，该反射峰两侧分别在波长0.45μm（蓝）和0.67μm（红）附近有两个吸收带。植被波谱曲线的这一特征是受叶绿素的影响，叶绿素对蓝光和红光吸收作用强，而对绿光则反射作用强。在近红外波段（0.7~0.8μm）有一个明显的跃变，反射的水平大幅度提高，至1.1μm附近有一反射峰。这是植物叶片细胞结构的影响，对这一波长区间吸收和透射很少，形成高反射率。在中红外波段（1.3~2.5μm）受绿色植物中所含水分对该区间辐射高吸收率的影响，反射率下降，特别是以1.45μm、1.95μm和2.7μm为中心的吸收带，形成低谷。

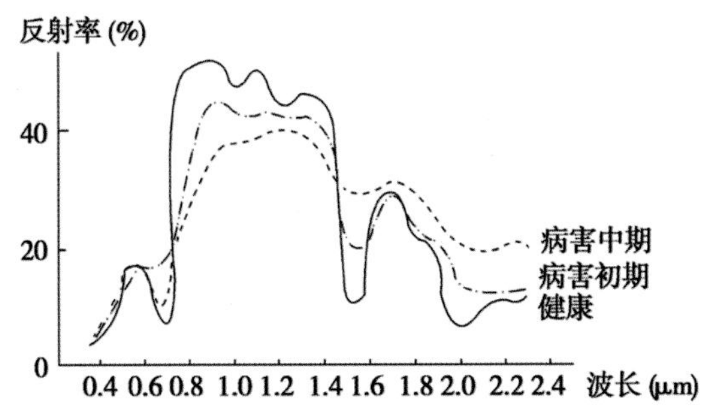

图45 不同植物的反射波谱曲线

(二)植被的反射特征

利用地物的波谱特征便可鉴别、区分和监测地表植被，如落叶植物的叶子比常绿针叶植物反射强。若在彩红外合成图像中给0.7~1.1μm近红外波段赋予红色，那么落叶树叶比针叶树叶的色彩更红、更亮。这种特征与植物的叶片结构有关。植被反射波谱曲线不仅因植物类别不同而有差异，而且还因内部结构和外表形态不同表现出不同的波谱响应水平。植物的叶片是由上表皮、叶绿素颗粒组成的栅栏组织和多孔薄壁细胞组织构成。图46是植物叶片对辐射的吸收与反射状况，叶片结构内部对太阳辐射的吸收和反射不同，植物叶片外层或栅栏组织中叶绿体的叶绿素吸收中心大约在0.65μm(可见光红波段)，在蓝波段也有相似的吸收峰。因为从白光中吸收了红色和蓝色，剩余的可见光反射主要集中在绿波段，所以大部分植物呈现绿叶的颜色。在叶片内部或背面海绵状的叶肉细胞形成的细胞壁和空气缝隙对近红外(0.7~1.0μm)波段产生强烈反射，其反射强度通常远远高出大多无机物质(较高的百分比)，所以植被在近红外波段表现为高亮度。植被的这些特性使得它们在多波段图像上具有色调显著性：在蓝波段和红波段为暗色调，尤其在红波段为显著暗色调；在绿波段稍亮，在近红外波段则为显著高亮度。

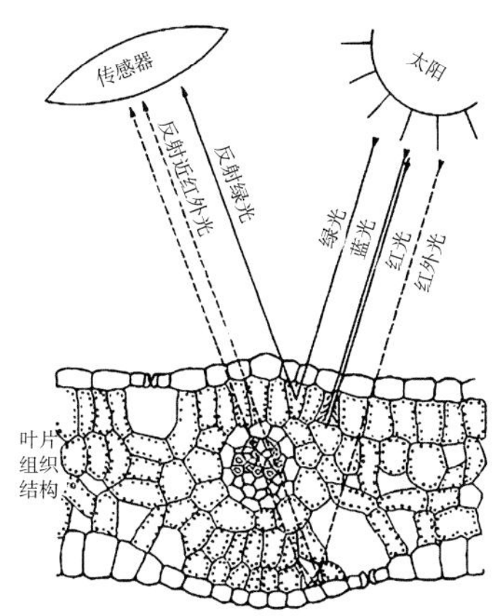

图46　植物叶片对辐射的吸收和反射

植被波谱的反射曲线会因生长时间、长势、含水量以及土壤中矿物的含量不同产生显著改变。在一定环境下，由于水分缺乏、病虫害等因素会造成植被种类之间波谱曲线有显著差异。

(三)植被指数的概念及常用植被指数

1.植被指数的原理

植物叶片中含有叶绿素、叶红素、类胡萝卜素和叶黄素等，其中叶绿素和类胡萝卜素对蓝光和红光有两个强的吸收峰，分别位于波长0.47μm和0.65μm左右；而叶绿素对绿光有一个强烈的反射峰，在波长0.55μm附近。由于叶片中心海绵组织细胞和叶片背面细胞对近红外辐射(0.7~1.0μm)有强烈反射，表现在反射曲线上从0.7μm处反射率迅速增大，直至1.1μm附近形成一个峰值。从红光到红外，裸地反射率缓慢升高。植被则不同，植被覆盖度越高，红光反射越小，近红外反射越大，使得植被形成独有的波谱特征。由于对红光的吸收很快饱和，只有近红外反射的增加才能体现出植被盖度或叶量增加。因此红光波段和近红外波段的反差可以对植物的生物量进行度量，而将红光和近红外波谱响应组合得到的植被指数，则能够反映植被的差异。植被指数是指根据绿色植物的光谱反射特征，利用以近红外和红波段为主的多个波段遥感数据，经过运算而得到的一些数值，这些数值能反映植物生长状况，是一组最常用的光谱变量。

2.植被指数的影响因素

(1)大气

大气中的水汽、臭氧、气溶胶等方面对红光和近红外光的反射有不同的影响。传感器在接收地面目标信号的同时，也接收到部分噪音，而且在大气的散射和吸收的作用下，使得红波段和近红外波段反射值会出现很大的误差，只有通过其他方法消除这些影响，才能保证植被指数的真实性。

(2)土壤背景

尽管研究对象是植被，但是传感器接收的信号则包括除植被以外的背景，当植被覆盖稀疏时，由于土壤背景亮度的作用，红波段的辐射将会增加，而近红外波段辐射将会减少，致使比值植被指数(RVI)和垂直植被指数(PVI)都不能准确地对植被光谱进行度量；除了土壤亮度外，土壤颜色也是影响植被指数的一个重要因素，特别是它妨碍了对低植被覆盖率的探测。土壤颜色变化使土壤线加宽，这种颜色形成噪音，阻止了对植被覆盖的探测。土壤颜色对于低密度植被区的反射率具有较大影响，尤其在干旱环境下对植被指数的计算影响更为显著。因此，在获取植被指数时必须消除土壤背景的影响。

(3)云雾

云雾严重影响地面目标信号的获取，云雾遮盖的区域，妨碍了图像的分析与判读，为了弥补云雾影响，需要对卫星接收的图像数据进行处理，以便获得较大区域无云的图像数据。

（4）地形

在高低不平、起伏较大的地区，如山地或者丘陵区域，由于阴影的影响，阴影条件下读取的植被指数很难真实地反映草原植被的生长状况。

（5）双向反射

观察角和太阳方位角对自然表面的双向反射产生很大的影响。由于地球表面是非朗伯体，必须考虑双向反射特性。双向反射率函数从其物理意义上可以描述为：从特定方向向目标物投入的辐射能量的微小增量与其所引起的另一方向上的反射散射能量的增量的比值。

总之，植被指数受到多种因素的（土壤湿度、土壤颜色、土壤亮度、大气、传感器、云雾等）影响与制约。因此，在实际应用中对植被指数的选择应慎重。

3. 常用的植被指数

植被指数有助于增强遥感图像的解译力，作为一种遥感分析手段已广泛应用于土地利用与覆被探测、植被覆盖度评价、作物识别和作物预报等领域，并在专题制图方面增强了分类能力。通常用红波段（0.6~0.7μm）和近红外波段（0.7~1.1μm）的组合来设计植被指数，目前已经定义了100多种植被指数，下面简要的介绍主要几种植被指数：

（1）差值植被指数

Richardson和Wiegand于1977年提出差值植被指数DVI（Difference vegetation index），由近红外光波段反射率r_{nir}乘以S减去红光波段反射率r_{red}，S为土壤背景线性方程的斜率。若DVI等于0，则代表裸地，负值代表水，正值代表植被。1994年，Ray提出计算DVI可以直接用近红外光波段减去红光波段。

$$DVI = S\rho_{nir} - \rho_{red}$$

（2）比值植被指数

比值植被指数RVI（ratio vegetation index）是一个很简单的植被指数，由Birth和McVey在1968年提出，具体表达为近红外光波段的反射率除以红光波段的反射率，目的是减少图像反照率的影响。图像反照率指图像整体的平均反射水平，它与土壤的关系最为密切；如果图像中植被覆盖多，植被对图像反照率的贡献也会增加，消除图像反照率的影响事实上是尽可能地扩大地物反射之间的差异水平。RVI对大气影响敏感，而且当植被覆盖度较低时（<50%），它的分辨能力很弱，只有在植被覆盖浓密的情况下效果最好。

$$RVI = \frac{\rho_{nir}}{\rho_{red}}$$

（3）归一化植被指数

Rouse等人于1973年第一次提出归一化差异植被指数NDVI（Normalized Difference Vegetation Index），定义为近红外光波段与红光波段的反射率差值除以两者之和。NDVI对绿色植被表现敏感，它可以对农作物的生长状态和半干旱地区的降水量进行预测，该指数常被用来研究区域和全球的植被状态。当背景亮度增加时，NDVI也系统性地增加；在植被覆盖度为中等且为潮湿的土地类型时，NDVI对土壤背景较为敏感。

$$NDVI = \frac{\rho_{nir} - \rho_{red}}{\rho_{nir} + \rho_{red}}$$

（4）土壤调整植被指数

土壤调整植被指数SAVI（Soil Adjusted Vegetation Index）是Huete等人在1985年提出的，看上去似乎由NDVI和PVI组成，其创造性在于建立了一个可适当描述土壤—植被系统的简单模型。L为土壤调整因子（Soil adjustment factor），代表了土壤调节下植被的密度，植被郁闭度越大L值越小。理论上讲植被密度很低的地区，L=1；植被密度介于中间时，L=0.5；对于植被密度很高的地区，L=0.25；当L=0时，SAVI等于NDVI；一般情况下，L=0.5。

$$SAVI = \frac{\rho_{nir} - \rho_{red}}{\rho_{nir} + \rho_{red} + L}(1 + L)$$

（5）修正土壤调整植被指数

为了减小SAVI中的裸土影响，Qi等在1994年提出修正土壤调整植被指数MSAVI（Modified Soil Adjusted Vegetation Index）的概念，MSAVI可以直接从卫星图像资料或近地面光谱辐射观测资料得到，从卫星图像直接求解区域中求得的植被指数较为方便又可以消除土壤的影响。

$$MSAVI = \frac{2\rho_{nir} + 1 - \sqrt{(2\rho_{nir} - 1)^2 - 8(\rho_{nir} - \rho_{red})}}{2}$$

（6）转换型土壤调整植被指数

Baret、Baret、Guyot等人分别于1989年和1991年提出SAVI的转换形式TSAVI（Transformed Soil Adjusted Vegetation Index），也与土壤线有关。土壤线的参数参加该指数的运算，而且具有全球化的特性。TSAVI进行改进后，通过附加一个“X”值，将土壤背景亮度的影响减小到最小值。SAVI和TSAVI在不依赖传感器类型的情况下，描述植被覆盖和土壤背景之间的关系，因而在数据的可比性方面有较大的优势。在半干旱地区的土地利用制图中，TSAVI已被证明能够应用于低覆盖度植被的分析。由于裸土土壤线的作用，TSAVI相比于NDVI对于低覆盖度植被有更好的指示作用。S为土壤背景的线性方程的斜率。X是减少土壤背景的调整因子，一般情况下为0.8。

$$TSAVI = \frac{s(\rho_{nir} - s\rho_{red} - a)}{a\rho_{nir} + \rho_{red} - as + X(1 + s^2)}$$

（7）增强型植被指数

伴随MODIS卫星投入运行，相关研究者综合ARVI和SAVI的理论基础，形成“增强型植被指数”EVI（Enhanced Vegetation Index），它可以同时减少来自大气和土壤噪声的影响。G为增益因子（Gain factor），C_1为大气阻抗红光修正系数，C_2为大气阻抗蓝光修正系数，L为土壤调整因子（Soil adjustment factor），一般情况下G=2.5，C_1=6，C_2=7.5，L=1。

$$EVI = G\frac{\rho_{nir} - \rho_{red}}{\rho_{nir} + C_1\rho_{red} - C_2\rho_{blue} + L}$$

（四）植被指数提取与估产模型建立

1.不同植被指数对比分析

将野外实地调查数据准确地复合到MODIS图像上，可以获取各样地的植被指数，然后利用统计软件分析不同植被指数与各种草原类型地上生物量的关系，针对不同草原植被特征和土壤背景选择最佳的估产模型。在建立估产模型时，选择最佳的植被指数作为变量是保证遥感估产精度的关键。通过对比分析，这里针对不同草原类型结合上述植被指数建立了24个估产模型，表31是不同草原类型的不同植被指数牧草原上生物量卫星遥感估产模型；其中y代表地上生物量，x_1代表归一化差异植被指数（NDVI），x_2代表比值植被指数（RVI），x_3代表标准化差异植被指数（TNDVI），x_4代表修改型土壤调整植被指数（MSAVI）。可以看出，不同草原类型的模型参数有较大幅度的变化。

表31　不同草原类型的不同植被指数牧草原上生物量卫星遥感估产模型

草原类型	估产模型	r	F	n
低地盐化草甸类	$y = 10^{(1.470 + 6.407x_1)}$	0.998	484.872*	10
	$y = 10^{(-0.501 + 2.169x_2)}$	0.998	428.597*	10
	$y = 10^{(-6.068 + 10.540x_3)}$	0.998	498.175*	10
	$y = 10^{(1.274 + 4.440x_4)}$	0.998	536.896*	10

续表

草原类型	估产模型	r	F	n
温性草原类	$y = 10^{(1.771 + 2.492x_1)}$	0.676	27.774**	18
	$y = 10^{(1.205 + 0.7x_2)}$	0.677	27.935**	18
	$y = 10^{(-1.299 + 4.270x_3)}$	0.675	27.615**	18
	$y = 10^{(1.650 + 1.893x_4)}$	0.673	27.312**	18
高寒草甸类	$y = 10^{(1.371 + 4.271x_1)}$	0.539	11.450*	15
	$y = 10^{(0.314 + 1.274x_2)}$	0.533	11.114*	15
	$y = 10^{(-3.861 + 7.274x_3)}$	0.540	11.528*	15
	$y = 10^{(1.157 + 3.215x_4)}$	0.543	11.683*	15
温性荒漠草原类	$y = 10^{(1.223 + 4.378x_1)}$	0.759	17.663**	21
	$y = 10^{(0.020 + 1.381x_2)}$	0.754	17.151**	21
	$y = 10^{(-4.038 + 7.337x_3)}$	0.760	17.811**	21
	$y = 10^{(1.052 + 3.160x_4)}$	0.762	17.953**	21
高寒草原类	$y = 10^{(1.320 + 4.818x_1)}$	0.715	28.226**	25
	$y = 10^{(-0.068 + 1.555x_2)}$	0.700	25.934**	25
	$y = 10^{(-4.411 + 8.008x_3)}$	0.720	28.985**	25
	$y = 10^{(1.160 + 3.418x_4)}$	0.726	30.061**	25
温性山地草甸类	$y = 10^{(2.113 + 1.931x_1)}$	0.738	0.545*	23
	$y = 10^{(1.572 + 0.609x_2)}$	0.757	0.573*	23
	$y = 10^{(-0.194 + 3.223x_3)}$	0.732	0.536*	23
	$y = 10^{(2.048 + 1.383x_4)}$	0.725	12.156*	23

注:* 代表0.05显著水平,** 代表0.01极显著水平。

图47是不同草原类型TNDVI估产曲线,由图可以看出同一植被指数、不同草原类型的估产模型有较大的差异。主要是由于水热分布的地域差异,不同草原类型的地上生物量和覆盖度均有不同,在进行草原生产力估测时,所有的草原类型运用一个估产模型很难全面地反映草原地上生物量的变化,必须根据不同草原类型的差异选择适当的植被指数和模型参数。从图47也可看出高寒草原、草原草甸类的估产模型非常接近,可以运用相同的植被指数模型进行估测,但对于一些水热条件差别较大的类型,应该分别选择适宜的植被指数进行不同的估产模型。

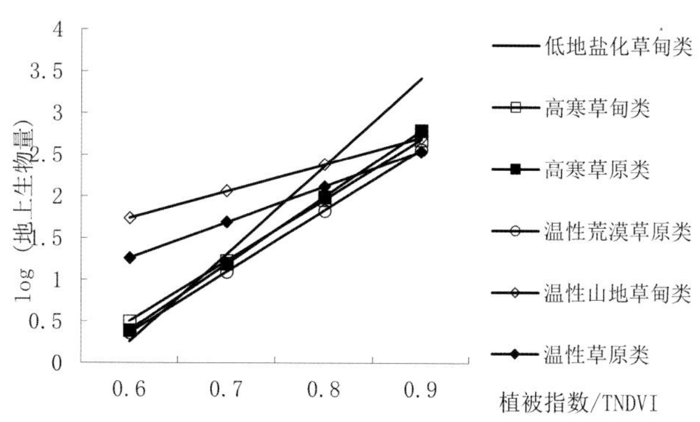

图47 不同草原类型TNDVI估产曲线

2.不同草原类型的最优模型

从表32中可以看到，不同草原类型的四种植被指数估产模型F检验均达到0.05显著水平。低地盐化草甸类的地上生物量与各植被指数建立的模型中，R值几乎没有差异。除低地盐化草甸类、温性草原类和温性山地草甸类草原，其他草原类型四种植被指数估产模型的R值，都遵循MSAVI>TNDVI>NDVI>RVI规律，但温性草原类和温性山地草甸类草原RVI模型的R值最大。这主要是由于高寒草甸草原等草群普遍低矮稀疏，植被指数受土壤背景的影响较大，故MSAVI能够反映植被情况，R值相对较高；温性山地草甸类和温性草原类的草群高度较高、覆盖度较好，土壤背景的影响相对较小，故RVI模型的R值最大；但低地盐化草甸类草原由于草群生长繁茂、地上生物量高、土壤含水量较高等综合因素，使得这四种植被指数模型的R值差异很小。参考R值、回归平方和、F值等选择最佳的遥感估产模型，列于表32，结果表明这些最佳模型大部分通过了0.01水平的统计检验。

表32 不同草原类型最优遥感估产模型

草原类型	估产模型	r	F
低地盐化草甸类	$y=10^{(1.274+4.440x_4)}$	0.998	536.896*
高寒草甸类	$y=10^{(1.157+3.215x_4)}$	0.543	11.683*
高寒草原类	$y=10^{(1.160+3.418x_4)}$	0.726	30.061**
温性草原类	$y=10^{(1.545+0.519x_2)}$	0.502	12.455**
温性荒漠草原类	$y=10^{(1.052+3.160x_4)}$	0.762	17.953**
温性山地草甸类	$y=10^{(1.572+0.609x_2)}$	0.757	0.573*

表33是青海省部分草原类型的地上生物量估算结果与地面测定值的对比，可以看出通过遥感手段估测的不同草原类型地上生物量与实际野外调查的结果较为接近。

表33　青海省部分草原类型的地上生物量估算结果

草原类型	模型估算值（干重kg/hm²）	地面调查值（干重kg/hm²）
低地盐化草甸类	896.09	1001.40
高寒草甸类	705.22	690.80
高寒草原类	390.56	334.83
温性草原类	630.00	657.63
温性荒漠草原类	342.43	389.40
温性山地草甸类	1085.93	1020.89

3.地上生物量的计算统计

图46是利用ERDAS软件中的Model模块描述的估产模型。将获取各草原类型的最佳遥感估产模型代入其中，可以计算MODIS图像上每个像元不同草原类型的地上生物量，形成地上生物量分布的图像，再汇总统计不同草原类型所有像元的地上生物量数据。

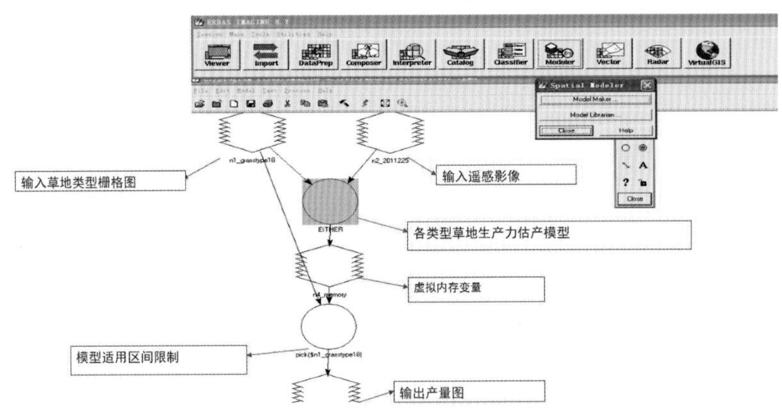

图48　估测地上生物量模型

ERDAS软件中的Model模块采用面向对象的方式设计，可以运用于栅格、矢量和统计数据的复合运算，是自定义空间分析模型的输入、管理和运算的有效工具。它除了支持栅格变量、矢量变量、表变量等外，还建立了大量图像处理和统计分析的函数，提供了丰富的模型运算功能。

第三篇

草原有害生物防治技术

第一章　草原鼠害防治

一、草原鼠害的概念

草原啮齿动物是草地生态系统的重要组分，其种群数量和分布随系统结构和功能变化处于动态变化之中。由于人为不合理利用草原加之气候异常，提高了部分草原啮齿动物的生存适合度，导致种群数量增加和分布范围变广，影响到草原生态服务功能的正常发挥，威胁到人类社会、经济的健康发展，这种生物灾害就被称为草原鼠害。造成草原“鼠害”的啮齿类统称为草原害鼠。

二、草原主要危害鼠种

（一）中国主要草原害鼠

中国草原上分布的鼠类有100余种，常见的草原害鼠有高原鼠兔、高原鼢鼠、喜马拉雅旱獭、大沙鼠、长爪沙鼠、黄兔尾鼠、布氏田鼠、赤颊黄鼠、达乌尔黄鼠、东北鼢鼠、鼹形田鼠、草原鼢鼠等20多种，其中高原鼠兔、高原鼢鼠、大沙鼠、长爪沙鼠、布氏田鼠和黄兔尾鼠是中国草原主要危害鼠种。主要分布在青海、内蒙古、西藏、甘肃、新疆、四川、宁夏、河北、黑龙江、吉林、辽宁、山西、陕西等13个省（区），其中高原鼠兔和高原鼢鼠主要分布在青藏高原地区；布氏田鼠主要分布在内蒙古中东部的锡林郭勒和呼伦贝尔地区；黄兔尾鼠主要分布在新疆准噶尔盆地，危害蒿属荒漠草原；大沙鼠、长爪沙鼠等主要分布于内蒙古西部、甘肃河西走廊以及新疆北疆等区域。

（二）甘肃主要草原害鼠

1.高原鼠兔

别名黑唇鼠兔，隶属兔形目、鼠兔科、鼠兔属。体形较大，体重可达178g，体长200~240mm。上下唇缘黑褐色，耳小而圆，具白色耳缘。颈背淡色块斑明显。后肢略长于前肢，前后足的趾垫隐于毛内，爪较发达。无明显的外尾。一般夏季毛色深，毛短而贴身；冬毛色淡，毛长而蓬松。夏季上体呈暗沙黄色或棕黄色。雌性乳头3对。

图49　高原鼠兔

主要栖居于海拔3100~5100m的高原草原、草甸草原、高原草甸、高寒草甸及高寒荒漠草原带。在谷底灌丛草原带只居住在灌丛外围的草地上，绝不进入灌丛。白昼活动，典型的食植性种类，以各种牧草为食，食量很大。春季开始繁殖，每年约繁殖2次，胎仔数多为3~8只。主要分布于甘肃玛曲、碌曲、夏河、肃南、肃北等地。

2.高原鼢鼠

别名贝氏鼢鼠、瞎老鼠等。属鼹形鼠科，鼢鼠亚科，鼢鼠属。体形较其他鼢鼠粗壮，雄鼠大于雌鼠。前足爪粗大，后足爪较前足爪弱。头宽而扁，鼻端平钝，耳壳不发达，隐于毛下，眼极小，几乎被毛所隐盖。体重180~443g，体长150~250mm。尾短。体背面灰褐色发亮，或暗土黄色而略带淡红色。体毛细软且光泽鲜亮，无毛向。毛基灰褐色，毛尖锈红色。唇周围以及吻部至两眼之间毛色较淡，灰白或污白色。额部中央有一块大小、形状多变的白斑色。腹毛黑灰色，足部与尾毛稀疏，为污白色短毛。乳头4对。

图50　高原鼢鼠

主要栖息于青藏高原2800~4500m的草甸、草原中，尤以土壤疏松湿润而且食物比较丰富的地段数量更多。多于地下生活，偶尔到地面上活动。非繁殖期独居生活。初春，地表尚未完全解冻时进入繁殖期，至地表解冻后青草返青时节，挖掘活动较为频繁。夏季挖掘活动逐渐减少。秋季为贮藏越冬食物，挖掘活动又趋于频繁。主要采食植物性食物，特别喜食植物的多汁部分，如地下根、茎等，有时亦将地上部分的茎叶和种子拖入洞内取食。其食性很广，而且因时因地而异。主要分布于甘肃玛曲、碌曲、夏河、合作、肃南、肃北、天祝等地。

3.喜马拉雅旱獭

别名哈拉、雪猪等，属松鼠科、旱獭属。体形大，鼻上面和两眼之间暗褐色至黑色；体背面赤灰色或浅黄色带橙色；耳褐灰色或鲜赤褐色；尾暗褐色，或与体背面相似而尾端黑色。乳头6对。

图51　喜马拉雅旱獭

栖息于高山草原、草甸、荒漠草原等生境中。最喜栖息于阳坡的山麓山腰带。以群居、穴居生活。白昼活动。主要食物为草的茎、叶和灌木的嫩枝。在高山草甸草原，主要以禾本科和莎草科植物为主。其次是豆科、蓼科和蔷薇科等植物。出蛰之后就开始交配，每年繁殖1次，1胎产仔一般为4~6只。主要分布在甘肃甘南和河西走廊祁连山区。

4.达乌尔鼠兔

别名达呼尔黄鼠，隶属兔形目、鼠兔科、鼠兔属。形态与高原鼠兔极为相似，唯一区别是头骨隆起平缓，不如高原鼠兔明显。体毛颜色有季节性差异。喉部有一土黄色毛区，像领圈。

图52　达乌尔鼠兔

栖息于祁连山沙质丘陵、针茅草原的浅盆地、草丛、石砾质坡地等处。在庆阳环县、华池县等农牧交错带、农林交错带也有分布。主要在白天活动，出洞时常站立瞭望，遇有敌情则鸣声报警。不冬眠，在积雪情况下仍然活动。基本以植物茎叶为食，很少吃种子和其他东西。有贮草习性。一年可繁殖2窝，妊娠期15~20d，每窝产仔5~12只，最多14只。主要分布于甘肃肃北、阿克塞以及庆阳华池、环县等地。

5.黄鼠

别名达乌尔黄鼠、蒙古黄鼠、草原黄鼠等。隶属鼠兔科、鼠兔属。体形肥胖，中等大小。雄性体形大于雌性。头圆形较大。眼大而圆。耳小且耳壳退化，仅有皮褶式耳壳。口内有颊囊。尾短,尾端毛束不发达。四肢粗短,足背具毛。背毛淡棕色,并杂有黑褐色毛。腹部、体侧毛色为淡黄色或沙黄色。尾上部毛色与背毛色相似,仅尾端较黑,并杂有黄色的边毛,尾下部毛为橙黄色。夏季毛色一般较冬季深。眼眶周围具白圈;耳壳黄色。雌鼠乳头5对。

图53 黄鼠

黄鼠是草原和荒漠带的鼠种。单独洞居,白天活动,晨曦和黄昏活动频繁,早春时午间也外出活动。有冬眠习性,且冬眠期较短。食性杂,以植物的绿色部分为食。亦取食昆虫和植物种子。晚春和夏季主要以草本植物茎叶、大豆叶、昆虫及其他作物幼苗为食;秋收前后,盗食大豆、玉米、高粱、谷子等作物。早春出蛰时,即行交配。一年繁殖1胎,每胎产仔2~9只,4~5只居多。主要分布于甘肃河西走廊、白银市和陇东地区。

6.大沙鼠

别名黄老鼠、大砂土鼠。属于鼠科、沙鼠亚科、沙鼠属。大沙鼠是沙鼠亚科中最大的种类;尾粗大,略较体短,尾端有毛束,头和背部中央毛色呈淡沙黄色,微带光泽。尾长接近体长;尾粗大,被密毛。耳较短小,不及后足之半;耳壳前缘列生长毛;耳内侧紧靠顶端被有短毛。下唇及颏纯白色;腹部及四肢内侧的毛均为污白微带黄色,毛基部暗灰色,毛尖污白色;尾毛上、下锈红色,较背毛鲜艳,尾末端有长黑毛,形成小毛束。爪强而锐为暗黑色。

图54 大沙鼠

大沙鼠栖息于生长梭梭等灌木、半灌木丛的低缓沙丘或荒漠灌木林。不冬眠,主要采食梭梭、花棒、沙枣、柽柳等荒漠植物,啃食树木幼嫩枝条,状如刀割,仅剩光秃的茬桩。一年繁殖1~2胎,每胎5~8仔。5–6月是繁殖盛期。主要分布于甘肃河西走廊、白银和庆阳等地的温性草原和温性荒漠区。

7.长爪沙鼠

别名长爪沙土鼠、蒙古沙鼠等。隶属仓鼠科、沙鼠亚科、沙鼠属。是体形较小的一种沙鼠。成熟期平均体重约为60g,体长一般不超过150mm。耳明显。尾长而粗,约为体长的3/4。头和体背面中央棕灰色而有光泽,杂有黑褐色,毛基部为青灰色,中段呈沙黄色,尖端黑色;体侧较淡呈沙黄色;眼大,眼周形成一微白色斑块,并延伸至耳际;耳缘具短小白毛,耳内侧几乎裸露。腹毛为污白色,毛基灰色,端部白色,喉腹白色。爪黑褐色,后足被细毛。毛被密毛,尾端有细长的毛束,尾毛两色,上为黑色,下为棕黄色。

图55 长爪沙鼠

群居,不冬眠,有贮粮习性。喜栖居于荒漠和半荒漠草原,以及沙质或有一定盐碱化的农田、田埂、田间荒地、灌丛等处。白天活动的鼠类,夜间也出来,但活动较少。植食性,在春季期间主要取食植物的茎叶,如取食许多草本植物、农作物等幼苗的绿色部分,在秋季,食物的较大部分为种子,冬季主食秋季贮存的种子。繁殖力强,有春秋两个繁殖高峰,冬季也可繁殖,一年可产多胎,最高可达5窝,每窝产仔1~11只。春季出生的幼鼠当年即可繁殖。自然寿命为1.5~2年。主要分布于甘肃河西走廊、白银和庆阳等温性荒漠草原区。

8.子午沙鼠

别名黄尾巴鼠、黄耗子。隶属仓鼠科、沙鼠亚科、沙鼠属。大小与长爪沙鼠相仿。体毛色有变异,体背面呈浅灰黄色至深棕色。体侧较淡,呈沙灰色。体腹面纯白色。眼周和眼后以及耳后毛色较淡,略呈白色或灰白色。尾上下一色,呈鲜棕黄色,有时下面稍淡,尾端通常有明显黑褐色毛束,尾上被覆密毛,尾端形成毛笔状的小"毛束"。足底覆有密毛,爪浅白色(这是与长爪沙鼠主要区别要点之一)。

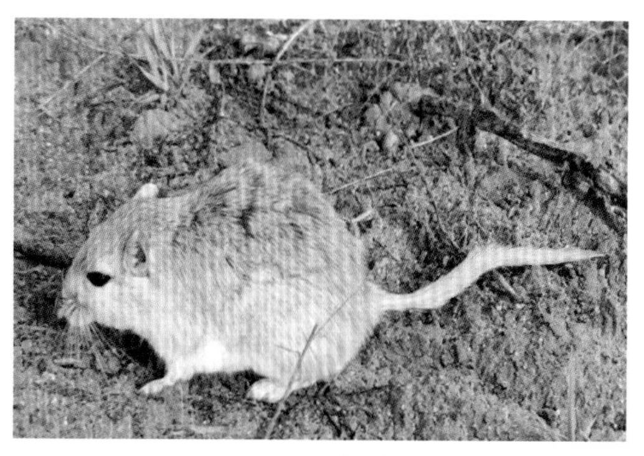

图56 子午沙鼠

栖居于荒漠。半荒漠、平原及丘陵地带,沙漠中绿洲、村庄和田园也都能遇到。洞内分室,有仓库贮藏食物。冬季,一个鼠洞有时多至15只鼠。主要以植物种子为食,也吃植物绿色部分和谷物。通常夜间活动,寒冷季节活动力明显降低。繁殖期为3~10个月,一年有1~3胎,每胎产仔6只。妊娠期22~28d。主要分布于甘肃河西走廊、白银和庆阳等温性荒漠草原区。

三、鼠害监测方法

(一)种群密度监测

因各种啮齿动物的生态习性和栖息环境不同,种群密度监测方法亦不相同。这里只介绍常用的几种主要方法。

1.夹日法

一夹日是指一个鼠夹捕鼠一昼夜,通常以100夹日作为统计单位,即100个夹子一昼夜所捕获的鼠数作为鼠类种群密度的相对指标,即夹日捕获率。例如,100夹日捕鼠10只,则夹日捕获率为10%。其计算公式为:

$$P = \frac{n}{N \times h} \times 100\%$$

公式中,P为夹日捕获率;n为捕获鼠数;N为鼠夹数;h为捕鼠昼夜数。

夹日法通常使用中型板夹,具托食踏板或诱饵钩的均可。诱饵以方便易得并为鼠类喜食为准,各地可以因地制宜。同一系列的研究,为了保证调查结果的可比性,鼠夹和诱饵必须统一,并不得中途更换。

鼠夹排列的方式是:

(1)一般夹日法

鼠夹排为一行(所以又叫夹线法),夹距5m,行距不小于50m,连捕数昼夜,再换样方,即晚上把夹子放上,每日早晚各检查1次。2d后移动夹子。

为了防止丢失鼠夹,或调查夜间活动的鼠类时,也可晚上放夹,次日早晨收回,所以又叫夹夜法。

(2)定面积夹日法

25个鼠夹排列成一条直线,夹距5m,行距20m,并排4行,这样100个夹子共占地$1hm^2$,组成1单元。于下午放夹,每日清晨检查1次,连捕两昼夜。

在野外放夹时,最好两个人合作。前一人背上鼠夹并按夹距逐个把鼠夹放在地上,后一人手持一空夹,在行进中固定诱饵(也可预先把难以脱落的诱饵固定在鼠夹上)并支夹,将支好的夹放在适宜地点,顺手拾起地上的空夹,继续支夹、放夹。放夹处勿离应放夹点太远,以免收夹时难以寻找。放完一行鼠夹,应在行的首尾处安置醒目的标记。

由于风雨天鼠类活动会发生变化,故风雨天统计的夹日捕获率没有代表性;若鼠夹击发而夹上无鼠，只要有确实证据说明该夹为鼠类碰翻，应记作捕到1鼠。每一生境中至少应累计统计200~300个夹日才有代表意义。夹日法适用于小型啮齿动物的数量调查，特别是夜行性的鼠类。

2.统计洞口法

统计一定面积上和一定路线上鼠洞洞口的数量，也是统计鼠类相对密度的一种常用方法。这种方法，适用于植被稀疏而且低矮、鼠洞洞口比较明显的鼠种。

统计洞口时，必须辨别不同鼠类的洞口。辨别的方法是对不同形态的洞口进行捕鼠，观察记录各种鼠洞洞口的特征，然后结合洞群形态（如长爪沙鼠等群居鼠类）、跑道、粪便和栖息环境等特征综合识别。同时，还应识别居住鼠洞和废弃鼠洞。居住鼠洞通常洞口光滑，有鼠的足迹或新鲜粪便，无蛛丝。

根据不同的调查目的，选择有代表性的样方，每个样方面积可为0.25~1hm^{2}不等。还可根据不同需要，分别采用方形、圆形和条带形样方进行统计。

（1）方形样方

常作为连续性生态调查样方使用。面积可为1hm^2、0.5hm^{2}或0.25hm^2。样方四周加以标记，然后统计样方内各种鼠洞洞口数量。统计时，可以数人列队前进，保持一定间隔距离（宽度视草丛密度而定，草丛稀可宽些，草丛密可窄些）。注意防止重复统计同一洞口，或漏数洞口。

（2）圆形样方

在已选好的样方中心插一根长1m左右的木桩，在木桩上拴一条可以随意转动的测绳，在绳上每隔一定距离（依人数而定）拴上一条红布条或树枝。一人扯着绳子缓慢地绕圈走，其他人在红布条之间边走边数洞口（图57）。最好是在数过的洞口上用脚踩一下，作为记号，以免重数或漏数。圆形样方面积与测绳半径长度见表34。

图57　圆形样方统计洞口示意图

表34　圆形样方面积与测绳半径长度

圆形样方面积(hm^2)	半径长度(m)
1	56.4
1/2	40.0
1/4	28.2

如果只有两人合作，可用3条长度相同的绳子。绳子一端拴上铁环，另一端拴上铁钉。甲将铁环套在圆心的木桩上，乙将铁钉按一定距离固定在圆周上。然后，甲在第一格中从圆心向圆周数洞口，乙在第二格中从圆周向圆心数洞口。第一次数完后，移动绳子。乙又从内向外数第三格，甲从外向内数第四格。如此，反复交替直至数完为止，见图58(1)、58(2)。

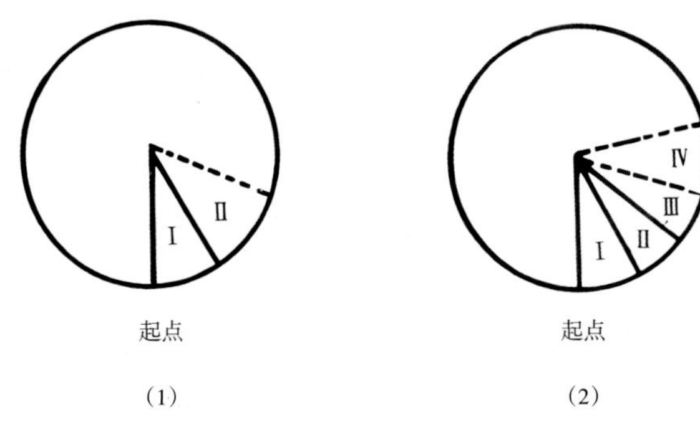

图58　圆形样方单人(1)或双人(2)统计洞口示意图

如果只有一人操作时，也可以从外边开始，把测绳分段，每绕1圈数1层，分几圈直至数完为止。

(3)条带形样方

多应用于生境变化较大的地段。其方法是选定一条调查路线，长1km至数千米，要求能通过所要调查的各种生境。在路线上调查时，用计步器统计步数，再折算成长度(m)；行进中按不同生境分别统计2.5m或5m宽度范围内的各种鼠洞的洞口数。用路线长度乘以宽度即为样方面积。这种调查最好两人合作进行。

在大面积踏查时，条带形样方调查可乘马、乘车进行，线路长度骑马时用平均速度与统计时间的乘积表示，乘汽车时可采用汽车里程表上的数据；条带宽度以能清晰地观察统计目标(如洞口、土丘、贮草堆等)的距离为准。这种方法统计的结果虽然很粗，但能在短期内统计相当大的面积，仍不失为一种简便且适用的方法。

应用条带形样方统计大沙鼠洞群密度时，可先假定直线所穿过的洞群数，等于路线带中具有的洞群数，带的宽度相当于洞群的平均横径(与路线方向垂直的横径)。

这样，在调查中，只要统计直线所通过的洞群数目，即使是少部分的也计算在内，并测定洞群的横径，然后根据许多洞群的横径，求出平均横径。以直线的总长度乘以平均洞群横径，就是路线带的总面积。那么，只要以直线所通过的洞群数除以路线带的总面积，就会得到洞群密度，即单位面积中的洞群数。其计算公式为

$$洞群密度=\frac{路线所通过的洞群总数}{路线总长\times洞群平均横径}$$

这个方法较为简便，误差小，结果可靠。

(4)洞口系数调查法

洞口系数是鼠数和洞口数的比例关系，表示每一洞口所占有的鼠数。应测得每种鼠不同时期的洞口系数(每种鼠在不同季节内的洞口系数是有变化的)。

洞口系数的调查，必须另选与统计洞口样方相同生境的一块样方，面积为0.25~1hm^2。先在样方内堵塞所有洞口并计数(洞口数)，经过24h后，统计被鼠打开的洞数，即为有效洞口数。然后在有效洞口置夹捕鼠，直到捕尽为止(一般需要3d左右)。统计捕到的总鼠数，此数与洞口或有效洞口数的比值，即为洞口系数或有效洞口系数。

可分出单独洞群的群居性鼠类，可不设样方，直接选取5~10个单独洞群，统计并计算其洞口系数或有效洞口系数。

调查地区的鼠密度，在查清洞口密度或有效洞口密度的基础上，用下式求出：

鼠密度=洞口系数×洞口密度

或　鼠密度=有效洞口系数×有效洞口密度

用有效洞口系数求出的鼠密度准确度较高，但费工也多。

3. 开洞封洞法

开洞封洞法适用于鼢鼠等地下活动的鼠类。其方法是：在样方内沿洞道每隔10m(视鼠洞土丘分布情况而定)探查洞道，并挖开洞口，经24h后，检查并统计封洞数，以单位面积内的封洞数来表示鼠密度的相对数量。

统计地下活动鼠类的数量时，还可采用样方捕尽法、土丘群系数法和土丘群法。

(1)样方捕尽法

选取0.5hm^{2}的样方，用弓箭法或置夹法，将样方内的鼢鼠捕尽。捕鼠时，先将鼠的洞道挖开，即可安置捕鼠器，亦可候鼠堵洞，确知洞内有鼠后再置捕鼠器。鼠捕获后，一般不必再在原洞道内重复置夹，但在繁殖前或产仔后或个别情况下，偶有两鼠同栖一洞时，仍应采用开洞法观察一个时期，防止漏捕。一般上午(或下午)置夹，下午(或次日凌晨)检查，至次日凌晨(或次日下午)复查。每次检查以相隔半日为宜，直至捕

尽为止。这一方法所得结果,接近于绝对数值。但费时费力,大面积使用比较困难。

(2)土丘群系数法

先在样方内统计土丘群数(土丘群由数量不等的土丘或龟裂纹组成,或密集成片,或排列成行,在数量少的样方内,有时只有一个土丘或龟裂,为了计算方便,亦计作一个土丘群),按土丘群挖开洞道,凡封洞的即用捕尽法统计绝对数量,求出土丘群系数。

$$土丘群系数=\frac{每公顷实捕鼢鼠数}{每公顷土丘群数}$$

求出土丘系数后,即可进行大面积调查,统计样方内的土丘群数,乘以系数,则为其相对数量。这种方法所得结果与捕尽所得结果相吻合,而且计算简单,便于掌握,适用于统计鼢鼠的数量。

(二)繁殖监测

1.雌鼠繁殖的研究方法

(1)生殖周期用阴道涂片法,观察阴道分泌物和黏稠度,以区别生殖周期的各个阶段。具体做法是:用光滑的火柴棒,一端裹上少许脱脂棉,插入活鼠或死亡不久的鼠尸阴道内,采样做阴道涂片。涂片用龙胆紫水溶液染色。在显微镜下观察,并对白细胞、角化上皮细胞和有核上皮细胞等分别计数,求出各类细胞所占的百分数。

各时期的阴道分泌物及阴道外观特征列于表35。

表35 各时期的阴道分泌物及阴道外观特征

时期	分泌期	黏稠度	阴道外观特征
安静期(间情期)	黏液,白细胞、上皮细胞	涂片时黏液拉成线	阴道口开放或关闭,阴唇不肿起
动情前期	上皮细胞占优势	涂片血清状	阴道口开放或关闭
动情期	角化上皮细胞占优势	涂片具颗粒状	阴道口开放,阴唇肿起
动情后期	白细胞占优势,角化上皮细胞、上皮细胞	涂片干燥	阴道口开放,阴唇不肿起
当日交配过	精子	不成黏线状	阴道口关闭
妊娠期	红细胞	黏液拉成线	阴道口关闭
产后不久	血液有形成分		阴道口开放,阴唇肿起

(2)妊娠期与妊娠率性成熟或已进入动情期的雌鼠,卵巢表面可以看到大而透明的成熟滤泡。妊娠初期,子宫外观尚无明显变化,可看到有胚胎的部位突起(图59);

妊娠中期,在子宫壁上。可以看到玫瑰色球形胚胎,胎盘逐渐可见(图60)。通过逐月逐旬解剖雌鼠,可计算出种群中雌体的妊娠率。

(3)胚胎数和子宫斑进入妊娠中期以后的孕鼠,在其子宫壁上可以看到明显的胚胎(图59)。胚胎数可以作为雌鼠繁殖强度的指标之一。如雌鼠营养不良,在子宫壁上会出现吸收胚胎(死胎),也应记录下来。子宫斑是分娩后在子宫壁上留下的胎盘斑痕(图61)。对于已产仔的雌鼠,根据子宫斑的数目,即可推算出已产仔数。子宫斑一般能保存半年左右或更长的时间。多周期的鼠类,新旧子宫斑相间排列,新斑黑而粗,旧斑淡而细。按照子宫斑的大小和色彩,可以推知所产窝数和每窝仔数。

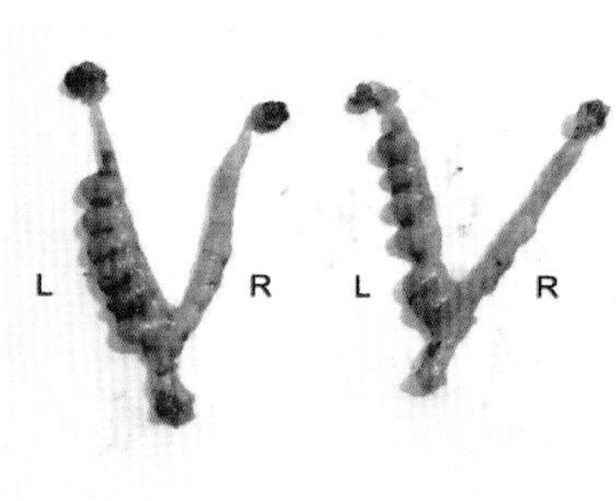

图59　怀孕初期的子宫

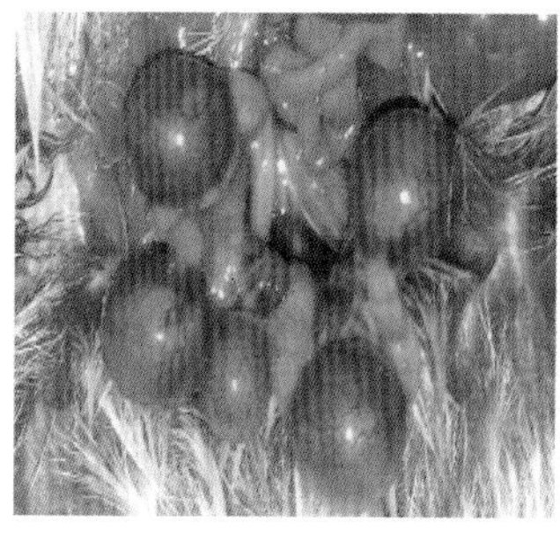

图60　怀孕中期的子宫

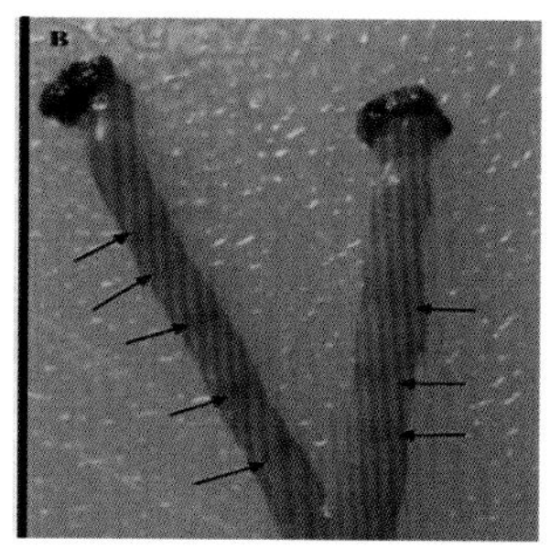

图61　子宫斑

(4)哺乳期通过对乳腺和乳头状态的检定,可以确定雌鼠是否处于哺乳期。乳头小而隐于腹毛中,不能挤出乳汁,表明未进入哺乳期;腹部膨大,乳腺明显,乳头容易发现,但乳头周围无无毛区,表明是妊娠最后阶段的雌鼠;乳腺膨大,乳头明显、红润,乳头周围有无毛区,压挤乳头能挤出乳汁,则为哺乳期的雌鼠;而只能挤出透明液体者,表明不久前才结束哺乳;乳头大,周围开始生出短毛,压挤乳头无乳汁流出者,表明哺乳早已结束。

(5)繁殖指数是指整个繁殖过程中,在一定时间内,平均每只鼠可能增殖的数量。设P为总捕获鼠数;N为孕鼠数;E为平均胎子数。则繁殖指数(I)为

$$I=\frac{N\cdot E}{P}$$

2.雄鼠繁殖的研究方法

一般通过对睾丸的重量(左右合计)和大小(应以长轴为准)、附睾和精囊腺的研究,来确定雄鼠的繁殖状况。

(1)性未成熟期

睾丸在腹腔内,小而呈脂白色;附睾亦不发达;精囊腺小而透明,呈淡白色的小钩状。

(2)性活动期

睾丸降入阴囊,增大,坚实;附睾发达,在其尾部可以看到充满精液、清晰透明的输精小管,精囊腺肥大色白。剪破附睾尾做精液涂片,在显微镜下可以看到大量成熟的精子。

(3)繁殖末期

精囊腺明显退化;睾丸萎缩松软;附睾收缩变小,做涂片时,仍可看到精子。多数性成熟的雄体,在繁殖季节,睾丸自腹腔降入阴囊中,繁殖季节结束以后,重新隐入腹腔内。雄鼠睾丸位置的这种变化,亦可作为判断繁殖情况的依据。

四、鼠害防治标准及防治区域确定

(一)草原鼠害防治标准

按照国家林业和草原局办公室关于印发《主要草原有害生物防治指标》的通知[办草字(2021)73号]文件要求,草原鼠害防治标准如表36。

表36　主要草原害鼠防治指标

类型	种类	有效洞口数或新鼠丘数(个/hm^2)	秃斑占比(%)
地上害鼠	田鼠类	1200	35
	沙鼠类	400	30
	跳鼠类	200	15
	兔尾鼠类	160	25
	鼠兔类	180	20
	黄鼠类	50	20
地下害鼠	鼢鼠类	150	25

注:同一类有两个指标,符合其中一个指标则视为达到“防治指标”。

(二)草原鼠害防治区域

通过实地调查,若害鼠密度达到或高于防治标准的区域即可确定为防治区域,(防治标准见表36)。在防治区域内以自然山水为界,尽可能将同一生境,相对封闭的区域确定为一个防治作业区,然后对防治面积的大小和防治作业区作出具体安排,以便采取各种防治措施,集中人力分区防治,并使各作业区衔接连片,不造成漏防地段。

五、防治措施

(一)药物防治

目前,草原鼠害防治中鼠药登记使用范围有雷公藤甲素、C型肉毒素及D型肉毒梭菌毒素。

雷公藤甲素商品名为新贝奥灭鼠剂,有效成分为含量0.25mg/kg的雷公藤甲素。投药量为每公顷750g,平均每个有效洞投放量为25粒。C型肉毒素配制成含量为2.0%的毒饵。先将C型肉毒素冻干剂稀释,将稀释的冻干剂2mL加入80mL水中拌匀,放置1h,使药液充分被饵料吸收,直至搅拌器底部无药液,毒饵最好在3天内放完。饵料应按每40m×40m投放一堆,每堆5~8g,每公顷用药75g左右。D型肉毒梭菌毒素(1500万毒价/mL),先用1:80的比例进行稀释后再与基饵(如小麦)按1:1000的比例混合均匀配制成毒饵。在投饵前24h制备并晾干。投药量为每洞口40粒,一洞口平均重量约为6g。

防治时间在5月和10月进行。投药时,每两个投药人员之间间隔2~3m,每20~30人为1组,一字排开,同步进行投药,要求将毒饵投放在离洞口7~10cm处。投饵队伍两侧各安排信号旗一面,负责队形的整体行进和相邻防区的衔接,杜绝发生重投和漏投地段,投洞率达90%。大面积投药后,如遇大风、降雪等特殊天气,必须补施毒饵。当灭鼠区害鼠密度大,洞口较多且分布均匀,可采用喷饵机械或人工进行均匀撒施和条带施饵,按照每亩规定的使用剂量,将毒饵均匀撒施在防治区内。当防区作业困难时,可将毒饵按带状进行施饵,每隔一定距离均匀地撒施1条毒饵带,带状施饵间距不得大于50m。

(二)天敌调控

用机械和生物等方法控制鼠害的同时配合草地招鹰方法。有关资料显示,一只成年鹰1d内可捕食20~30只野鼠,捕捉范围为200~500m,人工架设鹰架,不但能招引老鹰,还能为枭型目提供落脚点,以此来补充草地上鼠类天敌无处着落的情况,此方法效果不容忽视。具体方法:在草地开阔地带设立鹰架。其规格为,架高5~6m,呈圆锥形,锥底直径为1.5m即可,将石块砌成3~4m后,在其上竖立2m高的混凝土直杆,顶端固定一"十"字架,规格为0.5m×0.5m。鹰架之间的距离根据鹰的视野和活动规律以及种群数量而定。一般架距在200~600m,鹰架设立后,成为鹰在开阔地带较好的立脚栖息场地、瞭望场所,为鹰的避敌及就近觅食提供了条件,从而达到巩固防治效果的目的。

（三）器械防治

绝大多数捕鼠器械是根据力学原理设计的，支起的捕鼠器械暂时处于不稳定的平衡状态，鼠吃诱饵或通过时触动击发点，破坏了不稳定的平衡，弹簧、钢弓、胶皮或竹弓复原的力量使捕鼠器械恢复稳定的平衡，即可将鼠捕获。目前常用于弓箭，对高原鼢鼠进行防控。首先划定灭鼠区域，在冬春两季利用地箭或弓形夹对高原鼢鼠进行捕杀（图62）。器械防控收效快，不污染环境。但缺点是需要大量的人力、物力，进度较慢。所以，器械防控一般应用于小范围或特殊环境，可以作为大面积化学药剂防治后的补救措施。

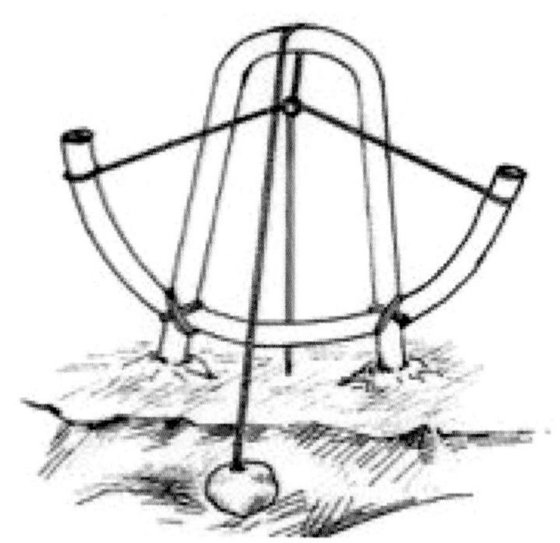

图62　捕杀高原鼢鼠用的弓箭

（四）生态治理

草地鼠害生态治理是诸多治理措施中效果持久性最为明显的措施。但也是难度较大的治理措施。选择生态治理，应该针对不同退化程度的草原进行靶向性治理。

1.轻度退化草地改良技术

轻度退化草地多数为超载过牧造成的。在改良技术的选择上，首先采用封育或休牧，即在春季牧草返青后至秋季牧草结籽成熟、落粒前的5个月内，禁止放牧牲畜，让牧草得到休养生息，完成其生活周期和自然落粒的过程。封育或休牧的年限根据退化的程度而定，一般连续封育或休牧2~3年即可恢复其生产力。对于解除封育和休牧的草地，应按照草畜平衡的原则实行合理放牧利用或轻放牧强度，防止再度出现退化。

该项技术的核心是针对引起草地退化的根本原因，实行封育和休牧，减轻草地的放牧压力，具有操作简便、效果明显的特点，结合施行草畜平衡制度，能从根本上解决草地退化的问题。但是，由于需采用围栏实施封育和休牧措施，前期投资较大。

2. 中度退化草地改良技术

中度退化高寒草甸草地要靠封育完全恢复至少需要5~8年的时间，因此需结合其他措施，如采用“封育+施肥”的改良技术，即建立围栏对退化草地封育保护2~4年以上，封育期间同时进行施肥改良。肥料可选用尿素等氮肥，每年6月上、中旬一次施入，施肥量0.33kg/hm²效果较为经济。施化肥成本较高，也可因地制宜利用牧区牛羊圈粪肥。将腐熟后的牛羊粪均匀撒铺于草地，施肥量为4.7~0.87kg/hm²，厚度为1cm左右，牛羊粪的肥效较低，但作用持久。以化肥配合牛羊粪肥施入草地也是不错的选择。

植物生长旺盛的6月份是植物吸收养分的高峰期，在高峰期来临前半个月内增施氮肥可明显提高植物当年的地上生物量，提高牧草生长潜力，加快草地生态恢复。受土壤、气候、季节等因素的干扰，天然草地施肥效应较难控制。不同施肥量的肥效差异显著，尤其是禾草的地上生物量增产效应变化迅速。当施肥量过大时其效应下降，因此在生产实际中应严格掌握施肥量。

3.“黑土滩”型退化草地改良技术

“黑土滩”型退化草地的植物群落中优良牧草几乎消失，自然繁殖更新能力极低，因此，仅靠封育在短期内难以恢复到原生状态，必须采用补播、施肥、防除毒草等其他改良措施。采用围栏封育的同时，在不破坏原有植被的前提下，应补播适合当地生长的优良禾本科牧草，如垂穗披碱草、羊茅、早熟禾等，结合施有机肥料进行轻耙等。封育二三年待其定植后，再补播嵩草、异针茅等密丛型植物，以形成草皮，恢复草甸。通过这一系列综合技术措施可使退化草地植被逐步恢复，达到标本兼治的目的。

该项技术综合了不同改良措施的优点，可达到标本兼治的目的。也可通过补播适应当地自然条件的豆科牧草以优化牧草组合，可大大加快恢复速度。但是，由于综合运用多种技术措施，需考虑的因素较多，操作相对复杂，人力、物力、投入成本也大幅上升。

补播深度、补播技术和时间等的选择是决定补播改良效果的一些重要因素。对能机械作业的地段，必须人工撒播多年生牧草种子，驱赶牛、羊群践踏，使牧草种子埋入土中。也可结合划破草皮同时进行补播。如果草地毒害草过多，还需除毒害草。采用混合除草剂（甲黄隆、阔叶净等的混合物），对黄花棘豆、马先蒿、黄帚橐吾等草原恶性毒草灭效达100%。

六、防治效果评价

（一）灭效检查

1.鼠害控制率的测定方法

鼠害控制率虽有其固有的缺点，但由于它简便直观，仍然是常用的鼠害控制成绩评估的方法。

鼠害控制率即消灭了的害鼠数与鼠害控制前的害鼠数之比：

灭鼠率=被消灭了的鼠数/原有鼠数×100%

在不同条件下，求鼠害控制率的方法不同。为了工作方便，往往用鼠的活动痕迹来代替鼠，以灭洞率和食饵消耗率等代表鼠害控制率。在草原上常用如下几种方法。

（1）堵洞开洞法

工作程序：鼠害控制前后在鼠害控制区域随机划出几个样方（面积为0.25~1hm^2），分别统计样方内鼠害控制前有效洞口数（a）和鼠害控制后有效洞口数（b），则

灭洞率=$(a-b)/a$×100%

这个方法简单易行，但比较粗糙。由于鼠类数量在鼠害控制进行过程中也会发生自然变化，以致于会影响到灭洞率的准确性。所以常常在鼠害控制区外，划出与处理样方条件相似、大小相仿的对照样方，不进行鼠害控制，但同样统计鼠害控制前有效洞口数（a′）和鼠害控制后有效洞口数（b′），求得自然变异率d，用d去校正灭洞率，即可得出校正灭洞率：

$d=b'/a'$

校正灭鼠率=$(ad-b)/ad$×100%

这种方法，适用于洞口明显、鼠与洞的比例比较稳定的情况，其灭洞率或校正灭洞率与面积无关，并不要求固定面积的样方，可以用有效洞口来计算。如准备100双竹筷，在鼠害控制前分别插在200个掏开洞口旁，鼠害控制之后，在检查时再堵一遍，用鼠害控制前、后掏开洞口数，即可算出鼠害控制效果，对照组也以此法计算。此外，鼢鼠具有封洞习性，如果在鼢鼠洞群中事先挖开一定洞道，把鼢鼠封闭的洞口作为有效洞，本法同样适用。

（2）鼠夹法

工作程序：本法一律需设置对照区，在鼠害控制区和对照区同时按数量调查的夹日法布夹，统计夹日捕获率。统计结果可以登记在鼠害控制效果调查表中（表37）。

当捕获率低于3%或超过40%时，须适当调整布夹密度或增减布夹时间。

计算方法：若鼠害控制前捕获率≥3%，应于鼠害控制前后各捕鼠1次。

表37　夹日法鼠害控制效果调查表

地点：　　　　生境：　　　　年　　月　　日

	灭鼠总面积	投饵日期	灭鼠前					灭鼠后					鼠害控制效果	备注
			气候特点	放夹			捕获率	气候特点	放夹			捕获率		
				月日	夹数	鼠数			月日	夹数	鼠数			
投药区														
对照区														

（3）弓形夹定面积法

工作程序：本法应设空白对照样方，每一样方面积为0.25~1hm²。鼠害控制后，在处理样方和对照样方的有效洞口放弓形夹捕鼠2d（每隔数小时检查1次，取下被捕获的鼠尸，重新支好鼠夹），分别统计鼠害控制区和对照区样方里面的布夹数和捕获的鼠数。

设：对照区捕获率为a，夹鼠区捕获率为b。

则捕鼠率=$(a-b)/a\times100\%$　　　　（1）

第二章　草原虫害防治

一、草原虫害的概念

草原虫害是指在牧草生长过程中，某些种类昆虫取食牧草的营养器官或吸食牧草的汁液，导致牧草生长不良甚至死亡，威胁草地生态系统的生产、生态等功能正常发挥的一种生物灾害。

二、草原主要危害虫种

草原主要危害虫种包括天然草原害虫和人工草地害虫两大类。天然草原害虫甘肃主要是蝗虫类、毛虫类；人工草地害虫主要是豆科牧草害虫和禾本科牧草害虫等。天然草原蝗虫类主要包括雏蝗、蚁蝗、痂蝗、痴蝗等；草原毛虫主要包括草原毛虫、青海草原毛虫、金黄草原毛虫、若尔盖草原毛虫、小草原毛虫、门源草原毛虫等。人工草地豆科牧草害虫主要是苜蓿叶象甲、豆芫菁、苜蓿蚜、苜蓿籽蜂等；禾本科牧草主要害虫是麦秆蝇、粘虫、蛴螬类等。

（一）蝗虫类

蝗虫以咬食植物的叶和茎为生，主要取食禾本科植物，如小麦、玉米等，饥饿时也取食大量双子叶植物。主要栖息地是粗放耕种、低产的农田及草原。迁飞性蝗虫（简称飞蝗）选择在茅草地、芦苇地等处产卵，非迁移蝗虫（简称土蝗）在山坡、荒地、高岗地等干燥处产卵。卵均在5—6月孵化，孵化后先危害杂草，随着龄期的增长逐渐向附近作物田扩散转移。尤以干旱季节转移明显。大发生年份，当杂草被吃光后，可成群迁飞转入农田，造成危害。

蝗虫的发生从季节上分为夏蝗和秋蝗，其中夏蝗为重点防治对象。蝗虫处于幼虫时危害并不大，只有长成5龄虫时，才会羽化为成虫。“不起飞，不成灾”，将蝗虫消灭在起飞之前，是灭蝗关键。高密度蝗区的应急防治一般采取化学农药方式，低密度蝗区可采用生态控制、生物农药等，也可通过耕种、绿化减少荒地，改变蝗虫发生地的环境以及利用蝗虫天敌等。

（二）草原毛虫

草原毛虫又称为红头黑毛虫，属于鳞翅目、毒蛾科、草毒蛾属。国内有草原毛虫、青海草原毛虫、金黄草原毛虫、若尔盖草原毛虫、小草原毛虫等。草原毛虫主要栖息在海拔3000~5000m的高寒草甸。甘肃高寒牧区危害虫种主要是青海草原毛虫。

草原毛虫的雄虫具有发达的翅，体表为黑色，全身被覆黄色细长的毛。雌虫体表为污黄色，体长较雄虫短，周身有黄白相间的花纹。草原毛虫幼虫体表呈黑色，被覆黑色的毛，在背部有黄色的腺体，位于背中线靠近尾部的地方，左右各一。头部因龄期不同而呈现不同的颜色，收集到的草原毛虫幼虫头部一般为红色。草原毛虫的食性广泛，能采食的植物多达20余种，主要以禾本科植物和莎草科植物为主。其中又以嵩草为主，其次为垂穗披碱草。

（三）苜蓿叶象甲

苜蓿叶象甲是危害苜蓿和三叶草的主要害虫。成虫、幼虫均能为害，但以幼虫为害第一茬苜蓿最严重，常在几天之内，能将苜蓿叶片吃光，使植株枯萎，产草量大幅度下降。

成虫体长约5.5mm。全体覆有黄褐色的鳞片，头部黑色，喙细而长且很弯曲。触角膝状，着生于喙的前端两侧，鞭部7节，触角沟直。前胸背板有2条较宽的褐色纵线，其间夹有1条细的灰线。鞘翅上有3段分别等长的深褐色纵行条纹。

（四）豆芫菁

以为害苜蓿、草木樨、豌豆、甜菜和大豆等为主。开花期受害最为严重。成虫咬食叶片，或仅剩下叶脉，猖獗时可以吃完全部叶片，导致不能开花结果，严重影响牧草产量。

成虫体长15~18mm，头部略呈三角形，雌虫触角线状，雄虫触角第3~7节扁而宽。头部除触角基部的一对瘤状突起、复眼及近复眼内侧黑色外，其余部分均为红色，触角近基部几节暗红色。胸、腹和鞘翅均为黑色，前胸背板中央和每个鞘翅中央部有1条白色纵条纹，前胸两侧、鞘翅周缘，以及腹部腹面各节后缘都丛生灰白色绒毛。

（五）苜蓿蚜

苜蓿蚜虫是一种爆发性害虫，多聚集在植株的嫩茎、幼芽、顶端心叶和嫩叶背面花器的各部位上，以刺吸式口器吸取汁液，被害植物由于缺乏营养，植株生长矮小，叶子卷缩、变黄，影响开花结实，严重时全株枯死。

（六）苜蓿籽蜂

以为害苜蓿、三叶草、沙打旺等牧草为主。一般幼虫在种子内蛀食，对牧草的产量无明显影响，但对收种苜蓿等为害较严重，是牧草种子生产中的主要害虫。由于籽蜂的幼虫、蛹均能在种子内生活和越冬，所以可随种子的调运扩散和传播。

雌性成虫体长1.2mm，全体黑色。头大有粗刻点，复眼酱褐色，触角较短，共10节，柄节最长。胸部特别隆起，刻点粗大无光泽。胸足基节带黄色，转节、腿节、胫节中间部分黑色，两端均为淡棕色。腹部腹面有1对腹产卵瓣、1对内产卵瓣所组成的产卵管，平时纳入由背产卵瓣所组成的外鞘之内。腹部侧扁，腹末腹板呈梨形，雄蜂体长1.4~1.8mm，触角较长，共9节，第3节上有3~4圈较长的细毛，第4至第8节各有2圈。腹部末端圆形。

（七）麦秆蝇

以为害大麦草、黑麦草、披碱草、狗尾草、雀麦、早熟禾等禾本科草及细叶苔等莎草科植物为主。幼虫从叶鞘与茎间潜入，在幼嫩的心叶或穗节茎部1/4处向下蛀食幼嫩组织。使心叶外露部分干枯变黄为“枯心苗”，抽穗后被害小穗脱水失绿变为黄白色。形成“白穗”或银色顶，有极少数籽粒变空，没有种子。

成虫个体小，体长3~4.5mm，具有光泽，腿黄褐色，体淡黄至黄绿色，胸部背面有3条深褐色纵条纹。卵长椭圆形，白色不透明，幼虫是黄绿色的小蛆，老熟幼虫6~6.5mm，蛹为长椭圆形围蛹，黄绿色。

（八）粘虫

又名行军虫、五花虫。可为害多种禾本科类作物、牧草等。粘虫以幼虫为害，低龄幼虫潜伏在心叶及叶腋中呈条状啃食叶肉，仅留表皮。3龄后将叶边缘咬成不规则形缺刻或咬断地上部分，虫口密度大时，一夜即可吃光一片农田或草地，只剩主脉。可结队转移为害，损失较大。

成虫淡褐色或黄褐色，体长15~20mm，翅展35~45mm，前翅中央近前缘有两个淡黄色圆斑，外圆斑下方有一小白点，两侧各有一小黑点。卵白黄色，圆形，直径0.5mm，孵化前铅黑色。幼虫6龄，体色多变，头黄褐色，中央有一黑褐色“八”字纹，腹背中线白色，老熟幼虫体长36~38mm，蛹褐色。

（九）蛴螬类

是金龟子总科幼虫的通称。蛴螬食性很杂，主要为害苜蓿、草木樨、红豆草、沙打旺、三叶草、羊草、披肩草、狗尾草、豌豆、饲用甜菜、苏丹草、燕麦、大麦以及棉花等。蛴螬栖息在地下，主要取食植物根系及根茎，使地上部分出现萎蔫枯死，最后导致作物及牧草缺苗断垄，对多年生牧草危害尤为严重。

成虫中型至大型，触角鳃叶状，前足开掘式，爪有齿，大小相等。幼虫身体柔软，体壁皱，多细毛，上唇和上颚发达，胸足4节。生活在土壤中，植食性，常常啃食植物的根茎，使植株死亡。

亚洲小车蝗

黄胫异痂蝗

红翅皱膝蝗

轮纹异痂蝗

白边痂蝗

鼓翅皱膝蝗

短星翅蝗

毛足棒角蝗

图63 温性草原和高寒草原害虫(1)

李氏大足蝗　宽须蚁蝗

白纹雏蝗　小翅雏蝗

草地螟

草原毛虫(幼虫)　草原毛虫(雄成虫)

图63　温性草原和高寒草原害虫(2)

白刺夜蛾幼虫

白刺夜蛾成虫

白刺粗角萤叶甲(雌虫)

白刺粗角萤叶甲(雄虫)

白刺粗角萤叶甲(幼虫)

阿拉善懒螽(雌虫)

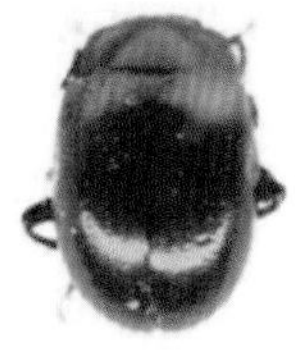

沙蒿金叶甲

图64　荒漠草原害虫

牛角花齿蓟马

豌豆蚜

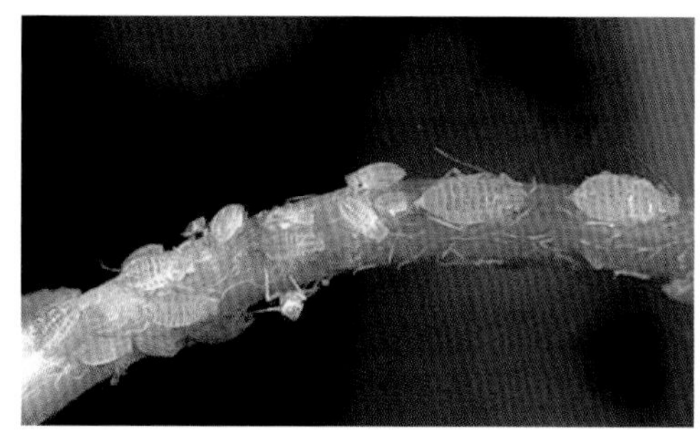

苜蓿斑蚜

苜蓿叶象

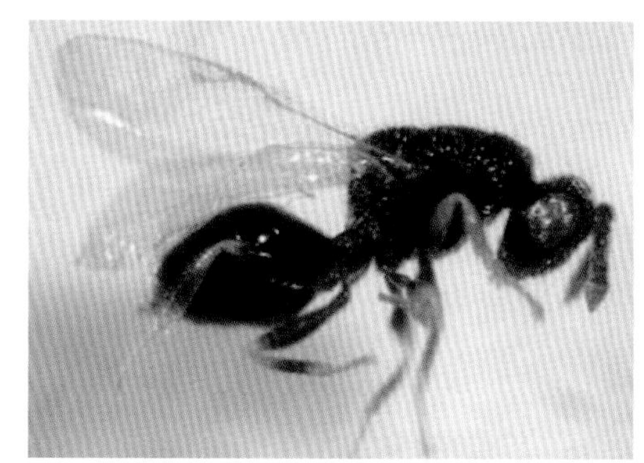

苜蓿籽蜂

苜蓿银纹夜蛾

图65　人工牧草苜蓿害虫

大黑鳃金龟

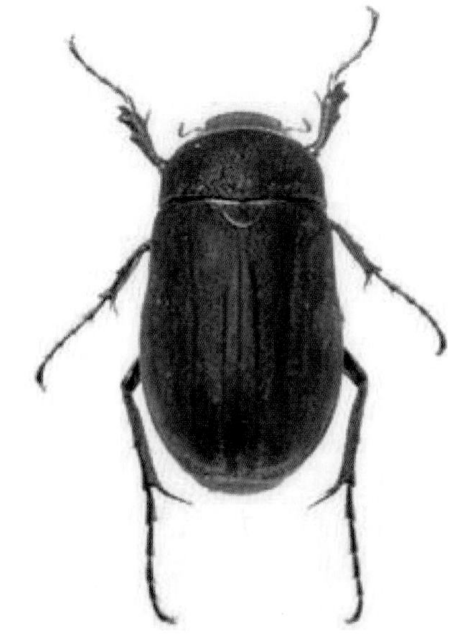

暗黑鳃金龟

中华弧丽金龟

金龟幼虫蛴螬

华北蝼蛄

东方蝼蛄

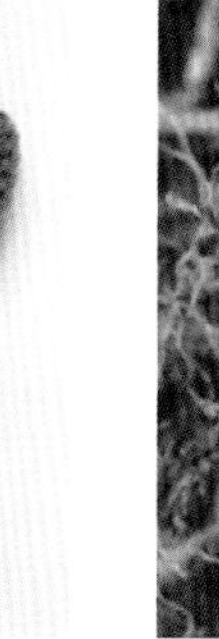
小地老虎(成虫)

小地老虎(幼虫)

图66　草坪地下害虫

三、虫害监测方法

(一)按照昆虫种类或生活习性监测

1.地面昆虫

一般采用样方法。每块样地地面积0.3~0.5hm^2,样地内设立样方数量不少于10个,每个样方面积1m^2。调查每个样方内的所有昆虫种类、种群密度(头/m^2)、寄主植物、草地类,采集昆虫现场影像照片,统计每块场地内平均种群密度和发生面积。

2.低空飞行昆虫

一般采用样线法。每块样地面积不少于0.5hm^{2}左右,在样地内设置不少于5条样线,每条样线长度在50~100m为宜。采用扫网法进行调查,沿着样线以大约为0.5m/s的速度行走,左右挥动180°为一复网,每10复网为一组,每个样线取5~10组数据(50~100复网)。统计每组复网内的所有虫害种类、种群密度(头/10复网)、寄主植物、草地类,采集昆虫现场影像照片,统计每块样地内同一种类平均种群密度和发生面积。

3.叶甲类、鳞翅目幼虫等昆虫

一般采用标准株/株丛法。每块样地面积0.25~0.5hm^2,每块样地内选择不少于10个的取样点,每个取样点随机选择至少10株或10株丛,统计每株或每株丛上的所有昆虫种类、种群密度(头/株、头/株丛)、寄主植物、草地类,采集昆虫现场影像照片,统计每块样地内同一种类平均种群密度和发生面积。

4.地下昆虫调查

一般采用深土层陷阱收集法。首次布设后静置6个月,之后每年的3月中旬、6月中旬和9月中旬各收集1次。详细记录昆虫种类、种群数量等信息,采集昆虫现场影像照片,统计每块样地内同一种类平均种群密度和发生面积。

（二）按照设备或器械划分的监测方法

1.诱虫灯调查

诱虫灯的布设、开灯时间以及诱捕时段和昆虫收集等具体方法可参照产品使用说明书使用。记录诱捕到的昆虫种类、数量、地点等信息，采集现场影像照片。

2.引诱剂调查

根据引诱剂有效距离合理挂放诱捕器（诱捕剂），并在引诱剂的有效期内进行诱捕昆虫数量调查。具体使用方法可参照产品使用说明书。记录诱捕到的昆虫种类、数量、地点等信息，采集现场影像照片。

3.黄板（黄盘）诱集法

根据黄板（黄盘）诱集器使用说明书要求，合理布设并统计诱集结果，记录诱集到的昆虫种类、数量、地点等信息，采集现场影像照片。

4.飞行阻隔器

飞行阻隔器具体布设及使用方法参照产品使用说明书。记录收集到的昆虫种类、数量、地点等信息，采集现场影像照片。

5.高空吸虫塔

具体使用及操作方法参照产品使用说明书。记录采集到的昆虫种类、数量、地点等信息，采集现场影像照片。

四、草原虫害防治标准及防治区域确定

（一）草原虫害防治标准

按照国家林业和草原局办公室关于印发《主要草原有害生物防治指标》的通知[办草字（2021）73号]文件要求，草原虫害防治标准如表38。

表38　主要草原害虫防治指标

类型	种类		虫口密度（头/m²、头/标准枝）
迁飞性害虫	蝗虫类（2~4龄若虫）		0.5
	草地螟（幼虫）		15
非迁飞性害虫	蝗虫类（2~4龄若虫）	小型	25
		中型	15
		大型	5
		混合型	10

续表

类型	种类	虫口密度(头/m²、头/标准枝)
非迁飞性害虫	草原毛虫类(3~4龄幼虫)	30
	夜蛾类(幼虫)	20

注:1.以优势种划分为小型、中型、大型蝗虫类。2.优势种不明显,划分为混合型。3.夜蛾类(幼虫)防治指标单位为头/标准枝,其余为头/m²。

(二)防治区域确定

经防治前调查,虫口密度达到防治标准,且已形成大面积危害即确定为防治区。

五、防治措施

(一)应急化学药物防治

化学防治是指使用化学杀虫剂防治害虫的方法,包括使用胃毒剂、触杀剂、内吸剂等。使用前首先对危害区草地蝗虫和草原毛虫的虫口密度进行实地调查,当草地蝗虫、草原毛虫危害严重时(草地蝗虫头数每平方米>97,草原毛虫头数每平方米>131),采用化学杀虫剂进行防治。防治时要根据杀虫剂的剂型(粉剂、可湿性粉剂、可溶性粉剂、水剂、颗粒剂、微量喷雾剂)、使用方法(常量喷雾法、超低量喷雾法)、合适的施药时间和用药量的要求,综合考虑和使用合适的杀虫剂,大发生时也可以用飞机超低量喷药。

应急化学药物防治杀虫速度快,功效高,可在短期内杀死大量害虫,有利于大面积灭虫和机械化作业。但是,长期多次使用农药,对草地生态环境和畜产品有污染,同时使害虫天敌受到威胁。在施药量和施药次数不断增加的情况下,害虫易产生抗药性。

应急化学药物防治注意事项:①草地蝗虫体表有很厚的几丁质,应使用胃毒为主的农药,且用药量要大;草原毛虫易杀死,对农药要求不严,用药量较少。②施药作业时应避免大风和有雨的天气,施药区要禁牧一定时间。注意人畜安全,防止药物中毒。

(二)生物防治

目前常用生物防治剂有2.0%阿维菌素乳油、2%噻虫啉微囊悬浮剂、印楝素,0.5%蛇床子素水剂、2.0%苦参碱水剂、1.2烟碱·苦参碱乳油、1%苦参碱、微孢子虫、短稳杆菌等。此外,牧鸡灭蝗也是生物防治的一种类型。

生物防治以使用高效、低毒、低残留、经济、安全的生物农药为原则，采用人工机械、直升机、无人机等设备，将喷雾、喷粉相结合，以常量、超低量（微量）喷施相结合的方法防治草原害虫。

防治时间：草地蝗虫的优势种蝗卵孵化高峰后期至成虫交尾前为防治适期，飞蝗或土蝗蝗蝻3~4龄期防治，防治时间为7月中、下旬至8月上旬。草原毛虫的幼虫3~4龄高峰期为防治适期，根据幼虫发育进程3~4龄高峰期约持续20~30d，防治时间为6月至7月上旬。

防治前首先对危害区草地害虫虫口密度进行实地调查，当草地害虫密度超出国家制定的草原害虫防治标准时进行防治。要根据生物杀虫剂的剂型、使用方法、适宜的施药时间和合理用药量的要求，综合考虑和使用适宜的生物杀虫剂。防治必须考虑“四安全”要求，即药剂安全、机械安全、人员安全和牲畜安全的原则。

生物防治可有效控制草地虫危害，不污染草地环境，无残毒遗留。但是，当草原害虫大暴发时见效慢，有些生物杀虫剂在高原强紫外光照射下活性易消失。

图67　生物防治

六、防治效果评价

防治效果评价依照防治效果检查公式即可，防治效果按公式（1）计算：

$$A(\%)=\frac{B-C}{B}\times 100\% \qquad (1)$$

式中：A——草地虫害的防治效果（%）；B——防治前虫口数；C——防治后虫口数。

第三章　毒害草防治

一、病害草的概念

毒草:自身含有某些有毒物质,被家畜采食后可引起家畜生理异常、健康受损,甚至死亡的植物。

害草:自身不含有毒物质,但某些器官在特定的生长发育阶段可对家畜造成机械伤害,甚至造成家畜死亡,或含有害物质,家畜采食后,使畜产品品质降低的物质。

二、常见毒害草种类

(一)棘豆类

主要有甘肃棘豆和黄花棘豆,分布在山地草甸和灌丛草甸之中。该类植物全草有毒,为烈毒性常年有毒植物,因含有多种生物碱,易使马属动物及绵山羊中毒,是高山草地中分布最广、危害最大的一类。

(二)醉马草

禾本科,多年生草本植物,高60~100cm,茎节下贴生微毛;基部分枝成丛,直立或斜向上,花小,紧密排列,淡蓝紫色或淡紫色,荚果短圆形,扁平微弯,两端扁,花期5—6月,果期7—8月。生于海拔1500~2400m的草原、荒漠草原地带的过牧地段和居民点、生产点、饮水点周围,常形成群落。该草因种子多,传播快,侵占力强,固能在草地中很快形成群落。主要分布于草原草地,在山地草甸草地较为干旱的地带也有分布。一般多生长于弃耕地、道路两旁、田埂及其他裸露地。该草全草有毒,为烈毒性常年有毒植物,含多种生物碱,家畜中毒一般表现为眼发直、流泪、口流泡沫、全身痉挛、腹胀、气喘、血液循环减弱、血似黄水、尸体苍白失去水分等症状，马属动物对该草毒素较敏感，2~3h即可死亡。

（三）狼毒

瑞香科，多年生草本。株高20~40cm；具粗而较长的木质化直根，直径2~3cm；茎自基部强烈分枝，分枝基部木质化，不再分小枝，深绿色，光滑无毛；根块状或圆锥状，外皮褐色，内面黄白色。单叶互生，近无柄；叶片窄椭圆形或长方披针形，长1.5~6cm，宽8~15mm。有“断肠草”之称，全草有毒，尤以根部毒性最大。中毒后可引起腹部剧痛，腹泻及胃肠道出血，也可以引起心、肝、肾、脑、肺等脏器出血，主要分布在草原草地，在山地草甸中也有分布，一般不为家畜采食。根粉对眼、鼻、咽喉有强烈而持久的辛辣刺激感。其化学成分，根含萜类树脂、有毒的高分子有机酸及狼毒素等黄酮化合物，还含有香豆素茴芹毒、异茴芹素及牛防风素等。

（四）北乌头

别名草乌。多年生草本。块根肉质粗壮，圆锥形。茎高80~150cm。主要分布于山地草甸或阴湿的灌木丛中。该植物全株有毒，有毒成分主要含乌头碱、下乌头碱和北乌头碱。以根部含量最多，种子次之，叶毒力最弱，但因季节、土壤、气候等而不同。植物幼幼苗和种子成熟时毒性最小，开花期毒性最大。马、牛、羊、猪均可中毒，但牛对乌头的耐受性较强。牲畜中毒后，一般食欲不振、呕吐、麻痹、以至死亡。家畜中毒后，目前尚无解毒剂，可首先让它安静，并采取保温措施，同时排空胃中毒物，对症进行治疗。

（五）大戟

大戟科，多年生草本。初春萌发时为红芽，渐变为淡红色、绿色；株高30~80cm，被白色短柔毛，全株含乳汁样汁液。生于山坡草地或沙质地上，全国各地均有分布。该草全株有毒，其有毒成分主要含大戟酮等有毒物质。对家畜胃肠道有强烈刺激作用，可引起流涎、剧烈呕吐、腹痛、肠蠕动亢进、下痢、间或便血。急性中毒时，往往于一两天内发生循环虚脱继而死亡。

（六）毒芹

伞形科，多年生草本植物。株高50~120cm；主根粗短、绿色，节间中空，内部有横隔，不定根多数，肉质，黄色；茎粗，中空，直立，有分枝。毒芹全草有毒，以根茎最毒。西北牧区春夏期间，往往能见到牛、羊、猪等家畜采食毒芹中毒的情况，造成牲畜死亡。其中毒症状是恶心、扩瞳、昏迷、痉挛和因窒息而死。牛中毒后全身发抖、脉速、腹胀、口吐泡沫、尿频，严重者15~20min内倒毙。牛、马等大畜致死量为200~300g，羊为60~80g。全株含毒芹素及毒芹醇等多种聚炔化合物。根中含有毒芹碱等多种生物碱。此外,毒芹还含有挥发油。毒芹中所含有毒物质即使晒干后,仍不消失。

(七)毛茛

多年生草本,具短根茎,生有很多须根。茎直立有槽沟,高30~60cm,全株被绒毛。广泛分布于灌丛草甸、山地草甸和疏林草甸之中,为弱毒性常年有毒植物。全草含毛茛苷,鲜根含量原白头翁素,茎叶中的黄色浆液有强烈的臭味和辛辣味,挥发刺激性强,接触皮肤、口角、口腔、蹄叉或角膜等处会立即起泡,引起剧痛。家畜大量取食后会出现流涎、呕吐、腹泻、抽搐以至死亡。毒物含量因生长季节及所在部位而不同。春季生长初期含量较少,随植物生长而逐渐增加,一般在花中含量最大,次为叶及茎部,种子含量较少。此类植物还有高原毛茛、美丽毛茛等。

(八)箭头唐松草

广泛分布于山地草甸、灌丛草甸、高寒草甸之中,多年生草本。株高54~100cm,无毛;生于海拔1400~2400m的山谷、沟边、山地草甸及森林草甸草场上。该草为弱毒性季节有毒植物,全株均有毒,以根毒性最大,茎叶次之。含多种生物碱,如小唐松草碱、箭头唐松草米定碱、唐松草宁碱、木兰花碱等。放牧地上牲畜一般不食,少量采食,不会引起中毒。有的唐松草(瓣蕊唐松草等)含少量氢氰酸,过量采食能使家畜脉搏变弱,呼吸次数减少,运动知觉发生障碍。

三、毒害草监测方法

(一)种类分布监测

1.监测目的

了解代表性地区不同生境下有毒有害植物的种类、组合、分布状况等,为草地有毒有害植物控制规划提供资料。

2.监测内容

①有毒有害植物的主要种类、密度、盖度;②有毒有害植物优势种的多度、频度系数;③主要有毒有害植物组合;④主要有毒有害植物分布型。

3.监测方法

踏查:监测前对所在地区的环境、气象、土壤、面积等先获得轮廓性了解,后确定调查点,并沿着一定路线进行调查。其要求是识别各种有毒有害植物和重要有毒有害植物组合(群落)的外貌组成结构,结合地形变化、生境,了解其分布特点。

重点调查：在踏查基础上，可根据调查目的，有重点地选择一些项目进行调查。如不同环境条件主要有毒有害植物的分布、发生、危害的调查。重点调查可根据监测目的选择以下内容：①密度，即单位面积上有毒有害植物发生的数量；②多度，即某种有毒有害植物的个体数占样地中全部个体数的百分数；③频度，即指在某特定范围内各种有毒有害植物出现的百分率，计算频度应在样地大小相同的基础上按调查点进行计算；④盖度，即指枝叶所覆盖的面积，盖度分为投影盖度和基部盖度，可作为有毒有害植物荫蔽草地的指标；高度，指相对高度和绝对高度，相对高度可更确切地说明有毒有害植物对空间的占领。

（二）毒草危害监测

1.监测目的

了解主要有毒有害植物优势种的分布、发生危害情况及其与生态环境的关系。

2.监测内容

主要有毒有害植物优势种的分布和区系分布特征；

发生面积与危害程度（危害面积，严重危害面积及造成生育受阻与劳动生产率的下降）的调查；

发生危害与生态环境的关系。

3.监测方法

代表面的确定。调查的代表面积应根据草害类别、分布、危害特性以及造成损失的情况而定。建议在1∶10~1∶20，随着草害发生的加重和分布不均匀性的增加，面积相应增大。

样本含量。样本含量应根据植物体的大小、密度和分布情况而定。样本（样方）应足够的大，包括有足够的个体数，但也要有足够的样方面积便于区分，计数和测定现有的个体数，这才能避免因重复或遗漏个体而产生混乱。

样地形状。长方形为好，且长向应与环境梯度（或密度分布梯度）相平行。

取样方法：①简单随机取样法：即利用随机数字表或田间非主观地抽取一个随机样本。应用此法，样本的个体是分别以相等的概率单独求得的，这适用于草害分布均匀的地段。②系统抽样法：也称顺序抽样法，即在调查区内按一定间隔抽取一个取样单位。③密度分级：先有计数经验再行目测分级。④盖度分级：先有盖度调查经验再目测分级。

四、毒害草防治标准及防治区域确定

（一）防治标准

按照国家林业和草原家办公室关于印发《主要草原有害生物防治指标》的通知[办草字(2021)73号]文件要求，草原毒草防治标准如表39。

表39　主要草原有害植物防治指标

类型	种类	其他草原类组植被盖度(%)	荒漠类组植被盖度(%)
毒害草	新入侵(外来)毒害草	>0	>0
	一般毒害草*	30	100

注:*一般毒害草在荒漠类组(温性荒漠、温性草原化荒漠、高寒荒漠)中不防治。

（二）防治区域确定

经防治前调查，毒草盖度达到防治标准，且已形成大面积危害即可确定为防治区。

五、防治措施

（一）物理防除

目前主要有人工挖除和火烧。如在棘豆连片分布地段动员和组织牧民挖除，以减少棘豆种群数量，降低其危害。一般在棘豆种子成熟前、雨后连根通片不漏地挖除。火烧指在毒害草相对集中地段，利用小火焚烧，不但可以灭掉地表棘豆及部分种子，同时可烧死一些虫瘿、虫卵、病原残体及病原物繁殖体，既可防除毒草，减少病虫害，还可以加速草地物质循环进程。另外，火烧一般多在初春、冬季或秋季，此时多风，易引起草地火灾，具有较大的风险性，故此法只能在特定地段、特定条件下使用。同时火烧法不具选择性，在冬季草乏之际，将进一步增加草畜矛盾，故此法亦只能作为一种补充性措施应用。

此外，将围栏封育、施肥灌溉、人工补播、治虫鼠害控制等措施结合起来，对草地实施综合培育，提高优质牧草在草群中的比例，以改变有毒植物的适宜生长环境，达到抑制生长的目的。如在醉马草成片生长的地带，灌水可起到有效的抑制作用。

(二)化学防治

指利用化学药剂来防除,是大部分地区采取的主要方法。如用2,4-D丁酯、二甲四氯等防除豆科毒害草。最佳浓度因时、因地而异;最佳防除时期多在开花前期。防治方法以人工或飞机喷雾为主,也可灌根。

化学防除若辅之以人工补播效果会更好。但在植物种类相对较多、混杂程度较高的草地上,该方法存在着自身难以克服的弱点,主要表现在:①防除毒害草的同时不可避免地将部分优质牧草杀死或抑制(即除草剂选择性的相对性);②除草剂不能杀死土壤中大量贮存的毒草种子,要想达到减少和根除毒害草的目的,需要连续至少2~3年喷药;③除草剂残留物对草地、空气、土壤、草产品和畜产品的污染。一些农药虽然残留期短,污染少,但控制毒草的效果不理想;也有一些除草剂会导致一些有毒植物毒素浓度的改变或增加,污染食物链,造成不良后果;④导致毒草产生抗药性及杀伤天敌;⑤可行性很局限。广阔无垠的大草原,地形复杂、气候多变,尤其是人烟稀少的高寒地带,限于财力、物力、人力、技术等因素,要进行大面积彻底控制是相当困难的。因此,化学防治应因地制宜。

(三)生物防治

生物防治是利用自然界寄主范围较为专一的植食性动物或植物病原微生物之间的拮抗或相克作用,将毒草种群控制在经济、生态和美学允许范围内的一种方法。与化学防除相比,具有不污染环境、不产生药害、经济效益高等优点,尤其对于一些特殊环境(如高寒草地)的恶性毒杂草,生物防治往往是最理想的,被称为杂草学"不触目的生长点"。

生物防除主要有:①以草治草。在有毒有害植物混生较多的地段,结合人工挖除棘豆及其他草地改良措施,补播竞争力强的优良牧草,利用生物竞争以草治草。②以畜治草。利用家畜牧食、践踏等方式来控制,如防治棘豆属植物时,可根据家畜(牦牛)对棘豆的专嗜性及棘豆对家畜的最低致毒量,在棘豆含毒量低的生长阶段,适时、适度放牧,防止棘豆的再生,达到控制目的。③以菌(虫)治草。利用寄生在毒害草上的病原菌或昆虫等防治毒害草。以菌(虫)治草是一个很好的途径,虽然缓效,技术要求较高,但一旦见效,则会形成毒害草控制的良性循环,实现生态系统自控功能,既不会使棘豆成灾成害,又不至于使该物种消失,种质资源遭到破坏。

(四)趋利避害

指以开发利用为手段,降低毒害草的危害。如采用0.29%的工业盐酸水浸泡棘豆24h,取出后用水清洗,晒干后作为饲喂家畜的饲料。也可用水浸泡棘豆2~3d去毒或2

周间歇饲喂。该方法虽可部分脱毒,但其安全性仍受限制,且营养受到一定的破坏或损失。另外,也可开发为饲料添加剂及药源的有效成分等。另外,对有毒植物中有药用价值的种类,应加以合理地开发利用,对棘豆和醉马草应加强其脱毒利用的研究,以使它们物尽其用。

六、防治效果评价

(一)检查时间

喷药后7d可检查毒害草植株萎蔫程度,30d后检查枯黄程度,60d后检查毒害草草根的木质部分是否出现黑色条纹或者腐烂情况,确定防除效果。

(二)检查方法

样方。取样数量、样方面积参照本书相关章节执行。

方法。选喷药后有代表性的地段抽样,有条件时应在喷药后7d、30d、60d分期调查。方法是:统计其样方中毒害草总株(丛)数,其中萎蔫、枯黄、根部腐烂的株(丛)数,生长正常的株(丛)数各占多少。

防治效果按公式(2)计算防治面积。

$$D = \frac{P}{N} \times 100\% \tag{2}$$

式中:D——防除效果(%);N——防除前毒害草总株(丛)数;P——防除后毒害草萎蔫(枯黄、腐烂)数。

(三)防治面积测定

通过作业速度、喷幅宽度、喷洒时间测算喷洒面积;通过每次喷洒面积、喷洒次数,测算防治面积。作业完成后,要求有效喷洒面积不小于计划面积的95%,按公式(3)计算每次喷洒面积,按公式(4)计算防治面积。

$$S_1=V\times M\times T \tag{3}$$

式中:S_1——喷洒面积(m^2);V——作业速度(m/s);M——喷幅宽度(m);T——喷洒时间(min)。

$$S=S_1\times N \tag{4}$$

式中:S——防治面积(m^2);S_1——每次喷洒面积(m^2);N——喷洒次数。

第四章　草原病害防治

一、草原病害的概念

由于遭受病原微生物的侵染，牧草细胞和组织的正常功能失调，生理生化过程受到干扰，进而在组织和形态上表现出一系列有害的变化，致使牧草的产量和品质遭受损失，这种现象叫作草地病害。

二、常见病害种类

导致草地或牧草发生病害的病原物种类较多，主要包括病原真菌、病原细菌、植物病毒、植物菌原体和植物病原线虫等几大类，其中真菌病害是最广的一个类别，其次为细菌病害，病毒病也较常在人工草地上发生。

(一)植物病原真菌

1.真菌的营养体

真菌的生长和发育要经过一定时期的营养生长阶段，然后进入繁殖阶段，真菌的营养生长阶段的菌体称为营养体。典型的营养体为极为纤细的丝状体，有分支且交织成团，称为菌丝体，每一根丝状体称为菌丝。

真菌的菌丝体一般是分散存在的，但有时可密集形成菌组织。菌组织有两种类型：一种是疏丝组织，结构疏松；另一种是拟薄壁组织，结构较致密，有些还可形成菌核和菌索等特殊的组织体。

2.真菌的繁殖体

真菌经过营养阶段进入繁殖阶段，即从营养体上产生繁殖体。大多数真菌只以一部分营养体分化为繁殖体,其余营养体仍进行营养生长。真菌的繁殖方式分有性和无性两种。有性繁殖产生有性孢子,无性繁殖产生无性孢子。真菌的有性孢子相当于植物的种子,无性孢子相当于高等植物的块茎、球茎等无性繁殖器官。无论何种类型的孢子,均可萌发形成真菌的营养体——菌丝体。

3.真菌的生活史

真菌是从一种孢子开始,经过生长和发育阶段,最后又产生同一种孢子的过程,称为真菌的生活史。真菌的营养菌丝体在适宜条件下产生无性孢子,后萌发形成芽管,芽管生长形成新的菌丝体,这一阶段叫无性阶段,在生长季节常循环多次。无性孢子繁殖快、数量大、扩散广,往往对一种病害在生长季节中的传播和再侵染起重要作用。真菌在生长后期进入有性阶段,从单倍体的菌丝体上形成配子囊或配子,经过质配、核配和减数分裂阶段形成有性孢子。有性生殖多发生在侵染的后期或腐生阶段,所产生的有性抱子往往是病害初侵染的来源。

4.与草地病害有关的真菌的主要类群

真菌五个亚门中的鞭毛菌亚门、子囊菌亚门、担子菌亚门和半知菌亚门,这四个亚门中均有危害人工草地的种类。

(二)植物病原细菌

植物病原细菌都是杆状,大多具有丝状鞭毛,能游动,它的繁殖能力很强,一般以裂殖方式进行。植物细菌病害的症状可分为组织坏死、萎蔫和畸形3种类型,病征为脓状物。目前已知的草坪禾草细菌性病害主要有冰草和雀稗的褐条病、羊茅、黑麦草和早熟禾的孔疫病、鸭茅蜜穗病和黑麦草的细菌性萎蔫病等。细菌性叶斑病发生初期病斑常呈现半透明的水渍状,其周围由于毒素作用形成黄色的晕圈,天气潮湿时病部常有滴状黏液或一薄层黏液,通常为黄色或乳白色。叶斑有的因受叶脉限制常呈角斑或条斑,有的后期脱落呈穿孔状。

(三)植物病原病毒

植物病毒是微小的非细胞形态寄生物。其基本单位为病毒粒体。病毒粒体只有在电镜下才能观察到,有杆状、线状、球状、近球状、弹状及双联体状等多种形态。植物病毒由侵染性核酸和外壳蛋白构成。植物病毒可由生物介体(昆虫、螨类、线虫、真菌等)传播,由种子和花粉传播或由病毒汁液机械传播。感病植物症状常见的有:畸形生长或生长不正常表现,不正常表现为矮化、丛枝、卷叶,出现瘤状突起或脉突,叶、茎和花茎畸形等;花叶症状表现为花叶褪绿,叶上出现条纹、线条、条点以及出现明脉和沿脉变色,环斑症状,细胞和组织坏死。

(四)植物病原线虫

线虫属于无脊椎动物线形动物门线虫纲,在自然界分布很广,种类很多。多呈线形,两端尖,长约1.3mm。虫体分为头、颈、腹和尾部,一生经历卵、若虫、成虫3个阶段,经历3~4次蜕皮。通过吻针刺吸植物汁液,虫体全部钻入植物组织内的称为内寄生;虫体大部分在植物体外,只是头部穿刺入植物组织的称为外寄生。线虫造成的症状可以分为局部性症状和系统性症状两大类。对于局部性症状来说,有芽的坏死、茎叶卷曲或组织坏死以及形成叶瘿或穗瘿、根部生长停止或卷曲,形成根瘤或丛根甚至组织坏死和腐烂;系统性症状主要有植株生长衰弱、矮小、发育缓慢、叶色变淡,甚至枯黄等。

三、病害监测方法

(一)病害监测方法类别

依据监测目的不同,病害监测可分为一般监测和重点监测两类。一般监测(又称普查或踏查),指当一个地区有关牧草病害发生情况的资料很少时,可先进行一般调查,目的是了解牧草病害的种类、分布、危害程度等。普查面要广,并且要有代表性。由于调查的病害种类很多,对发病率的计算并不要求十分精确。重点监测是对已发生或经过普查发现的重要病害,作为重点调查的对象,深入了解它的分布、发病率、损失、环境影响和防治效果等。重点调查的次数要多一些,发病率的计算也要求比较准确。

(二)病害重点监测方法

1.取样原则

遵循"可靠而又可行"的原则。

2.取样时间

为了节约人力和物力,对一般发病情况的调查,最好是在发病盛期进行。如禾草病害调查的适当时期一般为:叶枯病在抽穗前,条锈病在抽穗期,叶锈病可以迟一些,秆锈病、赤霉病等可以推迟至完熟期。如果一次要调查几种牧草或几种病害的发生情况,可以选一个比较适中的时期。但对于重点调查的病害,取样的适当时期应根据调查病害的种类、调查内容、病害发生规律等做具体安排,选择适合的时期。如谷粒病害和果实腐烂病等,可在谷粒和果实即将成熟时、成熟后、收获前分别取样调查(注意:如果在收获时已将烂果剔除或谷粒在脱粒后经过剔除,则得到的发病率比实际情况要低)。贮藏中的牧草种子病害,则可以在贮藏过程中不断取样记载。

3. 取样地点和方法

田边植株往往不能代表一般发病情况，因此取样时应避免在牧草田边取样，最好在离开田边5~10步取样（视牧草面积大小而定）。

取样时至少在5处随机取样，或者从田块四角两根对角线的交点和交点至每一角的中间4个点，共5个点取样，或用其他方法取样（视牧草田具体情况而定）。

4. 样本类别

样本可以以整株（苗枯病、枯萎病、病毒病等）、叶片（叶斑病）、穗秆（黑粉病）等作为计算单位。取样单位问题，应视牧草病害种类和调查目的而定，但应做到简单而能正确地反映发病情况。同一种病害，由于为害时期和部位不同，必须采取不同的取样方法。如，叶部病害的取样大多数是从田间随机采取叶片若干，分别记载发病情况，求得平均发病率；但也有从植株的一定部位采取叶片，以此叶片代表植株的平均发病率；或记载植株上每张叶片（必要时也可采下）的发病率，求得平均数。

5. 样本数目

样本数目要看病害的性质和环境条件。空气传播而分布均匀的牧草病害（如锈病等），样本数目可以少一些。土壤传染的牧草病害（如镰刀菌根腐病等）样本相对要多一些，如地形、土壤和栽培条件的差别较大，取样更要多一些。一般的方法是一块牧草田随机调查至少5个点，在一个地区调查10块有代表性的牧草。每个取样单位中的样本数量取样不一定要太多，但要有代表性。

（三）病害监测内容记录

1. 一般监测

一般监测主要是了解病害的分布和发病程度，有多种记录方法，可以参考表（表40或表41）视调查目的设计其他表格进行记录。

表40　牧草病害一般调查记录表（田块记录法）

牧草类型：　　调查地点：　　调查日期：　　调查人：

病害名称	发病率										
	田1	田2	田3	田4	田5	田6	田7	田8	田9	田10	平均
锈病											
白粉病											
黑粉病											
叶枯病											
叶斑病											
禾草霜霉病											
丝核菌褐斑病											

续表

病害名称	发病率										
	田1	田2	田3	田4	田5	田6	田7	田8	田9	田10	平均
镰刀菌枯萎病											
腐霉菌枯萎病											
……											

表41　牧草病害一般调查记录表(种类记录法)

牧草类型：　　　　调查地点：　　　　调查日期：　　　　调查人：

病害名称	为害部位	发生特点	发病程度
……			

注:发病程度有时可用“无病”“轻”“重”“很重”,或者用“-”“+”“++”“+++”等符号表示,但必须对符号加以说明(数据界定),不加说明的符号是没有意义的。

2.重点监测

重点调查的内容记录可以参考表42“牧草病害调查记载”或其他记录方式。

表42　牧草病害重点调查记载

调查日期：　　　　调查地点：　　　　调查人：

牧草类型：　　牧草草种和品种：　　种子来源：　　病害名称： 发病率和田间分布情况：　　土壤性质和肥沃度：
当地温度和降雨(注意发病前和病害盛发时的情形)：
土壤湿度：　　灌溉和排水情况：　　施肥情况：
牧草建植与管理方式：　　其他重要的病虫害：　　防治方法和防治效果：
发病率：　　感病指数：　　群众经验：

注意:重点调查除田间观察外,更要注意访问和座谈。

四、病害防治标准

目前,中国尚未有公开颁布的草地或牧草病害防治标准。原农业部在1997年颁布了一个草原有害生物防治标准,其中涉及到白粉病、锈病和其他病害的防治标准(见表43),但这个标准属于内部执行。2021年国家林业和草原局公布的草地有害生物防治标准中没有涉及草地或牧草病害的防治指标。

表43 主要草原病害防治指标

类型	防治标准
白粉病、锈病	病株率5%
其他病害	病株率5%

五、常见预防与治理措施

草地植物病原体病害的侵染性强、寄主范围广，因而，对植物病原体病害的防治，应该贯彻“以防为主”的原则。

（一）浸染性病害的防治重点

(1)消除侵染源

对消除侵染源，主要应从两方面考虑。一是加强检疫、防止病原微生物进入未见浸染性病害的地区；另一方面应彻底清除带病毒的植株。

(2)除虫防病

大部分植物浸染性病害是以昆虫作为传播媒介的，因此，积极采取防虫、治虫措施是预防植物浸染性病害发生及流行的重要和有效手段之一。

(3)控制中间寄主

了解中间寄主，特别是越冬寄主，消灭田边杂草，也是控制和预防植物病原微生物的一个重要措施。

（二）浸染性病害的化学防治

在植物浸染性病害的化学防治方面，应重在“治”，即在植物感病后，通过化学药物的处理，使植物病害造成的损害减少，或进一步使染病植物痊愈。由于化学防治具有防效高、见效快、方法具体、按病用药、有方可循的优点，因此，尽管目前其还存在着一些弊端，但化学防治在草坪草病害综合防治体系中至今仍具有不可替代的作用。

（三）浸染性病害的生物防治

有关植物侵染性病害的生物防治。至今仍极少见报道。但有理论认为：从原核生物到真核生物，所有生物都能受到病毒的侵染。因而可以预见利用病毒可以防治植物的侵染性病害。在自然条件下，有些患有黄化病的植株能自然康复，初步试验发现，在这种自然康复的病株中有类似于病毒的颗粒存在，这也许能说明，病毒的存在可以杀灭植物病原体，但这一方面，仍有待进一步深入研究。

第四篇

草产业生产技术

第一章　草业概况

草业，是指在草的基础上，通过对植物生产和动物生产及其产品进行加工经营、资源保护利用等方式获取生态、经济和社会效益的一项基础性产业。草业是草食畜牧业的基础，优质草业的发展是提升畜产品产量和质量的保障，在奶业生产领域其作用尤为明显。要保障草食畜牧业的可持续发展，就有必要推进草业的稳健发展。研究发现，种植牧草的经济效益要明显优于种植农作物，优质牧草能提升畜产品的产量和质量，保障国家粮食安全。种植牧草是提高农牧民经济收益的重要出路，也是提高畜牧业产量，保障畜产品品质的重要举措。草业不仅具有显著的经济效益，还能催生较好的生态效益和社会效益。在生态脆弱地区，发展草业不仅能改善当地的生态环境，也能为发展经济，特别是畜牧业提供基础。

图68　天然放牧草地

第一节 草业特点

一、涵盖范围广

草业，不仅包含其字面意义上的草地植物性生产，还包括在草地上进行的畜牧业动物性生产、植物性生产前的植被的多功能利用和植物性生产后的草产品加工和流通。在世界诸多产业领域中，草业是一个又崭新又传统又综合的产业，它崭新在生产技术不断更新，它传统在拥有悠久的文化历史，它的综合则体现在整体囊括了从土壤、阳光、空气、微生物、水分及植物，到动物，再到人类的各个参与者参与的完整生态系统，其对于人类生存与发展的作用尤为明显。

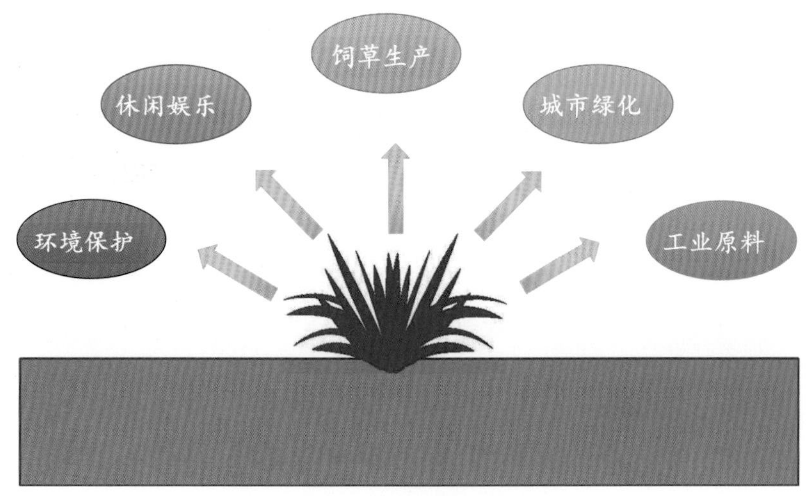

图69 草业涵盖范围

草业涵盖范围广不仅体现在参与者多，还体现在它能够提供多样功能，提供多种产品。草业不仅围绕着以草养畜、以草养人这个中心主体功能，在饲草产品、肉蛋奶产品与药用产品的生产上大放光芒，还在植物性生产前起到保持水土、改善气候、优美环境、净化空气和防风固沙的作用，在植物性生产后起到提供工业和药用材料、艺术创作题材、城市绿化材料、草产品加工原料等作用。近年来，中国城市绿化产业如雨后春笋般拔地而起。作为城市绿化必不可少的材料，大力发展草坪生产成为草业又一经济增长点。并且,伴随着国家环保政策和法规的不断完善,草原生态修复、废矿与边坡治理等都极大地需要以草为原料的草业作为支撑。草业给人类提供了诸多动物性食品,如奶制品和牛羊肉等,这使得人类能够源源不断地获取能量和营养去从事和建设其他产业。综上所述,草业涵盖了环境保护、休闲娱乐、食品生产与加工、城市绿化、工业原材料、药材生产和艺术创作等多个方面的功能,对于人类十分重要。

二、可持续发展

要保障草食畜牧业的可持续发展,就有必要推进草业的稳健发展。研究发现,种植牧草的经济效益要明显优于种植农作物,优质牧草能提升畜产品的产量和质量,保障国家粮食安全。作为畜牧业发展的物质基础和推动畜牧业发展的关键,草业的可持续发展必须要营造一个良好的畜牧环境。可持续发展草业,不仅可以增加草地农业系统的稳定性,还能改善邻近地区的生态环境,增加植被覆盖度,促进能量流动和营养物质循环,从而加速草地农业经济价值提升。草畜平衡是天然草地可持续利用和放牧家畜和草产品高效生产的前提,也是提高草地畜牧业可持续发展的基础。畜牧业发达的国家,都非常重视对草原的保护,在保证生产力水平的同时,尽可能地减少对草地资源的破坏。例如:在新西兰,政府首先对全国的气候条件和牧草生长周期进行调查,再通过实时监测和遥感数据对全国草地利用状况进行检测和监督,一旦出现超载过牧现象,即刻进行调整,如果出现严重的草地退化,则立刻将草原收回国有。先进的草原管理技术是保证草原高水平生产力的重要手段。发达国家的草原管理技术一般都非常成熟,且涉及的方面极广,既有先进的机械化设备为支撑,又有各种生物技术为辅助。中国具有草地资源的天然禀赋优势,面积广阔,品种丰富,坚持经济发展与环境保护相协调是《中国草业可持续发展战略》提出的中国草业经济发展的基本战略措施。有效实现经济效益与环境效益相协调是保证中国草业经济未来持续发展的关键。

三、具备多种功能

草业是一个具备多种功能的产业,在社会和生活的多个方面发挥着作用。草作为一种资源被应用于各个领域,而且近年来应用范围逐渐扩大。“集草为王”一词就可以将这种趋势以及草业的多种功能体现得淋漓尽致。草,无疑是草业的主体。优良牧草往往具有生物量高、适口性好、营养价值高、生长速度快等特点。优良草坪草往往具有色泽均一、耐病虫害、耐极端气候等特点。优良环境改良用草往往具有易吸附重金属元素、扎土紧密、可生物固氮和覆盖度好等特点。优良草种除了具有以上特点外,常能起到以下作用。第一,提供优美的栖息环境和运动场所。如,兰州市七里河运动场使用建植草坪作为足球比赛场地材料;乌鲁木齐市南山风景区凭借优美的草地吸引人们游览观光。第二,提供高饲用价值的饲料。如,被全世界公认为是“牧草之王”的苜蓿适口性极佳,蛋白质含量可占其全株干重的20%左右。第三,提供工业原材料和医用药材。如,草药柴胡的根可用于治疗感冒发热;干草还可以为造纸业提供原材料。第四,可为手工业和艺术创作者提供原材料和创作来源。如,在中国很多地区使用芨芨草或高粱编扫帚;诸多艺术家以草原为题创作文章、音乐和电影等。第五,改善生态环境。如,黑麦草、狗牙根、高羊茅常被用于防止水土流失,海州香薷和鸡眼草可以改善重金属污染环境。

四、与生活联系密切

在人类生活中,营养价值极高的肉蛋奶是日常饮食中不可缺少的。作为畜牧业的基础,草的质量是决定草地动物性产品质量的基础要素之一。人们要想吃上鲜美可口的食物,确保草业的高质量发展是不能不优先考虑的。作为牛羊等牲畜的食物,草及其经加工产生的饲料在促进食草动物的产品质量和数量方面起着至关重要的作用。可以说,没有优质的牧草,就没有上乘的肉质和醇香的牛奶,人们就无法汲取来自食草动物产生的食品。在世界人口快速增长的今天,人们对于肉蛋奶类食品的需求量在不断增长,草产业的稳定对于人民生活质量和国家安全就显得更加重要了。

第二节　草业结构

根据任继周撰写的《草地农业生态学》，可将草地农业系统分为前植物生产层、植物生产层、动物生产层和后生物生产层共4个生产层。

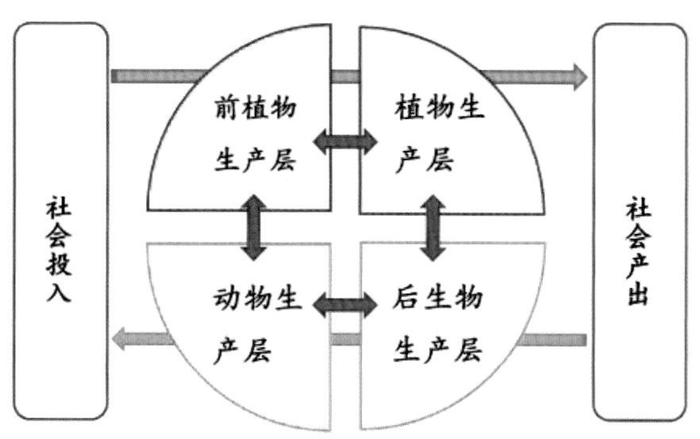

图70　草地农业系统的四个生产层

一、前植物生产层

前植物生产层按其生产属性来看，是不以生产动植物产品为主要目的，而以景观效益为主要社会产品的生产部分，例如自然保护区、水土保持区、风景旅游公园等，主要体现系统的生态服务价值。在高度城市化的今天，我们在满足物质需求的基础上，精神需求也需要被满足。尤其是在“绿水青山就是金山银山”的今天，城市绿化、环境保护与改善在基层政府的工作报告上越来越多地被体现出来。加快建设一大批城乡绿化游憩地和风景度假区，推进一大批废矿生态环境改善工程和坡地水土保持修复工程，无疑成为了时代的需要。这些需求，更多地体现的是人类的精神需要，这些工程不以生产动植物产品为目的，而是通过综合技术，以草为主体，改善生态系统稳定性并提高其生态涵养功能。如，中国草坪业的蓬勃兴起伴随着近十几年经济的高速发展，通过社会需求促进了这一产业持续健康发展，就业人员和企业数量连年上升，从而使中国主要城市的环境面貌焕然一新。

二、植物生产层

植物生产层是传统的牧草、作物、果蔬、林木等生态系统的初级生产部分。如牧草生产，在草地农业生态系统的本层位中，它的主要功能是为动物生产提供食物源。草，作为一类植物，就其本身而言能够产生很多植物性产品，如药材、花卉、果实、造纸原材料和谷物等，这些都是初级生产的产品。正因为具有如此多种利用草的方式，牧草在植物生产层中所产生的各类产品及其深加工产品也被广泛应用于各个行业中。在传统的农业布局当中，粮食作物一直被作为重点生产的对象。但是在人民需求水平不断提高的时代，只发展粮食作物是不够的。一味种植谷类作物，会对土地产生高度破坏性影响，而且会使水土流失更易发生。我们在进行传统农业生产的同时，可以考虑将牧草引入种植计划中，实行草田轮作制度。除此之外，在耕作措施上还可以考虑“豆禾混播”的方法，将豆科牧草和禾本科作物种在一起，通过豆科植物的固氮能力改善土壤。

图71　苜蓿生产基地

三、动物生产层

动物生产层是以家畜、家禽和野生动物及其产品为主要生产目标的部分。草地具有为动物提供栖息地和食物的功能。在草地上，生活着多种草食性动物，产生了多种动物性产品，如肉蛋奶、毛皮、药材和工业原料等。在植物生产层所产生的植物性产品大部分不能被人们所利用，需要动物将人们所不能利用的这些初级生产产品转化为畜产品供人类利用。在草地农业生态系统中，动物产品是人们能直接利用且与人联系最为紧密的一类产品。中国动物性生产在农业总产值中的占比仍然比先进农业国要低，先进农业国的动物性生产往往要占到农业总产值的50%。国家经济水平的提升使得人们对饮食的要求逐渐提高，不仅要吃饱，还要吃好。动物性产品往往比植物性产品的蛋白质含量更高，颇受人们的喜爱。动物产品的生产是草地农业生态系统物质生产的关键环节。要打赢农牧业翻身仗，提高动物性生产是重要策略。

四、后生物生产层

后生物生产层是指加工、流通，以及为草业系统服务的专用人才的培养教育等。在草地农业生态系统中，植物性生产和动物性生产会产生种类复杂的产品，这些产品是农牧业生产的初级产品。这些农牧业生产的初级产品，迫切需要经过各种类型的加工，从而增加其经济价值，发挥更大的功用。草产品加工可以实现牧草的专业化、规模化、社会化生产，符合产业化对生产过程的组织经营要求，从而形成草产品加工业这一独立产业。草产品加工是前连牧草种植业，后接养殖业的中间链条，它与前期和后期活动连接紧密，因此在草产业的发展过程中发挥着重要作用。

产品经过加工后需要进行流通才能实现经济收益。与相对成熟的农产品交易体系相比较，草产品和畜产品交易手段单一，中国大部分地区畜产品交易都是以定点零散交易为主，这种定点零散交易的场所通常呈集中分布模式，分布地区不均匀，旺季和淡季的交易量差别很大，交易对象都是生产者所有的初级产品，缺乏特色，品种单一，辐射面积小，往往局限于附近地区，少有销往外省和国外。

草业经济发达的国家几乎都具有非常成熟和完善的草产业化体系，产业化对于提高产品的市场竞争力降低劳动成本的效果早已被证实。在发达国家，已经形成了以市场为导向、科技为支撑、效益为中心、产业化经营为突破口的产加销结合，贸工牧一体化的草业经济发展模式。

第三节　甘肃省草业发展现状与前景

甘肃省位于中国西北部,地跨青藏高原和黄土高原,处于黄河上游,地域辽阔,地理类型多样,草原面积广阔,有着上千年的牧草种植历史。在甘肃省发展牧草产业是改善当地生态环境和提高经济效益的有效途径。为了提高草地农业生态系统的社会、生态和经济效益,研究分析甘肃省草产业的状况及存在的问题,预测其发展趋势,无疑是必要的。

一、甘肃草业的现状

甘肃省作为草种质资源大省,牧草种质资源居全国之首,有“草地资源博物馆”之称。甘肃省天然草地面积$1.733\times10^7hm^2$,占国土面积的39.04%,是耕地面积的3.31倍,林地面积的4.05倍;天然草地的牧草种类有154科、716属、2129种,其中苜蓿地方品种占全国的30%;苜蓿种植面积$3.66\times10^5hm^2$,占全国苜蓿栽培面积的34.3%;仅苜蓿种子的生产每年产值已高达800多万元,是全国最大的苜蓿种植基地。

目前,甘肃省草产业现状主要体现出以下特点。

(1)草地资源丰富,待开发空间巨大

甘肃省具有生产其他重要温带牧草和草坪草种子的优越条件。甘肃位于青藏高原、黄土高原、蒙新高原的交汇地带,省内亚热带、温带、寒温带气候兼备,多数地方日照充足,热量丰富,降水稀少,土地宽广,是除热带牧草以外其他草种均能生产的气候地带。陇东、陇南和陇中黄土高原地带土层深厚,气候温和,年降水量适宜,最适合苜蓿的生长,是中国苜蓿种子的集中产区,也是许多牧草如红豆草、小冠花、草木樨、百脉根、鹰嘴紫云英、毛苕子、箭筈豌豆、扁穗冰草、苇状羊茅、苏丹草等的理想产区。甘南和陇南的阴湿山区,则是猫尾草、鸭茅、早熟禾、无芒雀麦、老芒麦、披碱草、垂穗披碱草、中华羊茅、燕麦的宜植区和种子产区。河西绿洲灌区更是生产各种高质量温带牧草的理想环境,可以大规模集约化经营、机械化作业,发展苜蓿、红豆草、小冠花、苏丹草、柠条、花棒、沙蒿、紫穗槐、碱茅、籽粒苋、串叶松香草等的种子生产。陇东、陇南一些水热条件较好的地区，则可发展红三叶、多年生黑麦草、一年生黑麦草和高羊茅等的种子生产。可以说，中国北方需要的各种牧草种子，均可在甘肃找到适宜的地区进行种子生产。

(2)草业科研力量雄厚

兰州大学草地农业科技学院和甘肃农业大学草业学院拥有大量的科研人才和高水平的研究平台。兰州大学草种质创新利用团队以兰州大学榆中校区甘肃省西北地区特色草种质资源库为基础，负责承担国家种质资源圃项目，和甘肃省草原技术推广总站合作在兰州大学临泽试验基地完成了临泽国家级种质资源圃建设项目。甘肃农业大学、甘肃省草原技术推广总站、中国农科院兰州畜牧与兽药研究所等单位在甘肃省不同区域建立并形成网络的集牧草种质创新、利用和评价，以及草类植物引种、选育与驯化为一体的试验站集群，兰州畜牧与兽药研究所草类植物航天育种首席技术团队更是独具特色。

(3)涉草企业数量已形成规模

甘肃省草产品加工与草种生产企业规模在国内首屈一指，并且已经初步形成生产、加工及销售连贯式的草产业链。成立于2016年9月的甘肃省草产业协会在省农业农村厅、省民政厅、省草原技术推广总站等行业主管部门和有关专家、企业家的大力支持及各会员的积极参与下，紧紧围绕草产业热点、难点等问题，在维护行业利益、反映行业诉求、搭建行业交流平台及信息化服务等方面取得了一定的成绩，为甘肃草产业的可持续发展作出了应有的贡献。目前，甘肃省已经涌现出亚盛田园牧歌草业

图72　甘肃西部草王牧业集团生产的草类加工产品

集团、民祥牧草集团和西部草王牧业集团等一大批优秀的本土涉草企业，可提供多种类型的牧草加工产品和草种，为广大农牧民服务。甘肃省本土涉草企业近年来为甘肃省建设优质牧草生产基地、扩大牧草经营规模和加强草业产学研结合等方面提供了良好平台。

(4)甘肃省草业政策法规已形成架构

国家林业和草原局和甘肃省林业、草原局近年来不断出台利好草业的相关政策和法规，其中，2022年2月发布的《甘肃省"十四五"推进农业农村现代化规划》提出要积极实施种业振兴行动，主要着力于以下几点：①强化种质资源保护利用体系建设。做好农业种质资源普查与收集工作，开展种质资源引进、筛选、改良、评价、分类和创制，种质资源及品种鉴别技术研究，加大对甘肃省优良、特异种质资源的挖掘、鉴定和评价。加强现代育种关键技术攻关，完善研究成果共享和转化机制。②强化种业自主创新体系建设。建立完善以企业为主体的商业化育种体系，支持综合实力强、发展潜力大、育种能力强的农作物和畜禽种业企业建设育种中心。③推进现代化农业制种基地建设。④做大做强种业企业。重点支持鼓励种业企业通过兼并重组、投资合作等方式整合优势资源，建设大型现代化种子加工中心，培育具有较强竞争力的育繁推一体化种业集团。支持育繁推一体化种业企业建设种业技术创新平台和商业化育种中心。⑤强化市场监管体系建设。加强基层种业管理和农业综合执法机构、队伍及能力建设，提高种子市场监管能力和水平。强化新品种权保护和信息服务，严厉打击侵犯品种权的生产经营行为，切实保障品种权人合法利益，维护公平竞争的市场秩序，激发育种创新活力。

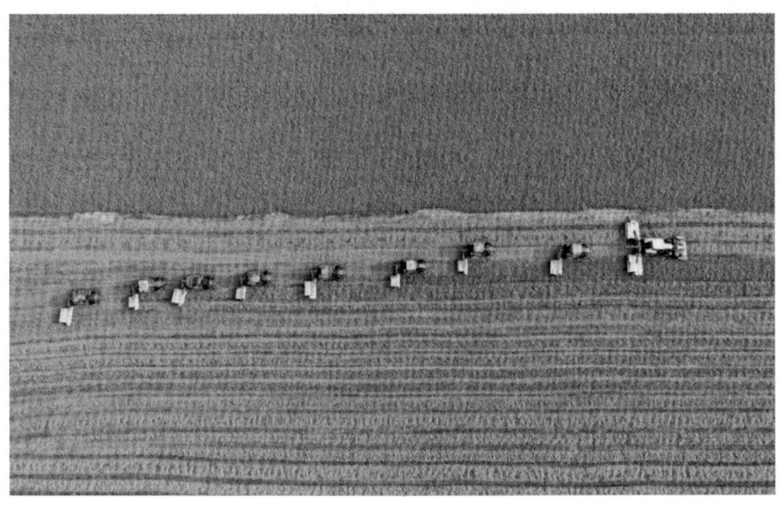

图73　苜蓿的机械化收割

二、甘肃草业存在的问题

在肯定甘肃省草产业的发展成果的同时，我们必须要总结在发展过程中逐渐暴露出的一些问题，从而做到防患于未然。近年来，甘肃草产业发展存在以下几个重要的问题。

（1）甘肃草种业仍然落后于国外先进水平

技术先进国家的牧草种子的生产已实现良种化、集约化、机械化、标准化。而中国草业牧草种子生产产业链还需要持续发展，草种及涉草企业的数量和质量还需要不断优化，草种业生产创新水平仍需不断提高。

（2）草业生产、加工和销售产业链尚未成熟

由于草业市场兴起时间还不长，还未形成成熟的市场运行和控制机制。缺少产品定价指导、供求、竞争控制以及风险管理的经验。突出表现为草产品定价不合理，人为控制等非市场因素对草产品定价影响大，出现地方垄断势力，企业市场风险大且风险投机行为屡见不鲜。由于草产品生产企业在育种、新技术应用及管理等方面存在很大的缺陷，导致最终草产品质量不能满足市场的要求。

（3）草地资源利用与管理模式不够多元化

目前，中国的草原管理方式比较单一，一般以围栏管理模式为主，比较而言，发达国家的草原管理方式更加多样化，如依据草种类和生长特点等严格制定割草期以及加强施肥管理、对施肥期和量进行测量计算，以保证土壤质量不会因为刈割而下降等。这些管理方式不仅局限在控制对草原的使用上，而且更加关注草地资源的质量优化，利用科技手段对草地资源健康状况进行实时监控，综合应用包括利用遥感技术、农业化学等学科的知识，实现在大范围内对草地资源状况摸底和监测。

三、甘肃草业的前景

针对目前甘肃省草产业存在的问题，甘肃省草产业迫切需要改进发展方式与管理方式。可以预测甘肃省草业发展将会有以下几个特点。

（1）持续注重草地生态系统与生态、经济和社会价值的统一

草地资源是草业经济发展的源泉，纵观世界各国草业经济发展模式可以看出，无论是国土面积狭小、草地资源匮乏的国家或是草地资源禀赋丰富的国家，都可以找到

适合本地区发展的草业经济模式，不论集约型生产还是略粗放型生产，其核心都在于运用新技术不断提高草业经济的生产能力，其根本都在于保护和管理草地资源使其能够健康可持续发展。中国具有草地资源的天然禀赋优势，面积广阔，品种丰富，坚持经济发展与环境保护相协调是中国草业经济发展的基本战略措施。有效实现经济效益与环境效益相协调是保证中国草业经济未来持续发展的关键。

（2）草地资源利用和管理方式多元化

草业经济生产方式的转变取决于两个因素，一个是生产技术的改良，另一个是经营方式的变革。生产技术的改良主要包含科学化的生产预测和管理，以及先进的机械化应用；经营方式的变革主要是指草业经济发展中的产业化过程。多年来中国草业经济一直是掠夺粗放型的生产方式，家庭小规模分散式经营为主，长期以牺牲生态效益来获取经济效益。历史经验表明，这样的生产方式弊端明显，只能获取短期效益。发达国家在满足草地资源管理与保护这一先决条件的基础上，采用适合草业经济发展的生产方式值得借鉴。

（3）草产品交易市场和机制逐渐成熟

市场机制是指市场各个组成部分之间的有机联系，相互制约的体系以及市场内在运作方式。与一般市场相类似，草产品市场也有一系列影响其运作的运行机制，主要包含：价格机制、供求机制、竞争机制及风险机制等。要想在未来国内国际市场中占有一席之地，充分发挥中国牧草产业的潜在行业优势，草产品生产企业，必须建立高效、科学、先进的生产管理机制和成本控制模式，以保证产品质量和适应市场需求。

（4）甘肃省涉草涉牧法律法规逐渐完善

到目前为止，中国只有一部《草原法》是专门针对草原的立法，其他与草原管理保护相关的法律法规都是作为其他核心法律的一个分项而存在的。草原立法的最初目的在于以法律的形式来确定草地资源的所有权，这也是草原立法的第一步。随着草业及相关产业的发展，草原立法不能停滞不前，需要不断依据发展需要进行完善。随着中国草业经济的发展，草原立法也必须由确定所有权延伸到对产业发展进行指导和规范的角度，尤其是面对越来越激烈的国内和国际市场竞争，科学的完善草原立法会直接关系到中国草业经济未来的发展前途。草原立法需要与经济制度和市场制度的变迁相吻合，这将是一个不断发展和变化的动态过程。随着草业产业的不断完善和规范，草业经济在国民经济发展中越来越成熟，以畜牧业来代替草业在国民经济行业中的地位显然是不恰当的。草业虽然在一定程度上包含了畜牧业养殖的内涵，但畜牧业仅是草业四个生产层中的一个（动物生产层），草业的内涵要远远大于畜牧业所包含的范畴。草业的发展不是没有达到单独设立行业的发展水平，而是被作为传统农业产业重要部分的畜牧业所掩盖。草产业本身具有完整的产业链系统、特殊的终端产品和产品市场，尽早在国民经济行业分类代码中增加草产业项目，是对草产业在国民经济中地位的一种肯定，也是进一步推动行业规范化的重要步骤。

第二章 优良草品种选育

中国牧草种质资源丰富,各地区牧草类型和分布有着明显的差异。在西北地区,由于气候干旱,结霜期长,冬季寒冷,夏季炎热,且土壤多发生盐碱化与沙漠化,严重制约了牧草的健康生长和发育。西北地区草种质资源有着种类多样、种质特性优良、发掘利用较少、开发潜力大等特点,对于优良本地草种的选育与大力推广是现在牧草选育工作的热点之一。但中国牧草种子生产产业链目前尚未成熟,牧草种子供给严重依赖于从国外进口,严重威胁了中国的粮食安全并阻碍了中国草产业的进步与不断壮大。所以,我们迫切需要对本地草种及引进品种进行选育试验,以改进牧草在多种逆境下的生长适应性,从而提高牧草产量和质量,为西北地区畜牧业和生态修复工程持续健康发展提供强劲动力。

第一节 种质资源的收集、保存、评价与利用

一、什么是种质资源

种质资源又称遗传资源,种质是指生物体亲代传递给子代的遗传物质,我们生活的地球上有种类丰富的动物、植物、微生物,这些生物体可以被称为遗传物质的仓库,育种工作者和农业技术推广者可以在这个仓库里找到他们想要的遗传物质,通过各种育种方法加以改良得到人们需要的农畜品种,而这些又形成了新的种质资源。

图74　中国科学院昆明植物研究所种质资源库保存的种子

种质资源主要分为四种类型：①本地种质资源，也就是人们常说的地方品种，包括本地的原始品种和经改良的农家品种。这些品种经长期自然选择和人工驯化，对当地的气候、土壤、水文和其他要素已经表现出了一定的抗性和适应性，可以根据这些优良性状筛选出合适的品种进行进一步的育种工作。②野生植物种质资源。野生植物往往比栽培品种表现出更多的稀有优良性状，如在野生植物中常见对某些病虫害、不利气候、土壤和水文条件的抗性种质。③人工创造的种质资源，是指利用已有的种质资源通过人工诱变（物理、化学诱变）产生的各种突变体，这种种质资源往往突变方向不稳定，获得优良种质资源的难度大。④外引种质资源，指从国内不同地区或国外引进的新品种或新类型。这些新品种或新类型往往具有与本地种植资源不同的优良性状。

二、种质资源的收集

种质资源的收集是指通过考察、采集、征集、交换、贸易等渠道收集各种农作物的栽培种、地方种和近缘野生种的活动，是农作物遗传育种的重要基础工作。目前，我们国家对于牧草种质资源的收集开发利用仍相对滞后，流失问题较为突出，政策制度和管理体系尚不完善。

种质资源的收集具有广泛性和长期性的特点。以收集种质资源为目标的引种与引入良种用于生产不尽相同。种质资源的收集，无论从目的或范围来说都更为广泛，着眼于为培育质量更高的新品种提供充分的物质基础。收集的范围包括栽培品种中当前栽培和过去栽培的品种（地方品种，近缘野生种、野生种），以及具有潜在利用价值的类型、杂交优系、芽变系等。种质资源的收集是一项经常性的工作。为充分发掘有用的种质资源，提高收集的效果，需要了解品种的起源、传播及分布；预测生产和育种实践对种质资源的需求。

在进行种质资源的收集时，我们应当找一个对当地地形气候特征、植物分布情况非常熟悉的农牧民同伴而行。收集者务必做好记录准备，如记录本、相机、便携秤和尺子等。在野外环境下还要做好个人防护措施，注意防晒、防水和防蚊蝇等措施。进行收集时，务必记录资源收集地的行政地名及生境等。同时还要采集扦插藤或带根系小植株等以方便在种质资源圃中进行保存和扩繁。若采集的品种为栽培品种，还需要记录该种质资源的栽培历史及现状、当地扦插、定植、收获时间，以及贮藏、加工和销售等信息。

三、种质资源的保存

种质资源的保存是指利用天然或人工创造的适宜环境，长期保持种质的生活力，使原有遗传基因不致丢失。

种质资源的保存方法因作物的繁殖方式不同、种子类型不同而异。对于使用种子进行繁殖的作物，我们可以人工创造环境保存其种子；对于无性繁殖的作物（如马铃薯使用块茎进行繁殖），已开始采用试管苗保存。20世纪70年代以来，已试验成功利用液态氮进行超低温保存。

农作物多数为种子繁殖作物，故种子保存是最常用的种质保存方法。种子有两类：一类是"正常型"种子，绝大多数作物的种子属这一类，要求在低温干燥条件下保存；另一类是"顽拗型"种子，如茶、油棕、咖啡、可可及其他许多热带果树的种子，不能在低温干燥条件下保存，其保存方法尚未真正解决。

正常型种子的保存条件，因作物不同而略有差异。但它们有一个共同规律，即呼吸作用越微弱，新陈代谢活动越迟缓，种子的寿命则越长。反之则短。因此，调整保存条件，使种子处于呼吸极微弱而又不致死亡的状况下是使种子长期存活的关键。

影响种子呼吸作用的主要因素是水分和温度，二氧化碳浓度也对种子呼吸作用具有一定影响。因此，控制这些条件的稳定和适宜对于种质资源的保存十分重要。

中国牧草种质主要采用异地保存的途径，分别是通过建立低温种质库进行种子保存和通过种质圃进行植株保存。如果发现稀有的牧草种质材料，为保证安全保存，建议交由国家牧草种质资源中期库或中心库进行保存。

图75　蒙草种质资源库保存的种子

四、种质资源评价

种质资源鉴定和评价是种质资源利用的基础，种质资源的评价与鉴定投入成本较高，只有对种质资源综合性状进行综合评价与鉴定才可以将其应用到常规育种和种质改良与创新中。持续的田间评价是目前牧草种质评价中采用的主要方法，原生生境评价是快速筛选有价值的种质资源的有力手段，采用实验室与评价圃相结合的评价方式，针对不同种质类型开展不同评价方法，确立抗性评价时的形态学、生物学及生理生化指标，开展种质抗逆性的综合快速评价。种质资源遗传多样性评价主要可以分为形态学指标评价和分子水平评价。形态学指标是植物分类和品种鉴别的传统方法，主要包含茎、叶和花等相关的形态学指标。

筛选与鉴定优良种质资源的工作可以为选育优良品种、缩短育种年限提供有力地帮助。系统地筛选与鉴定植物种质资源，可以发挥植物种质资源的优势，尤其是对发掘和利用种质资源以及进一步发展草产业具有十分重要的意义。

深入开展牧草种质资源的评价可以采用原生生境评价、种质圃评价、实验室评价和分子标记相结合的评价方法，对搜集的不同牧草种质类型深入进行生物学特征特性、农艺性状、细胞遗传学和分子生物学等方面的研究，为牧草种质资源充分有效的被利用提供强有力的支撑依据。

种质资源是一切具有一定种质或基因生物体的总称，是国家和育种家培育新品种的种质基础，对优良种质的挖掘在育种中有着重要的意义。在种质资源的评价与鉴定过程中，通常需要遵循以下原则：

①整体性原则。评价指标必须能够全面反映牧草种质资源的各个方面，包括产草量、饲草品质、农艺性状、抗逆性等，但要尽量避免指标之间的重叠性，使评价目标联系起来组成一个层次分明的有机整体。

②稳定性原则。在同一生态区域，对相同牧草种应该应用同一套评价指标体系。即所建立的牧草种质资源评价指标体系具有可重复操作性。在以后的研究中就可以借用同一套指标评价体系，不用再进行指标筛选了。

③科学性原则。牧草种质资源指标评价体系一定要建立在科学的基础上，指标的意义及测定该指标的目的必须明确，测定方法标准，统计计算方法规范，具体的指标能从不同角度反映牧草种质资源的优劣，这样才能保证评价结果的真实性和客观性。

④可操作性原则。牧草种质资源评价指标体系并不是越多越好，要考虑指标的量化及数据取得的难易程度和可靠性，尽量利用现有资料制订有关牧草种质资源评价的规范标准，注意选择那些能够反映牧草生产性能、饲草品质以及抗逆性的综合和主要指标。

五、种质资源的利用

牧草种质资源的利用要从可持续利用战略出发，采用以间接利用为主，与直接利用相结合的利用方式，不断拓展牧草种质的利用途径，在种草养畜利用的基础上，向治理和改善生态环境的利用途径拓展。

现有牧草种质资源的利用方式主要有以下方面：①搜集种质中部分可直接驯化的加以利用，如鄂西的多花木蓝、甘肃的天蓝苜蓿等野生栽培品种，以及润布勒苜蓿、岸杂狗牙根等引进品种。②具有优良性状的种质用于育种的亲本材料。③不能直接利用的种质，则作为相关科学基础研究的试验材料，可在研究种质系统进化及遗传多样性方面起到重要作用。

例如，吉林省农业科学院对吉林省西部地区重盐碱地碱茅野生种进行长期人工筛选和栽培驯化研究，育成白城朝鲜碱茅和白城小花碱茅栽培驯化种，并经过全国牧草品种审定委员会审定登记。

多样的利用方式加快了种质资源应用与生产的进程，但传统育种方法在新品种培育中仍占有显著优势。如何在传统育种手段上引入新的育种手段，加快新优草种的培育进程，是牧草种质资源利用面临的主要任务之一。

图76　种质资源的利用(甘肃兰州大洼山草品种区域实验站)

第二节　引　　种

把外地或外国的优良品种、品系、类型或种质资源引入当地,经过试种,作为推广品种或育种材料应用,称为引种。人们把野生植物变成栽培植物的过程,称作引种驯化。

一、引种的作用

广义的引种,是指把外地或国外的新作物、新品种或品系,以及研究用的遗传材料引入当地。狭义的引种是指生产性引种,即引入能供生产上推广栽培的优良品种。引种必须根据当地的自然条件特点、生产水平及当前生产上种植品种存在的问题,有针对性地进行引种。不应盲目乱引大引，以免造成损失。对适当的品种材料可根据需要引入，每一种材料种子量应少些。

植物引种是有目的的人类生产活动。通过引种，能迅速应用外地的优良品种代替本地不良品种，提高牧草和饲料作物的产量和品质；通过引入某些在当地没有的新牧草和饲料作物种类，可以丰富当地的牧草和饲料作物种质（或品种）资源，扩大育种的原始材料。

图77　长白山科学研究院引种驯化实验区

二、引种的理论基础

为了减少不同地区之间和国家之间引种的盲目性，应重视原产地与引种地之间生态环境的联系，特别是气候因素的相似性。气候相似论是引种工作中被广泛接受的基本理论之一。气候相似论的实质是在引种时应注意引种地区的气候和土壤条件是否接近于原产地。具有相似的气候、土壤等条件，才有引种成功的可能。

日照和温度是影响引种能否成功的主要因素。在相同纬度内，这两个因素差异较小，因而在同纬度地区之间的引种易于成功。

在不同纬度之间引种的一般规律是：短日照植物从纬度低的南方向纬度高的北方引种，或长日照植物从纬度高的地区向纬度低的地区引种，一般会延长生育期，超过一定限度，种子不成熟。相反，短日照植物从纬度高的地区向纬度低的地区引种，或长日照植物从纬度低的地区向纬度高的地区引种，一般会缩短生育期。纬度相同但海拔高度不同的地区之间，由于地理环境不同，其气候和土壤等因素差异较大，相互引种时需要认真分析和比较。其一般规律是：从山区向平原引入，植物生育期缩短，而从平原向山区引入，生育期延长，甚至种子不能成熟。

三、引种的方法

虽然引种工作有一般规律可循，但大量的引种实践证明，这些规律还不能提供准确的预见性。为了保证引种效果，减少浪费和损失以及所带来的副作用，引种工作必须有组织、有计划、有步骤地进行。首先是明确引种的目的和任务，制订切实的引种方案；然后搜集引种材料，经过引种试验，最后繁殖或到原产地调种，进行推广。

首先，要进行引种方案的制订。应根据当地生产发展的需要，结合当地自然、经济条件和现有种或品种存在的问题，例如产品质量低劣、病虫害、生育期不适应等，以确定引种目标。根据引种目标，开展调查研究。调查研究项目包括：①原分布区或原产地的地理位置、地形地势、气候、土壤、耕作制度、植被类型、植物区系等。②被引种植物的分布情况、栽培历史、主要习性与栽培特点、经济性状与利用价值。③引种地区的自然条件、各种生态因子、栽培植物资源状况与分布。在调查研究的基础上，对资料进行比较分析，确定适宜的引种地区和植物种类及品种。

第二，进行引种材料的搜集。搜集引种材料时，必须掌握有关引种材料的情况，包括选育历史、生态类型、遗传性状和原产地的生态环境及生产水平等。然后通过比较分析，估计哪些材料有适应本地区生态环境和生产要求的可能性，最后确定搜集材料。

第三，做好检疫工作。引种是传播病虫害和杂草的一个重要途径，国内外在这方面都有许多深刻的教训。为了避免随引种传入病虫害和杂草，从外地区，特别是从国外引进的材料应该进行严格的检疫，对有检疫对象的材料应及时加以药剂处理。到原产地直接搜集引种材料时，要注意就地取舍和检疫处理，使引进材料中不夹带原产地的病虫和杂草。

第四，进行引种材料的选择。植物材料或品种引入新地区后，由于生态条件的改变，往往会加速其变异，为了保持原品种种性，应该对引种材料进行选择：一是去杂去劣，将杂株和不良变异的植株全部淘汰，保持品种的典型性和一致性。二是混合选择，将典型而优良的植株混合脱粒、繁殖、参加试验。三是单株选择，选出突出优良的少数植株作为育种原始材料。

最后，进行引种试验。引种的基本理论和规律只能起一般性的指导作用，所引进的各种材料的实际利用价值还需要根据在本地区种植条件下的具体表现进行评定。以当地具有代表性的良种为对照，进行系统的比较观察鉴定。

四、引种的注意事项

把外地或外国的良种引到本地试种，从中选出适合本地种植的品种，直接用于生产，或者利用它的某些优良性状，作为选育新品种的原始材料，叫作引种。引种应注意：

①要有明确的目标。引种前，必须根据本地的自然特点和生产要求来确定引种对象，切不可盲目从事。

②要掌握引种规律。引种目标确定之后，决定引种成败的关键是良种的适应性。因此必须尽可能从纬度、海拔和自然条件相近似的地区引种。若纬度、海拔不同，应注意植株阶段发育规律。

③必须经过试种。引种必须坚持"一切经过试验"的原则，先少量引入进行小面积试种，认真考查在本地的丰产性、适应性和抗逆性，经过比较鉴定和多点试验，证明确实较当地推广品种增产的方可示范、推广。

④严格检验、检疫。引种前必须严格进行检验、检疫，确保种子质量，防止危险性病虫害、杂草种子随新品种的引入而传播蔓延。

第三节　主要的育种方法

育种，又称品种改良，是通过创造遗传变异、改良遗传特性培育优良植物新品种的技术。高产、稳产、优质、高效是育种的目标。但特定的育种目标要综合考虑当地品种的现状、育种基础、自然环境、耕作制度、栽培水平、经济条件等因素，并随生产的发展不断加以调整。

一、选择育种

选择育种就是在自然和人工创造的变异群体中，根据个体和群体的表现选优去劣，挑选符合人类需求的基因型，使优良或有益基因不断积累及所选性状稳定遗传下去的过程。一方面它可作为独立的育种途径创造新品种；另一方面，任何一种育种方法，如引种、杂交育种、倍性育种、辐射育种等都离不开选择，都必须通过相应的选择方法，才能选育出优良的作物新品种。故此，选择育种是整个育种过程中不可缺少的环节，在创造新品种和改良现有品种的工作中具有极为重要的意义。

选择分为自然选择和人工选择。自然选择是指在自然环境条件下，植物群体内能够适应自然界环境变化的变异个体，能够生存并繁衍下去，不适应于自然界的个体，死亡而被淘汰的过程。人工选择是指在人为的作用下，选择具有符合人类需要的有利性状或变异类型，淘汰那些不利的变异类型。

选择必须围绕以下两个理论依据进行：①在纯系内选择无效。纯系学说是自花授粉作物纯系育种的理论基础。未经异交的自花授粉作物所产生的后代，即为纯合体自交产生的后代。理论上讲，这种后代的个体属于同一基因型的纯合体，在一般情况下不会出现遗传变异，从中进行选择不会有什么效果。②选择的基础是遗传的变异。通过选择能育成新品种，其基本原因在于无论何种作物，也无论哪个品种，在自然情况下遗传性总是不断地产生变异，选择可以把这种变异保存和巩固下来。

选择育种需要注意以下四个基本原则：①在优良品种中进行选择。②在关键时期进行选择。③选择遗传的变异。④根据主要性状和综合性状进行选择。

人们将人工有意识的选择方法分为单株选择法（包括系统选择法等）和混合选择法（包括集团选择法、轮回选择法等）两种不同的基本方法。

单株选择法是将当选的优良个体分别脱粒、保存，翌年分别各种一区（行），根据小区植株的表现来鉴定上年当选个体的优劣，并据此将不良个体的后裔全部清除淘汰。单株选择法适用于白花授粉牧草和常异花授粉牧草。混合选择法是按照育种目标选择具有所希望特性的相当数量的单株或单穗，将种子混合形成下一代的方法。该方法适合于异花授粉牧草和品种提纯复壮。

对上述两种选择方法进行比较可以发现：①单株选择比混合选择效率高。②单株选择法往往会造成遗传性单纯、生活力下降、产量减低的现象，特别是对异花授粉牧草更加突出。而混合选择法，一般不易造成近亲繁殖和生活力下降现象。③混合选择法简单易行，花费人力较少，容易被农牧民群众所掌握，而单株选择法操作繁琐，花费人力物力较多。④单株选择法与混合选择法都能应用于良种繁育、地方品种提纯复壮和选育新品种上，但混合选择法主要是应用于良种繁育，提高品种种子质量方面；而单株选择法主要是应用于创造新品种方面。

二、综合品种与轮回选择育种法

所谓的综合品种，是指由两个以上的自交系或无性系杂交、混合或混植育成的品种，又称作混合品种、合成品种、复合杂种品种等。一个综合品种就是一个小规模范围内随机授粉的杂合体。其中亲本材料的选择与应用对品种的表现具有重要意义。一般应根据农艺性状的表现及配合力的高低对参与品种综合的亲本材料进行严格选择。

综合品种培育是利用杂种优势的一种方法。它通过天然授粉保持其典型性和一定程度的杂种优势。

图78　草类植物新品种选育圃

综合品种与传统的群体选择或株系选择育种法相比，综合品种的培育具有如下特点：①亲本数较多；②繁殖世代有限，一般为2~5代；③综合品种在选育技术方面要求不高，所需时间较短。

轮回选择的基本程序包括三个阶段：从原始群体中产生后代系；根据有重复的小区试验评价后代系；选择最优后代系进行相互杂交；通过重组形成新的群体，这便为一个轮回，如此循环进行。通过多次轮回选择，优良基因的频率得以不断提高，优良显性基因的集中程度会逐渐增大，从基础（原始）群体中分离并获得优良基因型个体的可能性也会越来越大，最终使群体的目标性状达到预期的水平。

经过一个轮回的选择，如果还难以满足育种要求，可继续进行第二、第三，甚至多个轮回的选择。在每一轮的选择过程中，都可将所发现的优良单株经自交纯合变为自交系用于选系。此外,经过改良的综合品种群体,除用作选育自交系外,如果符合生产要求也可直接在生产上加以利用。

三、杂交育种

杂交育种指不同种群、不同基因型个体间进行杂交,并在其杂种后代中通过选择而育成纯合品种的方法。

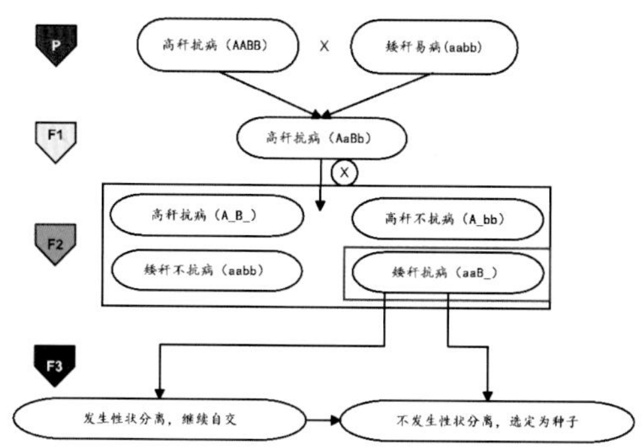

图79　杂交育种(培育矮秆抗病品种)

图80　紫花苜蓿(左)和燕麦(右)的杂交实验

四、诱变育种

利用物理或化学等因素处理植物植株的种子、植株或花粉、子房等其他器官,引起有机体遗传性的变异,通过人工选择,从中挑选有益的变异类型,经过3~4代选育成为新的品种,并从中进行新品种的选育称为诱变育种。

人工诱变育种与常规育种的不同之处是它与近代物理学、化学有着更为密切的关系。人工诱变育种不仅是生物学范畴内的工作,而且也是扩展到物理、化学领域中去的一种育种技术。近年来在诱变源的使用上出现了明显的更替变化,化学诱变剂的种类和应用范围有日益扩大之势。随着诱变工具和诱变剂的不断出现和改进,诱发突变的效率正在不断提高。

诱变育种相比于传统杂交育种具有以下特点:①提高变异率,扩大变异范围。②有效地改良个别单一性状一个综合性状优良的品种只希望改进一、两个不良性状时,采用诱变育种效果较好。③诱发的变异较易稳定,可缩短育种年限。

近年来,航天育种作为利用太空物理射线处理植株的一种诱变育种方式,其应用范围逐渐得到拓展。

图81　牧草航天育种(由“天宫一号”搭载)

五、倍性育种

在自然界,每一种生物都有一定数量的染色体。这是物种的重要特征。但是染色体数量不是一成不变的,它可以在自然条件和人工诱发条件下发生变化。

在生物细胞内,由染色体组成一个个染色体组,每个染色体组内包括一定数目的染色体。凡体细胞内含有一个完整染色体组的生物,称为一倍体;具有两个染色体组的生物,称为二倍体。体细胞内含有两组以上染色体的生物,称为多倍体。多倍体在染色体数目上是染色体基数的整倍数,所以是整倍体。植物体细胞含有来自父、母本双方的两套染色体(2n)。减数分裂后的生殖细胞仅具一套染色体(n)。由生殖细胞直接发育长成的植物体称作单倍体。单倍体植物经过人工诱导可产生纯合二倍体,它在育种上具有很高价值。

单倍体育种是将植株花粉置于一定的培养基上,在一定的条件下诱导成单倍体植株,再通过自然或人工加倍使之成为二倍体,进而选择育成新品种。多倍体育种采用人工合成多倍体植物的方法来改造植株品种。

单倍体植株相比于多倍体植株和正常植株主要有以下特点:①器官和植株弱小;②生活力一般较弱;③高度的不孕性;④基因型纯合。

单倍体的上述特点表明:单倍体植物一经加倍就成为遗传上纯合的植物体,不再分离,这就可以大大缩短育种年限,节约人力、物力。同时,由于单倍体生活力弱及高度不孕而妨碍了其在生产实践中的应用。因此,必须经过人为的控制才能发挥其优点,克服其缺点,使它成为一种快速育种的新径。

六、远缘杂交育种

远缘杂交是指亲本间亲缘关系比较远的杂交。

远缘杂交与品种间杂交相比，其突出的特点是：①远缘杂交具有不亲和性，即交配不易成功。②杂种易夭亡，结实率很低，甚至完全不结实。③杂种后代分离范围广、时间长、中间类型不易稳定。

远缘杂交相比杂交育种具有有以下优点：①创造新物种。②提高品种的抗逆性。③获得雄性不育系。④直接利用杂种优势。⑤创造异染色体体系。⑥对研究物种的形成、进化有重要意义。

表44　几种育种方法的比较

育种方法	原理	常用方式	优　点	缺　点
杂交育种	基因重组	杂交、自交、选种	①使不同个体优良性状集中在一个个体上； ②操作简便	①育种时间长； ②局限于亲缘关系较近的个体
诱变育种	基因突变	辐射、激光、空间诱变等	提高变异频率，加速育种进程，大幅度改良性状	有很大盲目性，有利变异少，需大量处理实验材料
单倍体育种	染色体变异	花药离体培养，用秋水仙素处理	①明显缩短育种年限； ②子代为纯合子	技术复杂，需与杂交育种配合
多倍体育种	染色体变异	用秋水仙素处理萌发的种子或幼苗	器官大，提高营养物质含量	只适用于植物，发育延迟，结实率低
基因工程育种	基因重组	将一种生物的特定基因转移到另一种生物细胞中	打破物种界限，定向改造生物的遗传性状	技术复杂，生态安全问题较多

第四节　乡土草种的选育

乡土草种由于对当地环境的长期适应，具有抗逆性强、稳定性高等优点，是近自然恢复技术中的种源基础。因而，采用适当措施引入、恢复与局域环境相适应的乡土草种是达成这一目标的关键。适宜足量的乡土草种源是解决当前草地恢复可用草种单一、重建草地植被群落稳定性差、生态功能不足等问题的关键。自天然草地收集乡土草种是实现这一目标的重要途径,但由于草地利用、乡土草种成熟期不一致、落粒性强等因素的限制,自天然草地收集的乡土草种一般效率较低,种子质量较差。通常情况下,目标区域往往难以提供足量的乡土草种,即使通过野外采集能够满足需要,也非常昂贵,难以大规模应用,对于多物种组合的种子补播技术则更为困难。因而,乡土草种特别是非禾本科植物草种的生产技术实际已成为限制多物种种源调控技术应用于草地恢复的瓶颈。

图82 乡土草种——羊草

一、乡土草种的类型

乡土草种指在特定生态系统中正常生活和茁壮成长的草种,换句话说,就是在当地起源或在当地长期驯化,已适应当地气候、土壤等环境特点的草种。可以包括任何与周围栖息地一起发展的草种,并且可以受到新草种的帮助或影响。乡土草种有两种类型:一种叫原住种(土著种)(indigenous species)。另一种叫地方种(endemic species)。原住种是在多个地方发现的本地物种,而地方种只在一个特定的地方发现。两者的区别在于,地方种是被人类引入和驯化的,只能在一个特定的地点找到。

二、乡土草种的扩繁

从野外采集乡土草种,人工栽培条件下集约化扩繁,可有效提高种子产量和质量,如中国青藏高原地区的垂穗披碱草(*E. nutans*)、老芒麦(*E. sibiricus*)、中华羊茅(*F.*

sinensisi)、草地早熟禾(*Poa pratensis*)、星星草(*Puccinellia tenuiflora*)等均已实现商业化生产，成本大幅降低，这可能已成为解决乡土草种供应最为有效的途径。

相对较好的草地，由于放牧等原因，其种子产量往往非常有限，因而也可借鉴林地管理的措施，划定特定区域作为种子供应地，通过施肥等人工干预措施提高种子供应地的种子产量。其次，高寒草地乡土草种普遍具有休眠性，且种子相对较小，存在出苗率低、不宜进行机械化播种等问题。因而，明确种子休眠特性，播种前采取适当的破除休眠方法有助于提高种子在田间的出苗率。此外，应用种子引发、包衣、丸粒化等技术一方面可以提高种子活力以及种子在幼苗期对病虫害与非生物逆境的抗性，另一方面也可以通过丸粒化提高小种子机械播种性。最后，选择适宜的播种技术是决定种子出苗的关键。

筛选出优良乡土草种种质资源，开展优良乡土草种的收集、系统评价与选育工作，选育出抗逆性强、低耗、优质的种质资源，采用包括杂交、诱变育种等现代育种技术，进一步对优质乡土种质资源进行培育，选育出各类适合甘肃省各个地区栽培利用的优良牧草新品种对于甘肃省乡土草种的培育工作十分重要。

三、乡土草种培育的发展对策

中国幅员辽阔，野生草本植物资源丰富，许多草种具有很强的抗寒、抗旱、抗病虫等特点，由于在当地连续繁衍，适应性和抗逆性强，利用潜力巨大。因此，加强中国乡土草种的扩繁培育工作，尤其是培育一批具有优良水土保持性能的乡土草种并加以利用对于中国草业的发展至关重要。考虑到中国乡土草种培育工作的未来发展，笔者提出了以下对策：

(1)持续加强乡土品种培育和应用

发挥甘肃省特有的科研力量优势，加快草种培育和审定。要把品种培育工作从成果导向转向应用导向，把育种主体从科研院所引向院所与企业联合，并且以企业为主的轨道。不能过于关注培育了多少品种，而是要关注生产中应用了多少新品种。切实保证育成的品种能用，能实际转化为生产力。

(2)构建好育繁推体系

建立和完善乡土草种繁育技术体系，创新推广机制，提高良种覆盖率。及时开展乡土草种培育扩繁项目，繁育抗旱、耐寒、耐瘠薄、生态竞争力强的草种。建立野生草种资源库，并建设标准化、专业化种子繁育田，全面增强综合生产能力，加快推进现代种业高质量发展。

(3)完善乡土草种生产管理机制

包括品种保护、执法监督等。建立健全国家草种质资源保护利用体系，开展草种质资源普查，建立以草种质资源库、资源圃及原生境保护为一体的保存体系和评价鉴定、创新利用和信息共享的技术体系。要解决市场乱象，必须开展草种真实性评价和认证方面的工作，以期成为草种管理的突破口。

(4)提高草种收集和生产技术创新能力

通常情况下，采种目标区域往往难以提供足量的种子。首先，可以通过研发小型轻便式收获机械，提高田间条件下的种子收集效率，降低种子采集成本。其次，还需要研究优良草坪草种与优良乡土草种的低成本、高效率快繁技术，提高草种的生产效率，降低生产成本。另外，应加强草种抗逆境机理研究，提高水土保持型草种筛选的效率。水土保持型草种的生境通常较差，其传统的筛选多从形态适应性着手，筛选工作进程比较慢，同时人们也无法准确预测这些草种能忍受的逆境幅度，对草种水土保持效果的持久性评价缺乏有力的证据。如果按照一定的分类对草本植物忍耐逆境的程度和机理进行深入系统地研究，在此基础上建立一套包括形态指标、生理生化指标等的评价草种耐性机理的综合体系，对水土保持型草种应具有的某些特殊性状进行快速预测和鉴定，有利于提高适宜草种筛选效率。

第五节　品种审定

育成或引种驯化成功的牧草及饲料作物新品种，需经专门的品种审定机构依据一定的标准和程序审定通过，方可注册登记，作为新品种推广使用。

一、品种审定

品种审定，是根据品种区域试验结果或生产试种表现，对照品种审定标准，对新育成或引进品种进行评审，从而确定其生产价值及适宜推广的范围。

二、品种审定的流程

根据《中华人民共和国种子法》，农作物的审定有国审和省审，通过审定的农作物方可推广。审定品种应具备的条件：①人工选育或自然发现并经过改良；②与现有的品种有明显区别；③遗传性状稳定；④形态特征与生理特征一致。一般品种审定的程序为：申请、受理、品种实验、审定和公告，详细内容如下：

图83　农业农村部官网公示2021年审定通过的新品种

(1)申请与受理

申请品种审定的单位和个人，可以直接向国家品种审定委员会或省级品种审定委员会提出申请，也可以同时向几个省(直辖市、自治区)申请审定。申请人应当向品种审定委员会办公室提交申请表、品种选育报告、品种比较试验报告、品种和申请材料真实性承诺书、转基因检测报告等相关材料。

(2)安排试验

申请受理后，品种审定委员会办公室会通知申请者在30d内提供试验种子。对于提供试验种子的，由办公室安排品种区域试验。品种审定委员会办公室应当在申请者提供的试验种子中留取标准样品，交农业农村部指定机构保存。

(3)审定与公告

对于完成区域试验、生产试验和DUS测试程序的品种，品种试验组织实施单位应当在60d内将各试验点数据、汇总结果提交品种审定委员会办公室。品种审定委员会办公室在30d内提交品种审定委员会相关专业委员会初审，专业委员会应当在60d内完成初审。

初审通过的品种，由品种审定委员会办公室在30d内将初审意见及各试点试验数据、汇总结果，在同级农业行政主管部门官方网站公示，公示期不少于60d。公示期满后，品种审定委员会办公室应当将初审意见、公示结果，提交品种审定委员会主任委员会审核。主任委员会应当在30d内完成审核。

审核同意的，通过审定。审定通过的品种，由品种审定委员会编号、颁发证书，同级农业行政主管部门公告。审定公告内容包括：审定编号、品种名称、申请者、育种者、品种来源、形态特征、生育期、产量、品质、抗逆性、栽培技术要点、适宜种植区域及注意事项等。

三、区域试验、生产试验和DUS测试

品种试验包括区域试验、生产试验以及DUS测试。

区域试验应当对品种丰产性、稳产性、适应性、抗逆性和品质等农艺性状进行鉴定，并进行DNA指纹检测、转基因检测。

生产试验应当在区域试验完成后，在同一生态类型区，按照当地主要生产方式，在接近大田生产条件下对品种的丰产性、稳产性、适应性、抗逆性等进一步验证。每一个品种的生产试验点数量不少于区域试验点，一个试验点的种植面积不少于300m^2，不大于3000m^2，试验时间不少于一个生产周期。同时，要对参试品种进行抗逆性鉴定、品质检测、DNA指纹检测、转基因检测等。

根据《中华人民共和国植物新品种保护条例》的有关规定，授权的植物新品种应当具备特异性（Distinctness）、一致性（Uniformity）和稳定性（Stablity），简称DUS。对申请品种进行DUS测试不仅是审批机关对申请品种进行实质审查和作出授权与否决定的重要依据，而且还是保证并维护授权品种的公正性和合法性的重要手段。截至目前，中国共发布19个草类植物属或种的植物新品种特异性、一致性和稳定性测试指南，其中2013年度发布草地早熟禾、结缕草属、狗牙根、鸭茅、红三叶、黑麦草属、狼尾草属、冰草属、无芒雀麦、披碱草属、黑麦、燕麦、酸模属，2014年度发布高羊茅、草地羊茅、白三叶、小黑麦、南稗，2015年度发布紫花苜蓿和杂花苜蓿，2020年度发布假俭草等。DUS测试与区域试验同步，按相应作物测试指南要求进行。

四、草品种审定相关组织机构

(1)农业农村部国家草品种审定委员会

据中华人民共和国农业部令第56号,国家实行新草品种审定制度。新草品种未经审定通过的,不得发布广告,不得经营、推广。农业部设立全国草品种审定委员会,负责新草品种审定工作。

全国草品种审定委员会由相关的科研、教学、技术推广、行政管理等方面具有高级专业技术职称或处级以上职务的专业人员组成。全国草品种审定委员会主任、副主任、委员由农业部聘任。

审定通过的新草品种,由全国草品种审定委员会颁发证书,农业部公告。审定公告应当包括审定通过的品种名称、选育者、适应地区等内容。审定未通过的,由全国草品种审定委员会书面通知申请人并说明理由。

(2)国家林草局草品种审定委员会

为认真做好新时代林草种苗工作,进一步加强林草品种审定和良种推广,不断推动中国林草良种化进程,根据《中华人民共和国种子法》和《国家林业和草原局职能配置、内设机构和人员编制规定》,国家林草局于2018年12月决定成立国家林业和草原局第一届草品种审定委员会。

国家林业和草原局第一届草品种审定委员会由国家林草局有关司局、有关直属单位,全国相关科研院所、高等学校(含林业和农业以及其他类)的专家组成。

国家林业和草原局草品种审定委员会秘书处设在国家林业和草原局国有林场和种苗管理司,负责草品种审定委员会的日常工作。

(3)甘肃省草品种审定委员会

甘肃省草品种审定委员会在甘肃省林业和草原局的领导下开展工作,是审定甘肃省草品种的工作机构。

甘肃省草品种审定委员会的任务主要有:①开展甘肃省范围内的草品种审定、登记、编号、命名审核等工作。②指导甘肃省草品种区域试验工作。③提出甘肃省生态建设和草业生产所需的草类品种推广目录。指导甘肃省草种质资源收集、评价、利用、保护等工作。④甘肃省草品种审定会议原则上每年召开一次,审定会前60d在甘肃省林业和草原局网站发布通知。⑤审定甘肃省草种进(出)口隔离试种及风险评估报告。

甘肃省草品种审定委员会由省级主管部门、有关高校、科研院所、推广单位及企业等组成。甘肃省草品种审定委员会设主任委员、副主任委员和委员若干名,下设办公室。甘肃省草品种审定委员会办公室挂靠甘肃省草原技术推广总站,负责委员会日常工作。

五、新品种成立的依据

一个新的品种要想成立,必须具备以下条件:①经济上有较高的利用价值;②具有本品种的典型性状或突出特点;③品种的主要性状要相对稳定;④要有一定的种植面积和种子数量;⑤通过一定的育种程序;⑥通过国家品种委员会审批登记。

第三章　牧草种子生产

中国拥有草地总面积近$4\times10^{8}km^{2}$，占国土总面积的41.7%，主要分布于北方地区。在2015年中央一号文件提出的“草牧业”和“粮改饲”极大地推进了草产业的转型，赋予了草产业新的时代意义和内涵。牧草种子生产对中国草产业加工、人工草地建植以及退化草地植被恢复具有重大的战略意义，是实现草产业转型的基础。

第一节　牧草种子生产

一、种子田建植

（一）土壤选择

气候条件需要适合该植物的生长，其次一个地区最好只生产一种或少数几种牧草；品种田间布局时，同一品种要连片种植，不同品种间必须严格地进行隔离；地块应选择开阔、通风、光照充足、土层深厚、肥力适中、灌排方便、杂草较少、不受畜禽危害的区域。对于豆科牧草还应该注意将种子生产田布置于邻近防护林带、灌丛及水库近旁，以利于昆虫传粉。牧草播种的当年要进行中耕，并合理灌溉和施肥，清除杂草（非本品种的牧草）要在开花前进行，花期可放养蜜蜂或进行人工授粉，以提高种子的结实率。

(二)播种方式

种用牧草一般采用无保护的单播方式。保护作物由于自身的生长发育,会对牧草产量造成一定的影响,导致牧草产量下降。

(三)播种方法

播种方法一般采用点播、条播和撒播。

对于高大牧草繁种来说采用点播较为合适,点播距离一般为60cm×60cm,或60cm×80cm,依不同牧草采用不同距离。

对于极易产生杂草的区域可以采取撒播的方式,这样可以利于抑制杂草,同时也可减少管理费用。

对于多年生牧草最好采用条播。条播的间距15~120cm不等,需依具体的牧草采取不同的距离。

(四)播种量

用于种子生产的播种量一般相当于大田牧草生产播量的一半左右,特别是宽行条播时,播量减少更多。进行种子生产时,豆科牧草要求留有一定空间,以利于昆虫传粉。禾本科牧草则希望具有较多发育良好的生殖枝,播量太高,植株密度过大,种间竞争激烈,抑制生殖枝的生长发育,不利于种子产量提高。

二、田间管理

(一)施肥

施肥是能够快速提高种子产量的农业措施。牧草的种类不同所需肥料也不同,一般来说禾本科牧草所需氮肥较多,故禾本科牧草一般以施氮肥为主。而豆科牧草由于与根瘤菌的作用能够固定大气中的氮,所以在牧草生产中不缺氮肥,故豆科牧草一般以施磷、钾肥为主。

牧草的不同生育时期所需的营养也不一致。禾本科牧草在分蘖期应以追施氮肥为主,配合施用磷、钾肥,拔节期和抽穗开花期,是需肥量最多的时期,拔节期适量施氮肥,有利于小穗和小花的发育,促进穗大粒多;抽穗期多施磷、钾肥和少量的氮肥以促进籽粒发育,切忌在抽穗开花期过量追施氮肥,以免造成贪青晚熟。豆科牧草追施磷肥主要在分枝期和孕蕾期,需要注意控制数量和增加磷、钾肥比例。现蕾开花后,豆科牧草对磷、钾肥的需要量较大,除了多施磷、钾肥作基肥和前期生长适当提高磷、钾肥比例外,在现蕾开花期可以根外追施磷、钾肥。

（二）灌溉

通常结合追肥进行，在有灌溉条件的地方，禾本科牧草应浇好越冬水、返青水、拔节水、抽穗开花水及籽粒灌浆水。豆科牧草分别于越冬前、返青期、现蕾开花期及结实期灌溉。

三、牧草种子收获

（一）人工收获

根据种子田的大小、机械化程度的高低不同而采取不同的措施。种子田面积小的可采用人工收获，最好在清晨时进行，以减少种子损失。割后应立即收集并捆成草束，尽快从田间运走，不要在种子田内摊晒堆垛。脱粒和干燥应在专用场院进行。

（二）机械收获

用机器收获时，应在无雾或无露的晴朗、干燥天气下进行。牧草的刈割留茬高度为20~40cm，可减少绿色杂草混入，以减少收获时的困难，保证种子的质量，有利贮藏。

种子收获后应立即风扬去杂，晒干晾透。种子的干燥方法有自然干燥和人工干燥两种。自然干燥是利用日光暴晒、通风、摊晾等方法来降低种子的水分。分两个阶段进行，第1阶段是在收割以后，将草束在晒场上码成小垛，使其自然干燥，便于脱粒；第2阶段是脱粒后的种子在晒场上晾晒，直至种子的湿度符合贮藏标准为止。人工干燥是利用各种不同的干燥机进行，要求种子出机时的湿度在30%~40%。种子干燥后，在入库前还要进行清选工作。

第二节　牧草种子加工

一、预清选

净度低、杂质多的种子，以及带有长芒、绵毛等附属物的种子，在使用播种机播种时，存在流动性差或流动不均匀的情况，进而影响播种或播种质量，在播种前应采取相应措施进行处理。

分离杂质的常用设备有气流筛选机、比重筛选机、窝眼筛选机、磁性分离机、螺旋分离机及倾斜布面清选机等。应根据种子中所含杂质的特点选用相应的清选分离机械，亦可采用清水或盐水漂浮法去除轻质杂质。

对于草种的长芒、绵毛等附属物，常用的处理设备为锤式去芒机，这种机具由锤击去芒、筛选分离和通风排放三部分构成，除去芒外，尚可去除绵毛、稃片、颖壳、穗轴等。亦可采取碾压法，将种子均匀铺于晒场上，厚度5~7cm，用环形镇压器进行压切，或用石磙进行碾压，然后筛离。

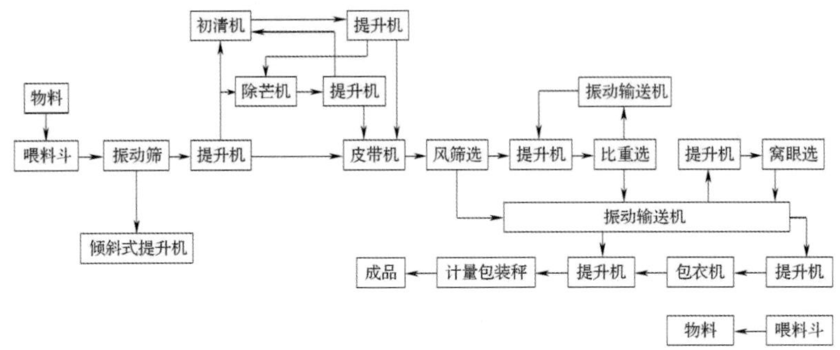

图84　牧草种子加工流程图(杨国宝等，2016)

二、干燥

种子烘干是采用机械方法，在最短的时间内，除去种子中过多的水分，延缓种子新陈代谢，以保持种子旺盛的生命力和优良品质，提高种子贮藏性能。

干燥方式有自然风干和机械烘干两种方式。自然风干可在四周空旷、通风、阳光充足的地方，将种子铺开，不可太厚否则底层的种子会回潮发霉。然后在晴朗的天气下进行暴晒，控干水分。机械风干则是利用烘干设备在机械制造的较高温环境下进行，在设置时，温度不宜太高，否则会损伤种子的胚而使种子活力下降，降低发芽率。

常用的牧草种子烘干设备主要有两种。一种是塔式烘干设备，采用多个烘干段叠加组装烘干的方式，主要用于流动性较好的豆科类种子在烘干机内自上而下实施连续式烘干，这种烘干机的特点是生产能力较高。另一种是批量式烘干设备，采用箱式静态烘干的方式，主要用于流动性较差的禾本科类种子进行批量式烘干，批量式烘干的生产能力相对较低。

三、精选

精选是种子加工中的核心工序，种子精选原则上是为了清除杂质，提高剩余种子品质并彻底清除有损伤以及低质量的种子，以此来提高种子等级。

在保证最大加工速率的前提下，应以筛面均匀布满种子为宜，且种子层厚不能超过筛框高度。喂料速度过快会阻塞机器，太慢则会影响效率。

（一）按种子的长度分离

按长度分离是用圆窝眼筒来进行的。窝眼筒为一内壁上带有圆形窝眼的圆筒，筒内置有盛种槽。工作时，将需要进行清选的种子置于筒内并使窝眼筒做旋转运动，落于窝眼中的短种粒（或短小夹物）被旋转的窝眼滚筒带到较高位置，接着靠种子本身的重力落于盛种槽内。长种粒（或长夹物）进不到窝眼内，由窝眼筒壁的摩擦力向上带动，其上升高度较低，落不到盛种槽内，由此可将长、短种子分开。

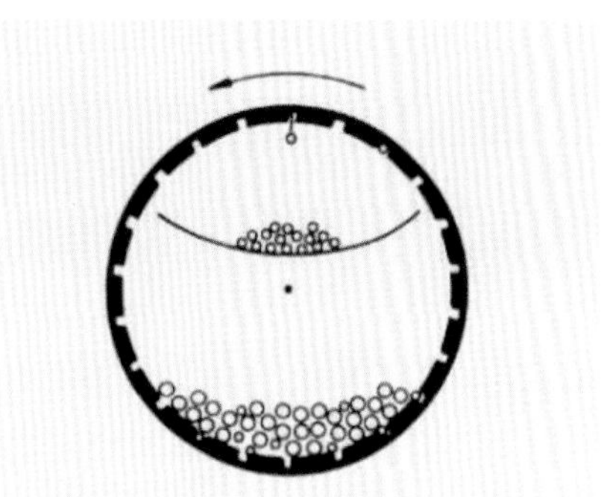

图85　窝眼式滚筒

（二）按种子宽度进行分离

按宽度分离是用圆孔筛进行的。凡种粒宽度大于孔径者不能通过。当种粒长度大于筛孔直径2倍时，如果筛子只做水平运动，种粒不易竖直通过筛孔，需要带有垂直振动。

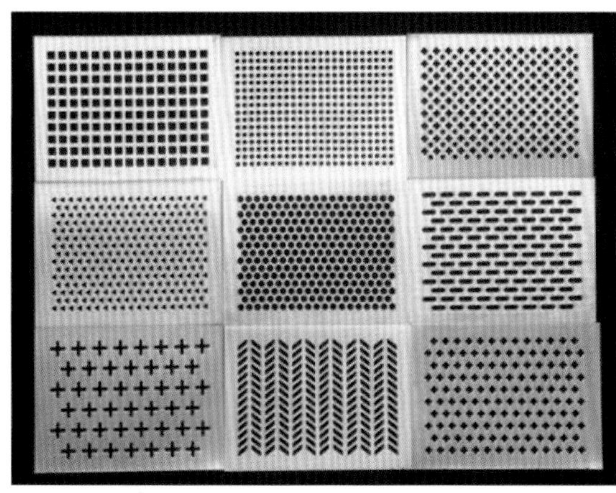

图86　筛子类型

(1)重力分选

重力分选是根据种子密度特性利用机械振动和风压进行分选的,经过风筛清选的种子,虽然大小一致,但是由于饱满度不同,发霉、病害、虫蛀等原因,种子比重存在差异,在流化过程中比重大且特性好的饱满种子"下沉",比重小且表面特性差(霉变、虫蛀、成熟度差)的种子则"上浮",形成有序的分层现象。通过重力分选能有效地分离种子中含有的轻杂质、霉烂变质种子及杂草种子,以改进种子品质。

(2)种子包衣

在种子外面包上一层药剂即"外衣",这层外衣称为种衣剂。种子衣随种子入土后,遇水吸胀而几乎不被溶解,在种子周围形成一个屏障,随着种子的萌动、发芽、成苗,有效成分逐步释放,并被根系吸收传导到幼苗植物的各部位,使药、肥得到充分利用。种子包衣是实现种子质量标准化的重要措施,种子包衣要求各药剂肥料需要混合均匀,包衣轻薄。种子包衣具有明显的防治病虫害、促进生长发育和提高产量的功效;此外,种子包衣还有减少农药用量、减轻环境污染、节约种子用量、降低生产成本等作用。种子包衣技术在国外应用十分广泛,几乎所有的种子都要经过包衣处理。

简单的人工种子包衣法有:①塑料袋包衣法。即在塑料袋中混匀所需要的种子包衣剂、肥料以及农药等,然后放入一定量的种子,用手揉搓混匀即可。②大锅包衣法。即在一口固定的大锅中加入所需试剂后,放入一定量的种子混匀后备用。③机械包衣法。即通过种子包衣机进行大批量种子包衣,种子包衣机是将药液罐、肥料以及种衣剂装填在一起后通过雾化器雾化后将试剂包裹在种子表面。

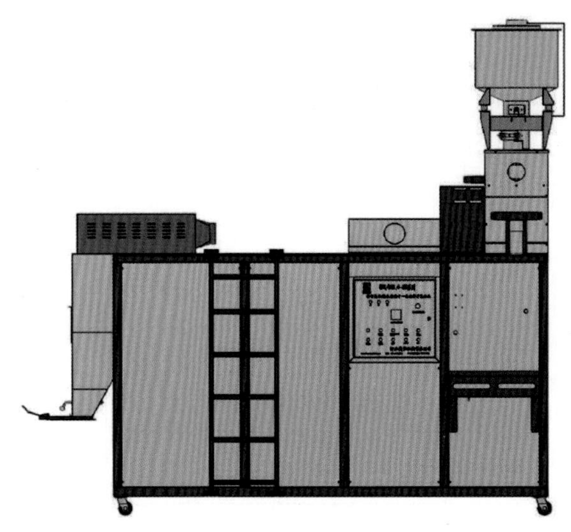

图87　种子包衣机(冷文彬,2021)

第三节　牧草种子检验

牧草是畜牧业的基础，优良的牧草种子是丰产的前提。种子检验可确保种子的品质，是种子生产链上最重要的一环。牧草种子检验是应用科学方法对牧草种子品质或种子质量进行细致地检验、分析、鉴定，以判断种子品质优劣的一门科学技术，故又称种子质量检验。

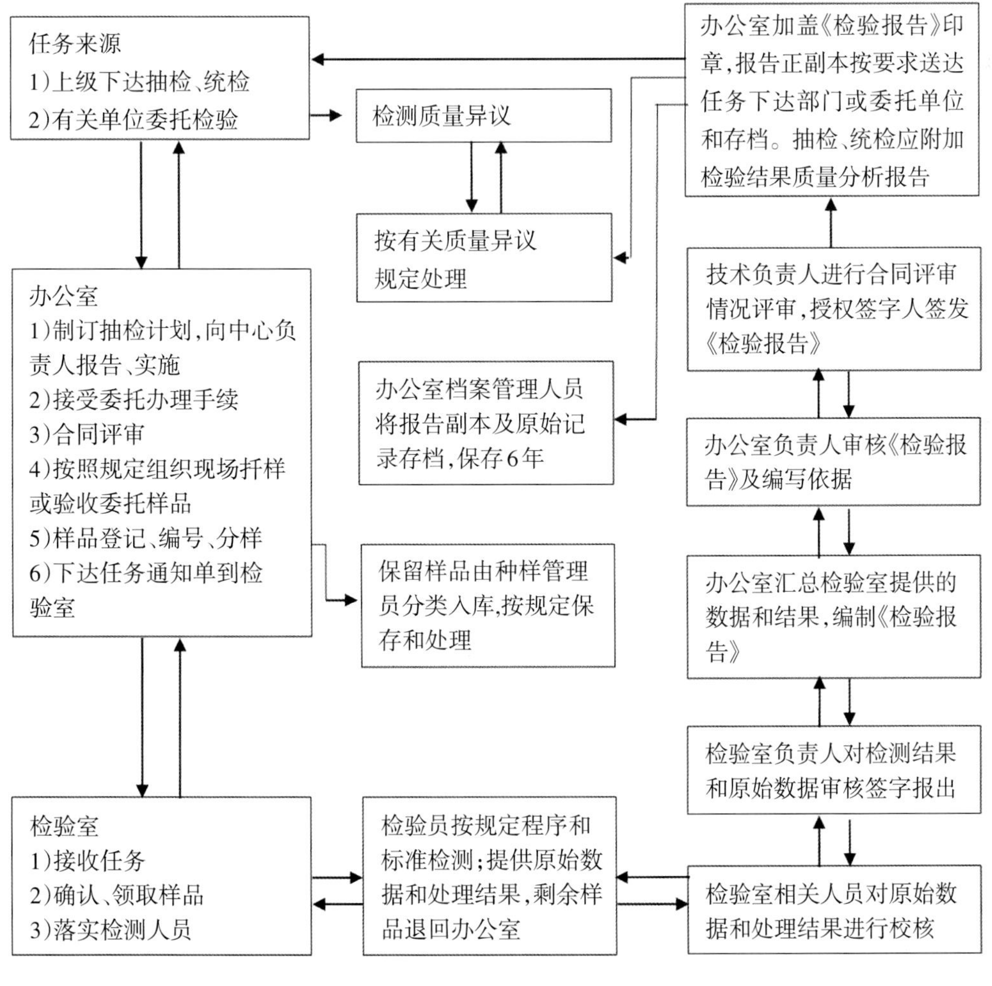

图88　种子检验工作流程图

一、扦样

扦样又称取样或抽样，通常借助于一种特制的扦样器完成，目的是从一批大量的牧草种子中取得一定数量适合于供检验用的样品，并且样品能够准确地代表该批被检验种子的成分。扦样最好在装卸、进出仓时或在场院上进行，袋装种子按堆积状态扦样点均匀分布在不同部位，如每袋的上、中、下部位。对袋装种子批或容量与麻袋相似、大小一致的其他容器，扦数量的最低要求是5个容器以下，每个容器都扦取，并至少扦取5个初次样品，6~30个容器，每3个容器至少扦样取1个，但不少于5个容器。

图89　牧草种子扦样

二、其他植物种子数测定

根据送检者的要求找出试验样品中所有其他植物种或某些指定植物种，并计数每个种的种子数。较大量的试验样品可分批次筛选以防止筛孔堵塞。如果是机械振荡，振荡时间应不少于1min；如果是人工振荡，应用力振荡，直到尘埃状物质被完全分开；然后直接检查托盘中的分离物。

三、种子净度分析

牧草种子净度是指从被检牧草种子样品中除去杂质和其他植物种子后，被检牧草种子重量占样品总重量的百分率。其目的是了解一批种子中的组分，种子净度低、杂质多、杂草种子及其他植物或作物种子含量多，会降低种子的利用价值。机械播种时，杂质多，不利于种子流动，往往造成缺苗；杂质还会影响种子的贮藏安全，造成种子发热，降低种子生活力。混有杂草的种子还会影响牧草种子的快速建植，争抢牧草的水分、营养及生存空间，从而影响牧草的发育。

大量的研究表明大约250粒种子单位的重量在净度分析中是具有代表性的。每种牧草种子都有不同的净度分析试验样品的最低重量。从送检样品中用分样器或徒手法分取规定重量的净度分析试验样品一份或规定重量一半的两份试验样品。当试验样品分至接近规定的最低重量时即可称重。试验样品称重所保留的小数位数因样品的重量而异。

称重后的试验样品可进行净度分析，分析时将样品倒在净度分析台上，将净种子、其他植物种子、无生命杂质分类出来，分别放入相应的容器或纸袋。样品经分离后对净种子、其他植物种子和无生命杂质分别称重，以克为单位，保留的小数位数与试验样品相同。然后将分离后各组分的重量相加做分母，计算各组分的百分率，保留一位小数。百分率的计算应以各组分重量之和为基数，而不以试验样品原来的重量计算，但应将各组分重量之和与原来重量做比较，以便核对样品有无损耗或其他差错。

四、重量测定

将净度分析后的全部净种子或送检样品的部分净种子作为试验样品。检验样品尽可能避免种子水分发生变化，测试前置于防湿容器中贮藏。净种子的获取按国家标准GB/T 2930.2的规定执行。利用机械数种法将整个试验样品通过数种器，读出在计数器上所示的种子数。计数后将试验样品称重，以克(g)为单位，以计数重复法测定牧草种子重量。从试验样品中随机数取8个重复，每重复100粒种子，分别称重，以克(g)为单位。

五、健康检验

牧草种子健康检验也是种子检验中重要的一环，可利用直接检验法对其进行检验，即通过肉眼观察该批种子的发霉即虫子入侵状况，查看此批种子的健康状况。除此之外还有吸涨种子检验、洗涤物检验等。

六、水分测定

水分测定可以了解牧草种子水分占比，水分过高会影响种子的储存寿命，使种子储存难度加大，水分测定可以通过低恒温烘干法，该法适用于所有草种子水分的测定。盛入样品前，分别称取样盒与盒盖的重量；而后按规程分取的试验样品，均匀平铺在样品盒底部；称重后，迅速将样品盒置于盒盖上放入烘箱中。温度130℃，烘干2h。烘干计时从样品盒放入烘箱后，温度重新回到规定温度时开始。到达规定的时间后，盖好样品盒盖，放入干燥器中冷却至室温后称重。也可通过高恒温烘干法进行测量，其测定程序同低恒温烘干法，但烘箱温度应保持在130℃~133℃。

七、包衣种子测定

测定一批种子的包衣物质及其占比，可以了解该批种子后续的持续利用能力大小以及包衣是否合格。包衣种子测定需要将不少于2500粒的试验样品放入细孔筛，浸在水中震荡后，除去丸化物，最终将丸化物成分确定列表。

八、生活力测定

对于休眠种子需要测定其生活力，生活力能够快速反映种子的发芽能力，是预测种子质量的一个重要的标准。牧草种子生活力的测定主要利用四唑染色测定法。

九、发芽实验

发芽试验的目的是了解种子的田间用价情况，并提供检验结果，这对正确掌握牧草的播种量、牧草种子贸易、牧草种子的贮藏和运输都具有重要的参考价值。

发芽力指种子在适宜条件下能发芽，并能长成正常种苗的能力，通常用发芽势和发芽率表示。

发芽势为种子在发芽试验初期规定的天数内（常为初次计数时），正常发芽种子数占供试种子的百分比，发芽势高则表示种子的生活力强，发芽出苗整齐一致。

发芽率是发芽试验终期、末次计数时，全部正常发芽种子数占供试种子百分比。

发芽率高则表示有生命的种多。

通过对种子的净度分析、发芽试验等一系列牧草种子检验措施最终得出该批种子的质量，以此判断该批种子是否合格（韩锋，2005）。具体操作及质量判断参考GB/T 2930.4-2017《草种子检验规程》、DB42/123-2002《主要栽培牧草种子质量分级》及ISTA《国际种子检验规程》。

表45　牧草种子检验规程

国家标准编号	名称
GB/T 2930.1-2017	扦样
GB/T 2930.2-2017	净度分析
GB/T 2930.3-2017	其他植物种子数测定
GB/T 2930.4-2017	发芽试验
GB/T 2930.5-2017	生活力的生物化学（四唑）测定
GB/T 2930.6-2017	健康测定
GB/T 2930.7-2017	种及品种鉴定
GB/T 2930.8-2017	水分测定
GB/T 2930.9-2017	重量测定
GB/T 2930.10-2017	包衣种子测定
GB/T 2930.11-2008	检验报告

第四节　牧草种子储藏和运输

一、牧草种子的储藏

许多牧草种子的生活力长达几十年。大多数豆科牧草种子生命力比较强，这是由于具有无透性的种皮隔绝了与周围环境的联系。禾本科牧草的种子则受贮存环境的影响很大。温度和湿度对于种子生活力影响更大，而且湿度的影响尤为重要。种子贮存期间含水量的变化与空气相对湿度有密切关系。空气相对湿度为45%时，某些种子的生活力可保持3年，若相对湿度降至30%，则生活力可达10年，若空气相对湿度达15%时，则保存时间更长。

种子入库前要对仓库和常用的器材、工具，如种子袋、围席、扫帚、锹、铲及铺垫物等进行打扫，然后暴晒或药剂熏蒸，杀虫、灭菌，清除影响种子贮藏的一切杂物和药品等。

(1)种子堆放的形式要以有利于空气流通、保持库内温湿度均衡及管理方便为宜。

(2)在一个库房内堆放两个以上品种时，垛与垛、品种与品种之间要留出0.7m的走道，种子包要距仓壁0.5m。

(3)散装堆放可分为全仓散堆、围包散堆和围囤散堆等形式。堆高夏季高温季节时可采取散堆和围囤散堆等形式。堆高夏季高温季节不得超过2m，冬季低温季节可高至3m。

(4)袋装堆放。其形式有非字形、半非字形、山字形、井字形和口字形等，可视库房的大小及种子包的多少选用。种子袋要放在距地面15cm的隔板上，高度不得超过7袋，也可用种子架存放，每层隔架堆3~4层种子袋。

要经常注意调节种子库的温湿度。晴天可在上午9时至下午4时进行开窗通风，以保持库内低温和干燥。库内相对湿度要保持在60%以下。最好每隔5个月将上层与下层种子袋倒换一次。高温季节要出晒种子，摊在苫布上，并勤翻动散在地面上的种子，要随时清理干净，另外存放不得与种子堆的种子混杂。

二、牧草种子的运输

运输可分为种子收购的贮前运输和出库后的派送运输，在这两种运输类别中，短途运输对种子质量影响较小，故需特别注意长途运输。批量种子运输，应做到一车、一船或一机装运一个品种，两个品种以上的，要严格分开装运，不得混装，少量多品种牧草种子运输，要有明显的品种隔离标志，以防止混杂错乱。

种子贮前运输，由于其运输路线长，故所需运输时间相对较长，运输中种子堆积密实，此时如果种子内含水量相对较高，呼吸作用旺盛，易产生霉变等破坏种子质量的现象。

种子贮后运输，种子派送一般在春季进行，此时雨水较多，如不注意防水，再加上运输时间长等因素，很可能使种子提前萌动，这样则会降低种子入地后的出苗率。

在运输期间如发生雨淋、受潮等事故，应随时取出种子，及时晾晒。如果抛洒混装需要单独包装，承运人应负责在该包种子上做标记。

第四章　人工草地建植

人工草地(tame grassland, artificial grassland, sowing grassland, seeding grassland)顾名思义是利用综合农业技术,在完全破坏原有植被的基础上,通过人为播种建植的新的人工草本群落。也包含以饲用为目的播种的灌木、乔木或与草本混播的人工群落。在不破坏或少破坏天然植被的条件下,通过补播、施肥、排灌等措施培育的高产优质草地称为半人工草地,其经济和环境意义相当于人工草地,但由于其植被未发生根本改变,所以在草地分类上仍作为天然草地对待。

人工草地是21世纪草业建设、环境保护、畜牧产业转型的重要议题。它可以创造新的草地生产力,推动牧区生产分化、劳动力分流,促进牧民定居,迅速改善退化草地的生态环境,优化中国农牧业的生产结构,这对加速实现现代化的草地农业系统等方面起到十分重要的作用。

第一节　人工草地建设原则

一、因地制宜

中国地域辽阔,经纬度跨度较大,地形气候复杂。故需要基于地区的地理位置、气候条件、经济发展状况最终确定人工草地建设方案。人工草地的建设以生态优先为原则,以高产高效为目标,实行因地制宜,科学建设。时间上,根据气候特点,适时播种栽植，确保植物有足够的生长发育时间；品种上，根据土壤精心选配，确保与土地高度适宜。人工草地一旦建植，就要确保人工草地持续利用不荒废，防止出现水土流失、土壤沙化、盐碱化等生态环境恶化情况的发生。在建设方案设计过程中需参考人工草地建设技术规程，结合本地区的实际情况设计最佳实验方案。

二、统筹兼顾

人工草场是为提高热带草地生产力而创造的农业生态系统之一。其建设和利用，将影响到土壤保护和更新、养分的再循环、水域的净化、生物多样性保护、草场合理利用等方面，因而关系到能否保持生态平衡。因此建植人工草地的基本原则就是统筹兼顾，既需要考虑草地整体的生态状况，平衡当地区域的生态环境，也需要考虑人工草地的经济效益，最终能达到绿水青山就是金山银山的目的。例如在热带地区，存在大量土壤蒸发和淋溶现象，故在建设期间就要考虑尽量少地翻动土壤，减少人为对土壤的破坏，尽量在其原本的土壤结构中，选择合适的牧草，形成符合当地气候环境的草地植被，最终通过构建"草地—生态—经济"共同体合理利用，既防风固沙保护生态环境，也保持草地的利用方向和生产力水平，有效结合经济、生态、社会效益，保持安全高效稳产和可持续发展。

第二节　草种选择

从草产量来看禾本科牧草品质优良、适口性好，具有较高的饲用价值和产量，是人工草地的主要建群草类之一。但豆科牧草的营养和对土壤氮肥的利用也是必不可少的。

一、豆科

（一）苜蓿

苜蓿是人工草地建植首选的豆科牧草。其中紫花苜蓿（*Medicago sativa* L.）是多年生豆科牧草，因具有适口性好、营养价值丰富、产草量高、利用年限长，抗逆性强等特点，被誉为“牧草之王”，植被覆盖度较高，不仅可以起到防风固沙的目的，还能减少土壤地表的蒸发量，保持土壤水分，抑制因雨水冲刷带来的水土流失。另外，苜蓿是优良的豆科牧草，根瘤菌可以利用大气中的氮转化为植物所需的氨态氮，增加土壤肥力水平。除此之外，苜蓿所含的营养元素丰富，粗蛋白含量较高，为家畜所喜食，可增加其经济效益，到人工草地建植的复合功能，因其具备较强的耐寒能力，故较为适宜于温带人工草地的建设。

图90　紫花苜蓿

（二）三叶草

三叶草是多种拥有三出指状复叶的草本植物的通称，主要包括三类：豆科的车轴草属和苜蓿属、酢浆草科的酢浆草属中的某些种类。三叶草作为豆科植物，其固氮效果非常显著，对提高土壤肥力、增加地面绿色覆盖度、控制田间杂草的生长，保持土壤湿度、降低土壤侵蚀度，以及防风固沙具有非常重要的意义。目前，中国普遍种植的三叶草品种主要为红三叶和白三叶。

图91　三叶草

（三）草木樨

草木樨（*Melilotus*.spp），是豆科草本植物，高可达250cm。茎直立，粗壮，多分枝，羽状三出复叶。产于东北、华南、西南各地，其余各省常见栽培。生于山坡、河岸、路旁、沙质草地及林缘。欧洲地中海东岸、中东、中亚、东亚均有分布。草木樨为直根系草本植物，其颈部芽点不多，分枝能力有限，而大量的芽点分布于茎枝叶腋；所以，放牧或刈割留茬不宜太低，如果要增加利用次数，只有适当增加留茬高度，一般留茬以15cm左右为好，每年可刈割2~3次。草木墀主要靠种子繁殖。在野生条件下，其产种量较高，自然繁殖能力是比较强的，其细小的种子（或荚果），主要靠自播和风力传播。

图92　黄花草木樨

（四）红豆草

红豆草（*Onobrychis taneitica*），是豆科，驴食草属多年生草本植物，高可达60cm。红豆草多生长于栗钙土和暗栗钙土，中性或微碱性，有时也出现在砾质坡地上。抗寒性较强，多在距地表2~3cm处的根茎上分枝，叶腋分枝较大。当年生顿河红豆草在无雪被覆盖下，在中国乌鲁木齐市越冬率为11%，在甘肃的武威市达100%。顿河红豆草属旱中生或中生类型植物，常出现在草甸草原，混生植物有老鹳草、草地早熟禾、草原苔草、山糙苏、紫花鸢尾、羊茅、黄花苜蓿等，与杂类草、禾草组成群落。顿河红豆草在杂类草→草原苔草+狐茅群落中呈植株散生，数量不多，分盖度10%，频度100%，也可与老鹳草构成连片的天然打草场。

图93　红豆草

二、禾本科

(一)黑麦草

黑麦草(*Lolium perenne*),早熟禾科黑麦草属植物,包括欧亚大陆温带地区的饲草和草场禾草及一些有毒杂草。黑麦草喜湿润温和气候,不耐严寒和炎热,夏季发育缓慢,往往生长不良,甚易死亡。黑麦草生长快、分蘖多、能耐牧,

图94　黑麦草地

黑麦草是优质的放牧用牧草,也是禾本科牧草中可消化物质产量最高的牧草之一。常以单播或与多种牧草作物如紫云英、白三叶、红三叶、苕子等混播。中国淮河以南宜秋播,北方宜春播。施肥有利于提高产量和改进品质。春播黑麦草当年可刈

割1~2次，每公顷产鲜草15~30t；秋播的翌年可刈割3~4次，每公顷产鲜草60~75t。种子成熟后易落粒，故当麦穗呈黄绿色时即应收割，也可利用第一次刈割后的再生草留种。

（二）无芒隐子草

无芒隐子草（*Cleistogenes mutica* Keng），禾本科（Gramineae），隐子草属（*Cleistogenes*），多年生丛生禾草。无芒隐子草具有极强的抗旱、抗寒和耐瘠薄等特性，常作为年降水量120mm左右的干旱荒漠草原的建群种和优势种，在维护与恢复当地脆弱的生态环境中发挥了重要作用。无芒隐子草青绿期长、生长速率慢、叶片色泽墨绿、美观，亦可作为优良的草坪草，在干旱和半干旱地区的城市绿化、运动场草坪建植、道路护坡建设等方面具有广阔的应用前景。

图95　无芒隐子草

（三）燕麦

燕麦（*Avena sativa* L.）是禾本科、燕麦属一年生草本植物。燕麦的生长环境与一般谷物不同，喜爱高寒、干燥的气候，中国内蒙古自治区中部阴山北麓被誉为世界黄金燕麦的主要产区，这里海拔约2000m，年日照时间超过3000h，昼夜温差大，平均3m/s的季风常年吹过。燕麦是世界性栽培作物。但主要集中产区是北半球的温带地区。主产国有俄罗斯、加拿大、美国、澳大利亚、德国、芬兰及中国等。中国燕麦主产区有内蒙古、河北、吉林、山西、陕西、青海和甘肃等地，云、贵、川、藏有小面积的种植，其中内蒙古种植面积最大，约占中国燕麦种植总面积的35%。

图96　燕麦

（1）羊草

羊草（*Leymus chinensis*（Trin.）Tzvel.）是禾本科、赖草属植物。分布于俄罗斯、日本、朝鲜和中国；中国分布于东北、内蒙古、河北、山西、陕西、新疆等省区。生长于平原绿洲。耐寒、耐旱、耐碱，更耐牛马践踏。羊草为中国内蒙古东部和东北西部天然草场上的重要牧草之一，也可割制干草。在种子成熟后，茎叶绝大部分仍能保持绿色，进行割草，既当饲草，又可收获种子，还可保持草原生产的稳定。羊草全年对各种牲畜有不同的采食程度，对于幼畜的发育，成畜的肥育、繁殖，具有较高的营养价值。东北平原和内蒙古东部的羊草草原，为主要的天然打草场。割草时间适当，干草产量高，且营养丰富，且牧草能得到适当的再生。

图97　羊草

表46　部分豆科禾本科形态特征

	草种	特征	适宜种植区域
豆科	紫花苜蓿	一年生或多年生草本，稀灌木，无香草气味；种植后2~5年每亩草产量一般为4000~6000kg	亚热带、寒温带
	白三叶	短期多年生草本，生长期达5年，高10~30cm，亩产量大概为3000kg	寒温带、寒带和高山带
	草木樨	一年生或二年生草本，高15~50cm，一亩地的产量能够达到2000~3000kg	寒温带、寒带和高山带
	红豆草	多年生草本，亩产量在4000kg左右，在牧草产量中处于中等产量	亚热带
禾本科	黑麦草	一年或多年生草本，亩产量在4000kg以上	温带、寒温带及寒带
	无芒隐子草	多年生草本，秆丛生，直立或稍倾斜，高15~50cm，平均种子产量为499kg/hm²，产量可持续性高达6年以上	寒温带、寒带和高山带
	燕麦	一年生草本植物，亩产量在2000~3000kg	亚热带
	羊草	多年生草本，禾本科植物，秆成疏丛。亩产量在3000kg左右	温带、寒温带及寒带

第三节　人工草地建植

一、土地选择

人工草地建植土地的选择，热带、亚热带地区应尽量选择平缓大块的灌丛草坡或稀疏林地，要求坡度小于15°，不积水，温带及寒温带则需要尽可能靠近有水源的地区，如山谷、坡地等。酸性及盐碱性土壤都应进行适当的土壤改良，用以满足草类植物的生长需求。

盐碱性水利改良的措施是依据"盐随水来，盐随水去"的基本原理，利用淡水冲洗的措施淋洗土壤盐分，后经过排水措施把盐分排出土体，并降低地下水位，减少盐分在土壤表面累积，以达到改良盐碱地的目的，这是目前盐碱地改良中最有效的措施。其他技术如客土、平整土地、地表覆盖以及化学改良等方法用以改善土壤结构、增强土壤渗透性、减少蒸发，以此提高土壤盐分淋洗效率，多用于土地面积较小的农作土地。

酸性土壤主要以施石灰调节，改善其土壤结构使其利于植物生存。

对于地表有积水的地段需要进行开沟排水。

二、草地混播

人工草地建植时大部分地区都是单纯的种植禾本科牧草或者豆科牧草这类较为单一的牧草，这会使得土地无法得到最佳的利用率。如果将两种或者两种以上的牧草混合播种在同一块土地上，即混播，这种牧草播种方法既可以更好地利用土地空间，延长草地的利用年限，提高牧草的产量，改善牧草的品质，并且还可以改善土壤的结构。以下是不同地带混播的方法原则：

热带混播草地主要由喜热不耐寒的草种组成，而由于豆科牧草竞争力比禾本科弱，草地中豆科难与禾本科持久共存，有研究显示落花生+俯仰臂形草+大结豆或大叶千斤拔进行带状间作效果较好，具体方法：落花生和俯仰臂形草相间带状种植，落花生带宽1.0~2.0m，俯仰臂形草带宽0.5~1.0m，也可在落花生和俯仰臂形草间种植1行大结豆，或在俯仰臂形草带上每间隔2~4m种植1株大叶千斤拔，这种组合种植后2~3年表现较好。

亚热带在气候条件上是热带与温带的过渡地带，夏季气温可能比热带更高，冬季气温可以低于0℃并有霜，故黑麦草、草地早熟禾等耐寒禾本科牧草以及白三叶、苜蓿等豆科牧草是较优选择。以黑麦草和白三叶为例，地面处理完成之后，在初春季节播种时，大面积土地可以采用机械撒播或飞播的方式，其中禾本科与豆科牧草播量比为3∶1，其中多年生黑麦草每平方米播种量1.5g左右，白三叶每平方米播种0.25g左右。

温带的特点是有一个较长且寒冷的冬季，因此温带人工草地牧草最明显的特性是具有一定的耐寒性和越冬性，故此地域进行混播时不仅可以考虑禾本科与豆科，豆科与豆科也较为常见。其中豌豆与燕麦混播比例为1∶1和13∶7时可获得最高的产草量、干物质量和粗蛋白质产量。箭筈豌豆与大麦以4∶1为好。

三、其他需要注意的建植技术

（一）混播期

根据牧草的生物学特性、土壤、气候条件决定适宜的播种期。如禾本科与豆科牧草同为冬性或春性牧草,可以在秋季或春季同时播种,否则应分别进行秋播和春播。由于禾本科牧草苗期生长较弱,易受豆科牧草抑制,可以秋播禾本科牧草,第二年春播豆科牧草。如无芒雀麦与苜蓿混播,适宜秋播无芒雀麦,第2年早春播种苜蓿。

(二)播种量

混播草的播种量应比单播时的稍多一些,如两种牧草混播,可按其单播量的70%~80%计算,3种牧草混播则同类的两种牧草各占其单播量的35%~40%,另一种占其单播量的70%~80%。如两种豆科牧草和两种禾本科牧草混播,则各用其单播量的35%~40%。

表47　主要栽培牧草单播播种量(耿文诚,2011)

豆科牧草	播种量(kg/hm^2)	禾本科牧草	播种量(kg/hm^2)
白三叶	4~6	多年生黑麦草	8~15
地三叶	20~25	鸭茅	10~15
紫花苜蓿	10~15	猫尾草	6~10
红三叶	8~12	苇状羊茅	10~15
百脉根	6~8	无芒雀麦	12~18
圭亚那柱花草	12~18	早熟禾	7~10
绿叶山蚂蝗	7~10	多花黑麦草	15~20
毛苕子	60~80	东非狼尾草	5~8

表48　主要栽培牧草混播比例

豆科牧草　+	禾本科牧草	混播比例
苜蓿　+	无芒雀麦	2:1
苜蓿　+	鸭茅	3:1
苜蓿　+	无芒雀麦	1:1
苜蓿　+	燕麦	1:3
苜蓿　+	羊草	2:1/3:2
箭筈豌豆 +	燕麦	4:6
毛笤子　+	燕麦	3:5
玉米　+	秣食豆	2:1
红豆草　+	鸭茅	1:1
红豆草　+	无芒雀麦	1:1

(三)播种方法

以常规播种为主,撒播、条播时行距15cm,一行采用条播,另一行进行较宽幅的撒播。或将各类牧草分播带播种,播带宽40~200m。

同行播种:行距通常为15cm,各种牧草都播在同一行内。交叉播种:一种或几种牧草播于同一行内，而另一种或几种与前者垂直方向播种。宽窄行间播种：15cm窄行与30cm宽行相间条播，在窄行中播种不喜光的牧草，而在宽行内播种喜光的牧草。人工撒播和飞机播种，也可将混播牧草的种子混合均匀后撒播。

第四节　草地培育管理

一、合理施肥

在豆禾混播的草地上，由于豆科牧草具有根瘤能自己固氮，补充氮肥，所以在追肥的时候主要以磷肥、钾肥为主。在牧草的不同生育时期，其需肥量亦有不同，禾本科牧草吸取养料最多的时期是分蘖到开花期，而豆科牧草是分枝到孕蕾期。应根据不同肥料的特性，适时适量施用以满足牧草的需要。

（一）施肥技术

在播种前可结合腐熟的农家肥施入，一亩1000~2000kg，在牧草生长期进行追肥则需要以能快速吸收的速效肥为主。

（二）追肥时间及方法

追肥时间应在牧草形成新枝及生长旺盛的时期。豆科牧草在抽穗期，以及每次刈割之后追施化肥最为适宜。追肥一般分期进行。分别于返青期、分枝（分蘖）后期、现蕾期、再生期等追肥，条施或撒施，结合灌水或雨天进行追肥，以防挥发和烧伤牧草茎叶。

（三）追肥数量

豆科牧草一般以磷、钾肥为主，生长2年以上者每公顷施肥37.5~75kg。禾本科牧草以氮肥为主，每公顷37.5~90kg有效成分，混合牧草每公顷还应配合37.5kg左右的磷、钾肥料。

二、适时灌溉

当土壤含水量为田间最大持水量的50%~80%时，牧草生长最为适宜。如土壤水分过多,就会影响牧草根系的呼吸作用以致烂根死亡。水分过少会影响牧草的正常发育,因此,灌溉是为了补充土壤水分,以达到人工草地丰产利用的目的,禾本科牧草从分蘖到开花前,即生长期;豆科牧草从现蕾到开花前需水量最大,这时就是牧草的灌溉期。

三、毒杂草的防治

(一)农艺方法

即通过前期土地耕作,可将前期土壤中的毒杂草翻埋进土中。还可以通过加速牧草的生长快速抢占该土地的生态位,抑制毒杂草的生长。

(二)化学方法

即利用除草剂对地面进行预处理,使用机动喷雾器可以加快作业进度,提高灭草效果,节省药品。喷药10d后,全面检查,效果不好及时进行复喷。喷药 30~60d 后,待杂草、灌木枯萎,地面暴露时,即可播种。

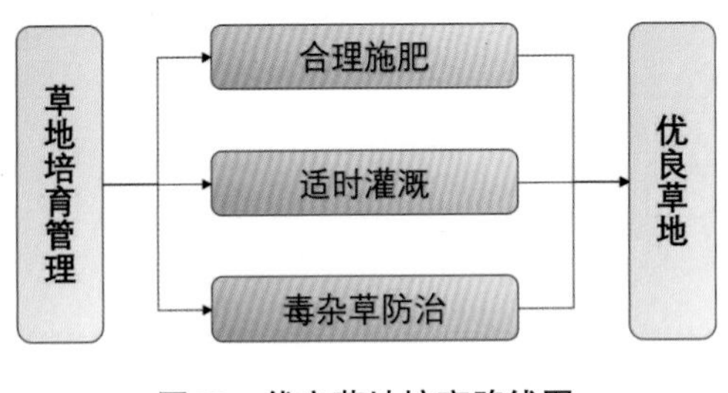

图98　优良草地培育路线图

第五节　人工建植草地合理利用

一、刈割

刈割是利用人工草地最普遍的一种方式。掌握适宜的刈割时间和刈割次数是非常重要的。豆科牧草一般在初花期,禾草在抽穗期刈割较好。留茬高度一般为 3~5cm,一般刈割 2次为宜。最后一次不能太晚,最迟应在初霜来临前 30d进行。

(一)干草制备

在刈割完成后可将草就地平摊,晴天晾晒2~3d后,集成高约2m的小草堆,可以运回畜圈附近堆垛妥善贮存。晾晒好的干草可作为冬季家畜的备用饲料。

(二)青贮

是确保牧草营养价值的最好的方法。禾本科牧草含碳水化合物较多,容易青贮。豆科牧草蛋白质较多,单贮不易成功,宜与禾本科牧草混合青贮。青贮料的安全含水量应在65%~75%。优质的青贮料保持原来的青绿颜色,茎、叶、花保持原有的组织结构和具有芳香的酒酸味,开窖取用后,一定要加强管理,特别是在气温较高的季节更要注意,每次从上而下,或从一端开始逐层使用,取出的青贮料应当天用完,不宜存放过久,否则重新接触空气会使腐败细菌活动加剧引起霉烂、变质,造成不必要的损失。

二、放牧

放牧是人类通过家畜的采食行为,对草地进行管理、利用的一种农业、畜牧业生产活动。放牧是草地管理的基本手段,维持草地的生态健康和生产稳定,我们需要通过科学的方式放牧以求最大化地利用人工草地。

(一)适当放牧

在放牧之前,要先确定草地的实际面积及产量,通过羊群能进食的实际量最终确定该区域能够放羊的数量及时间,要确保不超过草地的实际载畜量,避免对草地造成不可逆损伤。

(二)适时放牧

需要结合草地的实际生长状况,以及草场实际产草量,因为不同季节产量差异较大,要确保整个放牧过程都处于最好的状态之下,这样不仅能够对草地形成一定的保护作用,更为关键的是能够确保畜群的平稳生长。

(三)科学放牧

尽可能地选择季节放牧技术。

春季这一阶段的天气往往气温较低且变化较快,要让羊群尽可能多的摄入食物并减少运动。夏季气候较为炎热时应该将放牧时间尽可能地选在早晨与晚上气温较低的时刻。

夏季放牧,草地完全恢复,牧草茂密、幼嫩、营养丰富,尤其是羊群经过晚春的放牧,体质较好,是放牧抓膘的大好时机。

秋季放牧，天高气爽雨水少，地面干燥，牧草结籽，营养丰富，羊吃了含脂肪多、能量高、易消化的草之后，能在体内储脂长膘，所以秋季也是抓膘的良好季节。

冬季放牧，气候寒冷，昼短夜长，牧草枯萎，母羊妊娠，饲养山羊任务繁重，饲养技术难度大，稍不注意往往造成山羊大批死亡。故需要从之前的单纯放牧转变为放牧补充饲养相结合的方式，这样能够更好地避免羊群的体力消耗从而保证保膘的效果，还能减少草地的饲养压力，避免草地出现过牧而导致退化。

第五章　草产品生产加工

草产品生产加工就是以天然草地或人工种植牧草为原料，经过收获、加工、检测等环节，生产出符合一定的质量标准适合于流通过程的牧草产品。草产品生产与加工是保证畜牧业稳定均衡发展的必要环节，通过对草产品的加工可以提高饲草饲料的质量和利用率，调节饲草饲料生产的季节差异、年度丰欠差异，均衡供应优质的牧草饲料。

草产品生产以后通过加工形成一定的形态、形状或规格，适于作为商品进入流通领域。目前，草产品饲料在国际、国内均有非常广阔的市场，东南亚国家以及中国的台湾地区是草产品巨大的潜在消费市场，但中国现如今的实际生产能力与这些地区的需求仍相差甚远。除此之外，产地到消费地的距离太远、运输过程中环境影响因素过多、运输成本过高等问题都是影响草产品产业发展的重要因素。因此，只要我们持之以恒地发展草产品加工技术，提升草产品质量和产量，提高产品竞争力，就可以适应并满足国内草产品的市场需要，同时利用技术和地缘的优势占领一部分国外市场。

草产品生产加工的发展，不仅能促进农牧业结构调整，发展农牧业经济，增加农民收入，还能在一定程度上缓解饲用粮食紧缺的问题，为节粮型畜牧业的稳点发展奠定一定的基础。

第一节 草产品生产

在草产品的生产过程中,牧草及饲料作物的适时收获是保证牧草及饲料作物质量和产量兼优的重要生产环节。适时收获是饲草饲料生产的关键措施之一,它不仅关系到饲草饲料的本身的产量及质量,还间接影响采食饲草饲料畜禽的畜产品数量和品质,以及利用后的草地生产力的维持和提高。

一、牧草及饲料作物的适宜收获时期

(一)饲料作物适时收获的原则

确定饲料作物的最适刈割期,必须考虑产量和可消化营养物质含量等指标。饲料作物适时收获的适用原则主要有以下几个方面。

(1)以种植当年单位面积土地上可收获最高的饲草产量和可消化营养物质为基本原则,由饲料作物一年生的特性决定,对其收获时只要根据种植当年饲料作物本身的生物学特性和营养动态,选择其质量、产量兼优时期适时一次或多次刈割。

(2)需要考虑饲料作物本身的生物学特性

有些饲料作物不具备再生特性,这一类饲料作物一个生育期只能刈割一次。例如饲用玉米,为了获得更高的饲草产量和营养物质含量,只能在其结实后的蜡熟期收获,虽然植株营养体内的营养物质含量较营养生长期下降,但是由于籽实产量较高,且营养丰富,收获的饲草饲料整体营养价值并不会受到影响。有些饲料作物虽然有一定的再生性,可以多次刈割,但是刈割次数过于频繁会导致再生能力下降,从而影响饲草的整体产量和质量。

(3)根据不同的利用目的制订刈割期

实际生产中,许多饲料作物被用于青饲。青刈利用时,饲料作物并不一定非要等到质量、产量兼优的最适刈割期再进行刈割收获,只要不妨碍植物的正常生长,可以根据青刈饲草的需求量,制订实际的刈割时期。

（二）青贮饲料作物的适时收获

（1）青贮玉米

青贮玉米籽粒乳线达1/4~3/4时，宜适时进行机械化收获；乳线达1/2时为最佳收获期，割茬高度15~20cm。

（2）青贮燕麦

相关研究发现，燕麦的最佳青贮时期是在抽穗后40d，粗纤维含量随生育期推进而升高，并且粗蛋白含量随生育期推进而降低。在对燕麦青贮适宜的生育期的研究中发现，适宜青贮的生育期主要是在抽穗、灌浆和乳熟期这3个时期，随着生长期的延长，燕麦青贮料的品质越来越好。

图99　青贮玉米机械化收获

（3）青贮苜蓿

紫花苜蓿收割时间的选择直接关系到青贮品质的好坏。第一茬在初花期或株高不大于80cm时刈割，以后每茬均在初花期刈割，7d内刈割完毕。每年刈割4~6茬。合适的留茬高度能够达到紫花苜蓿的最佳收获产量，同时避免土壤中霉菌的混入。留茬高度一般为5cm，秋季最后一次刈割的留茬高度为6~8 cm。

（三）草料兼收饲料作物的适时收获

饲料作物在生长过程中，各个时期的营养物质含量不同，因此确定适宜的收获期尤为重要，尤其对于草料兼收的作物更为重要。草料兼收的作物在考虑产量和品质时，也有所侧重。对于像玉米、高粱、燕麦和大麦等禾谷类籽实饲料作物，其籽实是重要的精饲料，是单胃家畜、家禽的基本饲料成分。此类饲料含大量的碳水化合物，淀粉占70%左右，粗蛋白含量为6%~10%，粗纤维、粗脂肪、粗灰分各占3%左右，所含矿物质中磷较多，钙较少。以收获籽实为目的，一般在籽粒蜡熟末期或完熟期时收获。

对于豆类籽实，如大豆(包括黄豆、黑豆秣食豆)、豌豆、蚕豆及野豌豆等，此类饲料粗蛋白质含量一般在22%以上，如大豆为33%~45%，是畜禽优良的蛋白质补充饲料，一般其收获期在籽实的完熟期。

二、牧草收获注意事项

(一)通过适时收获技术，实施多次刈割收获

对于多年生牧草而言，刈割既是为了收获牧草，同时也是草地田间管理的重要技术措施之一。刈割的时间是否恰当，不仅关系到牧草的品质和产量，而且对牧草的后续生长影响很大。一般刈割次数太少，使得牧草的刈割时间处于生长期的后期，收获的牧草不仅品质和适口性差，而且直接影响到再生草的生长和下一次的产量，不仅减少全年的刈割次数而且影响全年牧草的产量和收益。提前刈割，可增加牧草的收获次数，虽然饲料的品质好，营养价值高，但总干物质产量低，而且由于刈割过频根茎或根系中积累的营养物质不足，轻者影响牧草的再生能力，重者因根系中消耗的营养物质过多，导致放牧草无法恢复生长，会引起草地退化或牧草死亡。所以，在牧草草地经营中刈割次数不宜过多，也不宜过少，刈割频率要掌握适当。

(二)根据牧草的种类选择适宜的留茬高度。

牧草的留茬高度与其产量、品质、牧草的再生及翌年生长等也有很大的关系。留茬高度每增高1cm，相对产量降低4%~5%。当留茬高度达12cm时与留茬4~6cm相比，在干草原上干草收获量减少45%，在河滩地上减少20%，蛋白质相应多损失46%和19.5%。留茬过低则会使以后年份的产量明显降低，因为割去了富含贮藏可塑性物质的叶片和茎的下部，使由芽产生的新枝条的生长减弱。所以刈割过低，特别是每茬或连年低会引起草地快速衰退。在草原带的条件下刈割高度为4cm时便能保持高产与稳产。

考虑到各方面的因素，建议以中茬(4~6cm)刈割为最好，如果草地上有大量的上年枯草或地面不平，以及小土丘等障碍物时，留茬可适当高些(6~7cm)，以便于刈割并保证所收牧草的质量。对于上年刈割的草地，或当年的再生草以及冬季需要积雪的草地，留茬也可以适当高些，有利于翌年生长或冬季减少风速，也利于积雪。

(三)制订牧草的刈割期要因种而异，不能生搬硬套

在实际生产中应根据不同的生境条件、气候条件和牧草本身的特性确定适合的刈割利用时期。适时收获技术要同科学的种植管理技术和饲草调制技术相结合。对

于人工栽培的高产草地，根据当地的水热条件及管理水平，可以采用多次刈割利用的方法，这是增加单位面积饲料收获量的一项重要措施。但是多刈利用时必须加强对草地的培育与管理，如适量施肥、灌水、采取轮刈制等，否则草地的产量及利用年限会明显下降。中国的天然刈割草地大多是1年定期刈割1次，而且刈割后不能进行施肥和灌溉。

另外，生产中如果采用适时刈割期多次刈割利用技术，则每年的6~8月需要进行一次或多次牧草收获工作。但是，此时中国大部分地区正逢雨季，收获牧草后按传统的干草调制技术很难获得优质饲草。目前国外广泛采用拉伸膜裹包青贮技术，可以解决上述难题。

第二节　草产品加工

一、青干草的调制

（一）干燥过程中营养物质的损失及其原因

中国目前主要采用地面晒制青干草，青干草物质、粗蛋白质的损失一般在20%~30%，胡萝卜素损失高达90%。为减少青干草营养物质的损失，牧草刈割后，最重要的是使牧草迅速脱水，促进植物细胞尽早死亡，以减少饥饿代谢的营养消耗，并且要尽可能快地使参与分解营养物质的酶失活，从而使营养物质的损失减少到最低限度。

（二）加快牧草干燥速度的方法

将适时刈割的牧草调制成青干草，其品质好坏主要取决于干燥方法。牧草干燥方法很多，一般分为自然干燥法和人工干燥法两大类。这两类又依干燥的方式、能源的类别、采用的设备等不同而分为多种类型。不同的干燥方法，对青干草品质的影响很大。牧草干燥时间的长短，直接影响青干草品质的优劣。牧草干燥时间越短，营养损失越少。因此，在自然干燥时，采取各种措施，加快干燥速度，并在牧草尚未完全干燥前，保持叶片等不受损失，至关重要。但是，要使牧草加速干燥和干燥均匀，就必须创造有利于牧草体内水分迅速散失的条件。如压裂牧草茎秆，促进牧草周围的空气流通，调节牧草周围空气的温度和湿度等。

(1)压裂牧草茎秆

牧草干燥所需的时间,主要取决于茎秆干燥时间的长短。所以,只有加快茎的干燥速度,才能缩短牧草的干燥时间。茎秆压裂后,干燥时间缩短1/2~1/3,压裂对加速干燥、减少营养物质的损失有明显效果。

(2)翻晒干燥

自然干燥时间的长短和是否需要进行翻晒,主要取决于空气的相对湿度。在气候干燥的地区,刈割时用装有压扁装置的割草机刈割后直接铺成草条,在田间晾晒1~2d即可打捆,如甘肃的河西走廊、宁夏的北部、内蒙古自治区的西部和新疆维吾尔自治区的大部分地区,多数采用此法。在草棚内阴干牧草和打捆堆垛时,必须留出通风道,以便加快干燥。

(3)高温快速烘干

干燥法常用以下两种方法:一种是在牧草收割的同时,按饲喂家畜和烘干机组的要求,切成3~5cm长的碎草,随即用烘干机迅速脱水,使牧草水分含量降至15%~18%,即可贮藏;另一种是将刈割后的青草,在天气晴朗时就地晾晒3~4h,可使牧草的含水量由80%~85%降至65%左右。这时将经过初步晾晒的牧草切碎,送入烘干机中,经过几小时、几分钟甚至几秒钟的烘干,使牧草的含水量迅速下降至15%以下。

(三)牧草脱水过程中含水量的测定

随时掌握牧草含水量的变化,是青干草生产、加工、调制、贮藏和贸易过程中一项十分重要的工作。在生产中采用的方法有两种。感官法测定和电子水分快速测定。传统的感官水分测定法由于误差较大现已逐渐被电子水分快速测定仪所取代。

二、青干草的贮藏

(一)青干草贮藏方法

干燥适度的青干草,应该及时进行合理的贮藏。能否安全合理地贮藏,是影响青干草质量的又一个重要环节。已经干燥而未及时贮藏或贮藏方法不当,都会降低干草的饲用价值,甚至发生火灾等严重事故。

在青干草贮藏过程中,由于贮藏方法、设备条件不同,营养物质的损失情况有明显的差异。例如,散干草露天堆藏,营养损失最高可达40%,胡萝卜素损失高达50%以上。而用草棚或草库保存,青干草营养物质损失一般不超过3%~5%,胡萝卜素损失为20%~30%。高密度的草捆贮藏,营养物质的损失一般在1%左右,胡萝卜素损失为

10%~20%。当青干草的水分降到15%~18%时，即可进行堆藏。

(1)露天堆垛

散干草堆垛的形式，有长方形和圆形等。此法虽经济简便，但易受雨淋、日晒和风吹等不良条件的影响，使青干草褪色，不仅损失养分，还可能霉烂变质。因此，堆垛时应尽量压紧，加大密度，缩小青干草与外界环境的接触面，垛顶还要用塑料薄膜覆盖，以减少损失。垛址应注意选择地势平坦干燥、排水良好、背风和取用方便的地方，堆草垛时，应遵守下列原则：①压紧堆垛时中间必须尽力踏实，四周边缘要整齐中央比四周要高。②堆垛含水量较高的青干草，应当堆在草垛的上部，过湿的草应挑出。③湿润地区应从草垛高度的1/2处开始，干旱地区从草垛高度的2/3处开始。从垛底到垛顶应逐渐放宽1m左右(每侧加宽0.5m)。④连续作业堆一个草垛，不能拖延或中断几天，最好当天完成。

(2)建造干燥草棚

气候湿润或条件较好的牧场，建造简易的干燥草棚，可大大减少青干草的营养损失。例如，苜蓿干草分别在露天和草棚内贮藏，8个月后干物质损失分别为25%和10%。用草棚贮藏干草时，应使棚顶与干草保持一定的距离，以便通风散热。

(二)青干草贮藏应注意的事项

(1)防止垛顶塌陷漏雨

干草堆垛后2~3周内，常常发生塌陷现象。因此，应经常检查，及时修整。

(2)防止垛基受潮

草垛应选择地势高且干燥的场所，垛底应尽量避免与泥土接触，要用木头、树枝和石砾等垫起铺平，高出地面40~50cm。垛底四周要挖一排水沟，深20~30cm，底宽20cm，沟口宽40cm。

(3)防止干草过度发酵

自然干草堆垛后，养分继续发生变化。影响养分变化的主要因素是含水量。凡含水量在17%~18%以上的干草，由于植物体内酶及外部微生物活动而引起发酵，会使温度上升到40℃~50℃。适度的发酵可使草垛紧实，并使草产生特有的芳香味；但若发酵过度，则可导致青干草品质下降。实践证明，当青干草水分含量下降到20%以下时，一般不至于发生发酵过度的危险。如果堆垛时青干草水分在20%以上，则应设通风道。

(4)减少胡萝卜素的损失

草堆外层的干草因阳光漂白作用，胡萝卜素含量最低。草垛中间及底层的干草，因挤压紧实，氧化作用较弱，因而胡萝卜素的损失较少。因此贮藏青干草时，应注意尽量压实，集中堆大垛，并加强垛顶的覆盖等。

三、干草块的加工

干草块，是指通过牧草压块机械，将青干草或干草捆整草切段后压制成高密度的块状饲草。干草块具有密度高、营养物质损失少、色味好、无污染、防火、防潮、便于贮藏运输等优点。尤其是在远程贸易方面，与干草捆相比，可大大降低运输成本，为干草捆运输成本的1/9~1/5。由于干草块在贮藏和运输方面的优势，因而在草产品的规模化生产经营中，常采用加工草块的生产形式。

（一）干草块的类型

干草块的类型，除了因加工原料的牧草种类不同而相异外，主要有普通干草块和大截面干草块两类，二者在加工工艺上区别较大。

（1）普通干草块

普通干草块体积小，密度大。草块尺寸为3cm×3cm×（10~15）cm。密度为500~900kg/m^3。这种草块是干草块加工的主要形式。

（2）大截面干草块

大截面干草块体积大，密度小。草块尺寸（截面×长度）为25cm×25cm×50cm或30cm×30cm×60cm。密度为400~700 kg/m^3。

（二）加工干草块的原料

青干草、牧草秸秆和作物秸秆，均可作为草块加工的原料。目前，用青干草为原料加工的干草块中，以苜蓿干草块居多；用作物秸秆为原料加工的干草块中，以玉米秸草块居多。

图100　牧草干草贮存

四、草粉的加工

将牧草和饲料作物在最适收获的季节收割，进行自然干燥和人工高温快速干燥，生产优质青草粉和草颗粒等产品，为配合饲料厂提供半成品蛋白质补充饲料和维生素饲料。这是新鲜牧草加工的一种重要方式。草粉及草颗粒，是比较经济的蛋白质和维生素补充饲料。目前许多国家已把青草粉作为重要的蛋白质和维生素饲料资源。

（一）草粉的营养价值

从保存营养成分方面来说加工成草粉较好。例如，在自然干燥条件下，牧草的营养物质损失常达50%，胡萝卜素的损失高达90%。而牧草经人工强制通风干燥或高温烘干，可大大减少营养物质的损失，一般损失仅为5%~10%，胡萝卜素的损失一般不超过10%。而以长干草形式贮存，其营养损失仍然较大。若及时加工成草粉，与其他方法相比较，其营养成分损失最小。青干草粉具有高蛋白质、低能量的特点，在饲料中利用青草粉，既解决了蛋白质不足的问题，又可使配合饲料具有比较合理的蛋白质能量比。但是，对猪、禽来说，青干草粉的主要缺点是纤维素较多，在猪、禽配合饲料中比例不宜过大。

（二）青干草粉的生产加工

生产青干草粉，应遵循减少营养物质的损失和降低成本的原则。要获得优质草粉，不仅需要有营养成分丰富的原料，而且需要一套健全并能在生产中付诸实施的规范化工艺流程。

（1）草粉的原料加工

优质青干草粉的原料，主要是高产优质的豆科牧草，如苜蓿、沙打旺、草木樨、三叶草、红豆草、野豌豆以及豆科和禾本科混播牧草等。

（2）草粉原料的割期

青干草粉的质量与原料刈割时期有很大关系，因此务必在营养价值最高的时期进行刈割。

（3）快速干燥

生产青干草粉时采用的自然干燥的方式和原理，与调制青干草时所使用的方法和原理相同。青干草粉品质的好坏，取决于对适时刈割的牧草所采用的干燥方法。人工快速干燥，青干草胡萝卜素的损失不超过3%~10%，其他营养物质的损失不超过3%~8%。

(4)食用草屑切割长度

粉碎牧草干燥后，一般用锤式粉碎机粉碎。草屑长度应根据畜禽种类与年龄而定，一般为1~3mm。对家禽和仔猪来说草屑长度为1~2mm，成年猪食用草屑的长度为2~3mm。其他大家畜食用草屑可更长一些。

(三)青干草粉的贮藏

草粉属粉碎性饲料，颗粒较小，与空气接触面积大。因此它在贮运过程中，一方面营养物质易于氧化分解而造成损失，另一方面吸湿性比其他饲料强，因而在贮运过程中容易吸潮结块，微生物及害虫又易乘机侵染和繁殖，严重者导致发热变质，甚至变色、变味，丧失饲用价值。因此，贮藏优质青干草粉必须采用适当的技术措施，尽量减少蛋白质及维生素等营养物质的损失。贮藏青干草粉的方法主要有以下几种：

(1)低温密闭

贮藏青干草粉营养价值的重要指标，是维生素和蛋白质的含量。

(2)干燥低温贮藏

青干草粉安全贮藏的含水量在13%~14%时，要求温度在15℃以下。含水量在15%左右时，相应温度在10℃以下。

(3)其他贮存法

在密闭的容器内，调节气体环境，创造良好的贮存环境。将青干草粉置于密闭容器内，借助气体发生器和供气管道系统，把容器内的空气改变为下列成分：氮气85%~89%，二氧化碳10%~12%，氧气1%~3%。在这种条件下贮藏青干草粉，可大大减少营养物质的损失。

(4)草粉库的贮藏要求

贮藏青干草粉、碎干草的库房，可因地制宜，就地取材。但应保持干燥、凉爽、避光、通风，注意防火、防潮、灭鼠及避免其他酸、碱、农药等造成的污染。

(5)草粉包装袋的要求

贮藏草粉的草粉袋，以坚固的麻袋或编织袋为好，其具备良好的通透性。要特别注意贮藏环境的通风，以防吸潮。单件包装重量以50kg为宜，以便于人力搬运及饲喂。一般库房内堆放草粉袋时，按两袋一行的排放形式，堆码成高2m的长方形垛。

五、草颗粒加工

草颗粒是指将粉碎到一定细度的草粉原料与水蒸气充分混合均匀后，经颗粒机压制而成的饲料产品。压制颗粒，简单地说就是一个挤压式的热塑过程。颗粒含水量一般在17%~18%，密度约为1300kg/m³，成品经冷却后即可贮运。

（一）草颗粒的原料

一般以青干草粉为主要原料。加工草颗粒时，应充分利用当地各种饲料资源，因地制宜，就地取材，根据不同动物的营养需要，合理调配原料，从而提高饲料利用率，降低饲料成本。以草粉为主要原料制成颗粒饲料，对能量的要求一般为每千克836~1254MJ，粗蛋白质含量为15%~20%，矿质元素占2%~3%。单胃动物要求纤维素不超过5%。以优质草粉为主要原料的颗粒饲料，可以根据草食动物的特性，制订出不同的饲料标准及相应的最佳配方。例如，原料配方为干草粉60%~70%，麸皮4%~5%，玉米18%~20%，添加剂3%，尿素1%，盐1%。

（二）草颗粒的加工工艺

草颗粒的加工工艺，可以分为前处理、制粒、冷却和筛分等过程。前处理是对新鲜牧草、秸秆等原料，在压粒前进行的碱化、氨化、打浆以及添加添加剂等处理。经处理混合均匀后的原料，即可进行制粒。

六、发酵饲草饲料的调制

发酵饲草饲料是利用微生物和酶的作用，在适当的条件下发酵而成的饲草饲料。通过发酵可降低饲草的纤维素含量，增加菌体蛋白质和维生素含量，提高饲草的适口性和消化率。利用发酵还可延长某些牧草的贮藏期。因此，发酵饲料在畜牧业生产中具有重要意义。

（一）青贮饲料

青贮饲料，是指在厌氧条件下，经过乳酸菌发酵，而调制成的可长期保存的发酵饲料。它具有很多优点，是主要的发酵饲草饲料。因此，它在畜牧业生产中应用最广泛。青贮料在单位容积内贮量大，便于大量贮存。饲料青贮是一种既经济又安全的饲料贮存方法。

在青贮料贮存过程中，不易遭受风吹、日晒和雨淋等不利气候因素的影响，也不怕鼠害和火灾等。在阴雨季节或天气不好，难以调制干草时，对于调制青贮饲料来说，则影响较小。只要按青贮规程的要求进行操作，就可以制成良好的青贮料。此外，饲料的青贮，可以消灭病虫害和减轻杂草的危害。

青贮料可以缓解青饲、放牧与饲草生长季节的矛盾，对提高饲草利用率，均衡青饲料供应,满足反刍动物春季营养需要,都起着重要作用。

(1)青贮的原理

刚割下来的青饲料,附生着各种微生物,其中大部分是严格需氧的,乳酸菌则为数极少。如不及时入窖青贮,好气性腐败菌就会迅速繁殖。青贮过程中的主要微生物,有乳酸菌梭菌、腐败菌、酵母菌和霉菌等。

①乳酸菌是促使青饲料发酵的主要有益微生物,属于厌氧性、革兰氏阳性的无芽孢微生物,能使糖分发酵产生乳酸。乳酸可被家畜吸收和利用。大多数乳酸菌的生长最适宜温度,一般为20℃~30℃,乳酸菌是微需氧性的,所以应该创造厌氧条件。乳酸菌最适生长的酸度为pH6.0,最低为pH4.0。

②梭状芽孢杆菌简称梭菌,又称丁酸菌或醋酸菌。青贮的首要任务,是创造乳酸菌活动的环境,使温度控制在37℃以下,可抑制梭菌的活动。

③腐败菌种类多、适应性广,几乎不受温度、有氧与否等条件的限制。它们主要分解青贮饲料中的蛋白质和氨基酸。在正常青贮过程中,好气性腐败菌因缺氧而逐渐停止活动,甚至死亡。少数厌氧性腐败菌,能在缺氧的条件下繁殖。它们既耐低温,又耐高温。但是腐败菌不耐酸,当pH值降至4.4时,即可抑制其生长发育。因此,在青贮过程中,迅速造成酸性环境,即可有效地控制腐败菌的活动和繁殖。

④醋酸菌属好气性细菌。青贮初期,在尚有空气存在情况下,醋酸菌能将青贮饲料中的乙醇变为醋酸,降低品质。

⑤酵母菌利用青贮饲料中的糖分进行繁殖,生成乙醇等。因此,青贮饲料具有酒香味。

⑥霉菌是青贮饲料的有害微生物,也是导致青贮饲料变质的主要微生物。pH值低和厌氧条件,足以抑制霉菌的生长。

(2)常规青贮的发酵过程

常规青贮的发酵过程,分为三个阶段,即好气性活动阶段、乳酸发酵阶段和青贮饲料保存阶段。

①好气性活动阶段

新鲜青贮原料在青贮窖内被密封后,植物细胞并未立即死亡,在1~3d仍进行呼吸作用,分解有机质,直到窖内氧气几乎耗尽时才停止呼吸。在此期间,附着在原料上的酵母菌、霉菌、腐败菌和醋酸菌等好气性微生物,利用压榨植物细胞而排出的可溶性碳水化合物等养分,进行生长繁殖,植物细胞的继续呼吸、好气性微生物的活动和各种酶的作用,使青贮窖内遗留的少量氧气很快被耗尽,形成了微氧甚至无氧环境,并产生二氧化碳、氢气和部分醇类，还有醋酸、乳酸和琥珀酸等有机酸。同时，植物呼吸作用和微生物的活动释放出热量。所以，此阶段形成的厌氧、微酸性和较温暖的环境，为乳酸菌的活动繁殖创造了适宜条件。如果窖内氧气过量，植物呼吸时间过长，好气性微生物活动旺盛，会使窖温升高，有时高达60℃左右，因而削弱了乳酸菌与其他微生物竞争的能力，使青贮饲料成分遭到破坏，降低饲料的利用率和消化率。因此，要避免产生这种情况。

②乳酸发酵阶段

厌氧条件形成后，加上青贮原料中的其他条件适合乳酸菌的生长繁殖，则乳酸菌在数量上逐渐形成绝对优势，并产生大量乳酸，pH值下降，从而抑制其他微生物的活动。当pH值下降至4.2以下时，乳酸菌的活动也逐渐缓慢下来。一般来说，发酵5~7d时，微生物总数达到高峰，其中以乳酸菌为主。正常青贮时，乳酸发酵阶段需2~3周。

③青贮饲料保存阶段

当乳酸菌产生和乳酸积累达到高峰，其pH值为4.0~4.2时，乳酸菌活动减弱，甚至完全停止，并开始死亡。至此，青贮饲料处于厌氧和酸性环境中，得以长期保存。上述的三个阶段，是一般青贮的过程。如果在青贮的后2~3周，虽然处于厌氧环境，但若青贮原料含糖量少，形成乳酸量不足，或者虽然有足够的含糖量，但原料中含水量太多，或者是青贮过程中窖温偏高等，都可以导致梭菌发酵，降低品质。青贮技术的关键，是尽可能缩短第一阶段的时间，减少呼吸作用和有害微生物繁殖，并防止梭菌发酵，以减少养分的损失。

（二）青贮设施

(1)青贮设施的种类

青贮饲料主要的贮存方式包括青贮窖、青贮堆、青贮壕、青贮塔、袋式青贮和裹包青贮等。

(2)对青贮设施的要求

第一，进行饲料青贮所使用的设施，必须符合以下要求：应选在地势高、土质坚实干燥、地下水位低、靠近畜舍的地方做青贮场所。但要远离水源和粪坑。塑料青贮袋应选择取用方便的僻静地点放置。第二，不透气，不漏水，密封性好；内部表面光滑平坦。第三，建筑简便，造价低。

青贮窖

裹包青贮

青贮塔

堆贮

图101　青贮设施的主要形式

（三）青贮原料

可用作青贮原料的饲用植物，种类较多。如专门种植的青贮玉米，粮食生产的副产品秸秆，轻工业制糖原料的副产品甜菜渣，或相对过剩的农产品，以及各种栽培的和野生的牧草等。

(1)禾谷类作物

禾谷类作物，是目前中国专门种植用作青贮原料的最主要作物。其中首推玉米，其次是高粱等。青贮玉米具有产量高、营养丰富、适口性好等特点，是发展反刍动物养殖业不可或缺的基础绿色饲料，是提高饲养水平、提高产奶量和提高鲜奶品质的最简洁、安全的途径。2015—2020年的中央"一号文件"均提出大力发展青贮产业，随着"粮改饲"政策实施与种养结合模式试点工作的开展，青贮玉米越来越受到种植户和养殖企业的青睐，在"节粮型"畜牧业中发挥着提质增效的积极作用。所以玉米是目前中国很理想的青贮作物。

(2)禾本科牧草

燕麦是一种优良的粮饲兼用型作物，具有营养价值高、抗寒性强和消化率高等优点，目前在中国西北干旱地区被大面积种植，燕麦作为高寒地区优良的牧草，可以制成青贮饲草作为冬春季贮备饲料。燕麦青贮不仅适口性好和消化率高，而且其营养成分损失少、便于长期保存，对于解决高寒地区冷季优质牧草严重缺乏的问题具有重要意义。禾本科牧草除了单独青贮外,常与豆科牧草混合青贮。

(3)豆科牧草

紫花苜蓿作为一种优质豆科牧草,因其产量高、品质好而被广泛种植。紫花苜蓿的粗蛋白质含量较高,是在相同生长环境条件下的禾本科牧草粗蛋白质含量的2.5倍,苜蓿的干物质含量约18.5%,并且氨基酸组成平衡,消化率可达70%~80%,是世界公认的牧草之王。将苜蓿进行青贮处理制作成苜蓿青贮供动物饲用不仅能有效地保存其营养物质并延长其保存时间,还可以提高其适口性和消化率。紫花苜蓿收割时间的选择直接关系到青贮品质的好坏。第一茬在初花期或株高≤80cm时刈割,以后每茬均在初花期刈割,7d内刈割完毕。每年刈割4~6茬。合适的留茬高度能够达到紫花苜蓿的最佳收获产量,同时避免土壤中混入霉菌。留茬高度一般为5cm,秋季最后一次刈割的留茬高度为6~8cm。

(4)其他青贮原料

很多饲用植物及副产品,都可用于青贮。如甜菜茎叶和制糖后的副产品、甘蓝、瓜果和酒糟等。马铃薯茎叶可作为青贮原料。应该指出的是,由于它含糖量为146%,与青贮时要求最低含糖量不小于212%的标准相比,尚差66%,因此属于难青贮的原料,宜与富含淀粉或糖渣的原料等混贮。总之,可用于青贮的饲用植物很多。理想的青贮作物应具有下述特点:第一,富含乳酸菌可利用的碳水化合物。第二,必须含有适当的水分。一般认为,适于乳酸菌繁殖的水分含量为65%~75%。豆科牧草的含水量以60%~70%为好。第三,具有较低的缓冲力。第四,具有适宜的物理结构,以便青贮时易于压实。

实际上,很多饲用植物不完全具备上述条件调制青贮料时,必须采用诸如在田间晾晒凋萎或加水,适度切短或使用添加剂等技术措施。

(四)青贮料的调制

(1)适时收割青贮原料

优质的青贮原料,是调制优良青贮饲料的物质基础。青贮饲料的营养价值,除了与原料的种类和品种有关外,收割时期也直接影响其品质。适时收割,能获得较高的收获量和最好的营养价值。从理论上来讲,禾本科牧草的适宜刈割期为抽穗期,紫花苜蓿的适宜刈割期为始花期(表49)。

表49　紫花苜蓿干草营养物质含量

收割期	干物质(%)	有机物质(%)	粗蛋白(%)	粗纤维(%)	可消化蛋白质(g/kg)	代谢能(WJ)
现蕾期	91.82	81.34	21.06	22.12	158.65	9.84
始花期	92.16	82.41	17.88	26.88	129.71	9.26
盛花期	91.71	82.29	17.45	26.72	125.80	9.25
结荚期	91.96	82.17	16.91	26.24	120.88	9.29
成熟期	92.41	85.01	14.26	34.68	96.77	8.60

(2)切碎和装填

将青贮原料切碎，目的是便于青贮时压实，增加饲料密度，使汁液湿润饲料表面，有利于乳酸菌生长发育，提高青贮饲料品质，同时还便于取用和家畜食用。一旦开始装填青贮原料，就要求迅速进行，以避免在原料装满与密封之间的好气分解造成腐败变质。一般说来，一个青贮设施，要在2~5d内装满压实。装填时间越短，青贮品质越好。如果是青贮窖(壕)，窖底可铺一层10~15cm切短的秸秆软草，以便吸收青贮汁液。窖壁四周衬一层塑料薄膜，以加强密封和防止漏气渗水。原料装入圆形青贮设备时，要一层一层地装匀铺平。

(3)压实

装填原料时，如为青贮壕，必须层层压实，尤其要注意周边部位的压实。压得越紧越实越易造成厌氧环境，越有利于乳酸菌的活动和繁殖；反之，则易失败。

(4)密封与管理

原料装填完毕，应立即密封和覆盖。其目的是阻止空气继续与原料接触，并防止雨水进入。这是调制优质青贮饲料的一个关键。当原料装填和压紧与窖口齐平时，中间可高出窖一些，在原料的上面盖一层10~20cm长的秸秆或牧草，覆上塑料薄膜后，再覆上30~50cm的土，并踩踏成馒头形。不能拖延封窖，否则温度上升，pH值增高，营养损失增加，青贮品质差(表50)。

表50　拖延封窖对青贮品质的影响

贮藏温度(℃)	拖延时间(h)	青贮饲料中		
		pH值	乳酸占鲜重的(%)	干物质的损失(%)
15	0	4.0	1.98	6.1
	72	4.7	1.19	10.2
30	0	4.0	2.47	8.9
	72	5.0	0.49	30.8

（五）青贮饲料的饲用和管理

（1）青贮饲料的饲用

青贮饲料具酸味，在开始饲喂时，有的畜禽不习惯采食。为此，可先空腹饲喂青贮饲料，再喂其他草料；先少喂青贮饲料，后逐渐加量，或将青贮饲料与其他草料拌在一起饲喂。马对青贮饲料的品质要求严格，反应敏感，因而只能喂高质量的、含水量少的玉米青贮饲料。羊能有效地利用青贮饲料。

喂家禽用的青贮饲料，必须是高质量的。其质量要求是：pH值为40~42，粗蛋白质含量占青贮饲料鲜重的3%~4%，粗纤维不超过3%。最好采用三叶草苜蓿、豌豆、箭筈豌豆、青绿燕麦、蚕豆、大豆和玉米。所用禾本科牧草在抽穗始期割用，玉米为乳熟期割用。在原料中，胡萝卜和甜菜等富含糖分的饲料，应占全部青绿原料重量的8%~10%。这些原料都不应有污物和土块。原料须切碎，长度不超过5cm。这样调制成的青贮饲料，便于与日粮中的其他饲料相混合。每只家禽冬季所需要的专用青贮饲料，不少于5~6kg。

（2）开窖取用时的注意事项

青贮饲料一般经过40~50d，便能完成发酵过程，即可开窖使用。开窖时间可根据需要而定，一般要尽可能避开高温或严寒季节。因为在高温季节，开窖青贮饲料容易产生第二次发酵或干硬变质。在严寒季节，给家畜饲喂青贮饲料容易引起流产。一般在气温较低而又缺草的季节，用青贮饲料饲喂畜禽最为适宜。

青贮饲料一旦开窖利用后，就必须连续取用，每天要用多少取多少。不能一次取出太多的青贮饲料，堆放在畜舍里慢慢饲喂。取用后，要及时用草席或塑料薄膜覆盖，否则会使青贮饲料发生变质。

取用青贮饲料时圆形窖应自表面一层一层地向下取，使青贮饲料始终保持一个平面，切忌只在一处掏取。不管哪种形式的窖，每天至少要取出6~7cm厚的贮料。地下窖开启后。应做好周围的排水工作，以免雨水和融化的雪水流入窖内，使青贮饲料发生霉烂。如因天气太热和其他原因保存不当，表层的青贮饲料发生变质，则应及时取出丢弃，以免引起家畜中毒或其他疾病。

第三节　草产品检验

一、干草品质的鉴定

调制成功的青干草的品质对其营养价值、适口性等有着重要的作用，可通过观察青干草的组成、颜色、气味、含叶量来评定青干草的品质。通常优质青干草中的豆科牧草占比较大，中等干草的禾本科牧草占比较大，而劣等干草的不可食牧草含量较多。从含叶量上来看，叶片保持在75%以上的为优质干草，在50%~75%的为中等干草，损失在75%以上的为劣等干草。另外，优质干草为鲜绿色，有浓郁的香味；中等干草颜色为淡绿色，有青草味；而劣等青草为黄褐色，无香味。

表51　干草质量标准

指标	等级标准											
	豆科			禾本科			豆科+禾本科			天然草地		
	1	2	3	1	2	3	1	2	3	1	2	3
豆科牧草含量(%)≥	90	75	60	/	/	/	50	35	20	/	/	/
禾本科牧草含量(%)≥	/	/	/	90	75	60	50	35	20	/	/	/
禾本科和豆科牧草含量(%)≥	/	/	/	/	/	/	90	75	60	80	60	40
有毒有害植物含量(%)≤	/	/	/	/	/	/	/	/	/	0.3	0.6	1.0
含水量(%)≤	13	13	13	13	13	13	13	13	13	13	13	13
粗蛋白含量(%)≥	11	12	10	10	8	6	12	10	8	10	8	6
粗纤维含量(%)≤	28	30	32	30	32	35	29	31	31	30	32	30
代谢能(MJ/kg)≥	9.5	9.0	8.5	9.0	8.5	8.0	9.5	9.0	8.5	8.0	7.5	7.0
无机混杂物含量(%)≤	0.2	0.4	0.6	0.2	0.4	0.6	0.2	0.4	0.6	0.2	0.4	0.6

二、草粉的质量标准

目前，世界各国关于草粉的质量标准不尽一致。中国已制定了国家标准（表52）。

中国的许多草产品生产加工企业也大多制订了各自的企业标准。企业标准中对各项指标的要求多数高于国家标准。

表52　草粉的质量等级

指标名称	等级标准		
	一	二	三
含水量(%)≤	9	9	9
粗蛋白含量(%)≥	19	16	13
粗纤维含量(%)≤	23	26	30
可消化粗蛋白含量(g/kg)≥	140	120	90
代谢能(WJ/kg)≥	11	10	9

三、青贮料品质的鉴定

青贮料在饲用前或饲用中，都要对它进行品质鉴定，确认其品质优良之后，方可饲用。

（一）样品的采取

在青贮窖(塔)取样时，先去除堆压的黏土、碎草和上层覆盖物，再在青贮窖整个表面取出一层青贮饲料后，在每个样点采取约20cm见方的青贮饲料块。在冬季，取下的一层，厚度不得少于5~6cm；在温暖季节时则要取8~10cm厚。

（二）感官鉴定

鉴定指标有三项，即气味、颜色和质地。品质优良的青贮饲料，具较浓的芳香酒酸味，气味柔和，不刺鼻，给人以舒适感；品质中等的，酸味较浓，稍有酒味或醋味，芳香味较弱。如果青贮饲料带有刺鼻味或霉烂味，手抓后，较长时间仍有难闻的气味留在手上，不易洗掉，那么此饲料则已变质，不能饲用。

青贮饲料的颜色因原料而异。一般是越接近于原料颜色，品质越好。品质优良的呈绿色或淡绿色，品质中等的呈黄褐色或暗绿色，品质低劣的则呈褐色或黑色。优良的青贮饲料，在窖内压得紧密，拿到手中较松散，质地柔软而略带湿润，植物的茎、叶、花和果实等器官，仍保持原来状态，甚至可清楚地看出叶脉和绒毛。品质低劣的青贮饲料，茎叶结构不能保持原样，多黏结成团，手感黏滑或干燥粗硬。品质中等的介于上述二者之间，具体感官标准详见表(53)。

表53 德国农业协会青贮饲料感官评定标准

项目	评分标准	分数
气味	无丁酸臭味,有芳香果味或明显的面包香味	14
	有微弱的丁酸臭味,较强的酸味,芳香味弱	10
	丁酸味颇重,或有刺鼻的焦煳臭味或霉味	4
	有很强的丁酸臭味或氨味,或几乎无酸味	2
结构	茎叶结构保持良好	4
	叶子结构保持较差	2
	茎叶结构保存极差或轻度污染	1
	茎叶腐烂或污染严重	0
色泽	与原料相似,烘干后呈淡褐色	2
	略有变色,呈淡黄色或带褐色	1
	变色严重,墨绿色或褪色呈黄色,有较强的霉味	0
总分等级	16~20分为1级(优良),10~15分为2级(尚好), 5~9分为3级(中等),0~4分为4级(腐败)	

(三)化学鉴定

鉴定指标包括青贮饲料的pH值、有机酸含量和腐败鉴定等。

①青贮饲料的pH值其标准是,优良青贮饲料pH值为3.8~4.2;中等的为4.6~5.2;低劣的为5.4~6.0,甚至更高。但是,pH值不是青贮饲料品质鉴定的准确指标,因为梭菌发酵也会降低pH值。需要综合其他指标。

②有机酸含量优良的青贮饲料中游离酸约占2%,其中乳酸占1/2~1/3,醋酸占1/3,不含丁酸。品质不好的含有丁酸,具恶臭味。

③腐败变质的青贮饲料,其中含氮物质分解形成游离氨。鉴定方法是:在试管中加2mL盐酸(比重1:19)、酒精(95%)和乙醚(1:3:1)的混合液,将中部带有铁丝的软木塞塞入试管口。铁丝的末端弯成钩状,钩一块青贮饲料,铁丝的长度应距离试液2cm。如有氨存在时,则必生成氯化氨,因而在青贮饲料四周出现白雾。

附　录

甘肃省草类品种推广目录(第一批)

序号	品种	用途	适宜区域	备注
1	陇中紫花苜蓿	牧草生产、生态修复、绿化	甘肃省海拔3000m以下地区	1991年，国审
2	陇东紫花苜蓿	牧草生产、生态修复、绿化	甘肃省海拔3000m以下地区	1991年，国审
3	甘农3号紫花苜蓿	牧草生产、生态修复、绿化	甘肃河西走廊灌区，陇中、陇东半干旱地区	1996年，国审
4	甘农4号紫花苜蓿	牧草生产、生态修复、绿化	甘肃河西走廊灌区，陇中、陇东半干旱地区	2005年，国审
5	甘农5号紫花苜蓿	牧草生产、生态修复、绿化	甘肃陇东、天水半湿润地区	2010年，国审
6	甘农6号紫花苜蓿	牧草生产、生态修复、绿化	甘肃河西走廊灌区，陇中、陇东半干旱区、天水半湿润区	2010年，国审
7	甘农7号紫花苜蓿	牧草生产、生态修复、绿化	甘肃河西走廊灌区，陇东、天水半湿润地区	2013年，国审
8	甘农9号紫花苜蓿	牧草生产、生态修复、绿化	甘肃陇东、天水半湿润地区、河西走廊灌区	2017年，国审
9	中天1号紫花苜蓿	牧草生产、生态修复、绿化	甘肃省海拔3000m以下地区	2018年，国审
10	中兰1号紫花苜蓿	牧草生产、生态修复、绿化	适于霜霉病高发地区灌溉或旱作栽培	1998年，国审
11	中兰2号紫花苜蓿	牧草生产、生态修复、绿化	黄土高原半干旱半湿润地区旱作栽培	2017年，国审
12	清水紫花苜蓿	牧草生产、生态修复、绿化	甘肃陇中、陇东半干旱区，天水半湿润	2010年，国审

续表

序号	品种	用途	适宜区域	备注
13	天水紫花苜蓿	牧草生产、生态修复、绿化	黄土高原地区	1991年，国审
14	阿迪娜紫花苜蓿	牧草生产	甘肃省河西走廊灌溉区	2017年，国审
15	WL354HQ紫花苜蓿	牧草生产	甘肃省河西走廊灌溉区	2013年，省审
16	WL363HQ紫花苜蓿	牧草生产	甘肃省河西走廊灌溉区	2014年，省审
17	挑战者紫花苜蓿	牧草生产	甘肃省河西走廊灌溉区	2014年，省审
18	Baralfa42IQ紫花苜蓿	牧草生产	半干旱和半湿润地区的苜蓿旱作栽培区	2014年，省审
19	新牧4号紫花苜蓿	牧草生产、生态修复、林草间作、绿肥	河西走廊灌溉区	2010年，国审
20	甘农1号杂花苜蓿	牧草生产、生态修复、绿化	甘肃陇中、陇东半干旱区、定西、甘南亚高山区	1991年，国审
21	甘农2号杂花苜蓿	牧草生产、生态修复、绿化	甘肃陇中、陇东半干旱区，定西、甘南亚高山区，河西走廊灌区	1996年，国审
22	甘农8号杂花苜蓿	牧草生产、生态修复、绿化	甘肃陇中、陇东半干旱区、河西走廊灌溉区	2014年，省审
23	中天3号杂花苜蓿	牧草生产、生态修复、绿化	甘肃陇东、陇中和河西走廊地区，或甘肃境内海拔3000m以下地区	2020年，国审
24	陇东天蓝苜蓿	牧草生产、生态修复、林草间作、绿肥	甘肃陇中、陇东半干旱区，定西甘南亚高山区，河西走廊灌溉区	2002年，国审
25	陇燕3号燕麦	牧草生产	甘肃陇中、河西走廊冷凉区，陇东半湿润区，甘南亚高山区	2010年，国审
26	陇燕5号燕麦	牧草生产	甘肃陇中、河西走廊冷凉区，甘南亚高山区	2020年，国审
27	伽利略燕麦	牧草生产	定西、河西走廊冷凉区、甘南亚高山区	2014年，省审
28	甘肃红豆草	牧草生产、生态修复、绿化	甘肃省海拔3000m以下、降雨量300mm以上地区和灌溉区	1990年，国审
29	甘引1号黑麦	牧草生产	甘肃省海拔2500~3000m的寒冷阴湿区	2013年，省审
30	甘农1号黑麦	牧草生产	甘南亚高山区	2019年，国审
31	甘农2号小黑麦	牧草生产	定西冷凉地区，甘南亚高山区	2018年，国审
32	岷山红三叶	生产、绿化、林草间作	甘肃岷县、和政等类似气候生态区	1988年，国审

续表

序号	品种	用途	适宜区域	备注
33	甘红1号 红三叶	生产、绿化、林草间作	甘肃陇东、天水半湿润区，定西冷凉区	2017年，国审
34	菲尔金草 地早熟禾	绿化、林草间作	甘肃陇东、天水半湿润区，定西冷凉区	1993年，国审
35	肯塔基草 地早熟禾	绿化、林草间作	甘肃陇东、天水半湿润区，定西冷凉区	1993年，国审
36	海波草 地早熟禾	绿化、林草间作	甘肃省陇东、陇中和河西走廊地区，或海拔3000m以下地区可种植草坪	2013年，省审
37	岷山猫尾草	牧草生产、林草间作	甘肃陇南、天水、临夏等地区温凉湿润气候区	1990年，国审
38	甘南垂穗 披碱草	牧草生产、生态修复	海拔3000~4000m、降水量450~600mm的高寒阴湿区	1990年，国审
39	天祝斜茎黄芪	牧草生产、生态修复	甘肃省海拔2500~3000m的高海拔地区	2014年，省审
40	陇东达乌里 胡枝子	生态修复、绿化	甘肃陇东、天水半湿润区	2013年，国审
41	彩云多变小冠花	牧草生产、生态修复、绿化、林草间作	甘肃陇中、陇东半干旱区	2012年，国审
42	兰箭1号	牧草生产、绿肥、林草间作	青藏高原和黄土高原地区	2014年，省审
43	兰箭2号	牧草生产、绿肥、林草间作	青藏高原和黄土高原地区	2015年，国审
44	兰箭3号	牧草生产、绿肥、林草间作	青藏高原和黄土高原地区	2011年，国审
45	腾格里无芒 隐子草	生态修复、绿化	年降雨量100~200mm的干旱荒漠地区	2016年，国审
46	兰引1号草坪型狗牙根	草坪草	长江流域及其以南的温带地区	1994年，国审
47	兰引3号 结缕草	草坪草	长江流域及其以南的温带地区	1995年，国审
48	陆地中间偃麦草	绿化、生态修复、林草间作	甘肃省海拔3000m以下地区	2013年，省审
49	陇中黄花 补血草	生态修复、绿化	甘肃省≥10℃积温1300℃以上、降雨量100~350mm的地区	2018年，国审
50	甘绿1号 百脉根	生态修复、牧草生产、绿化	甘肃陇东、天水半湿润区，河西走廊灌区	2020年，国审
51	阿勒泰戈 宝白麻	生态修复、牧草生产、绿化	年降雨量130~400mm的干旱半干旱地区、荒漠戈壁、盐碱地	2020年，国审
52	阿勒泰戈 宝罗布麻	生态修复、牧草生产、绿化	年降雨量130~400mm的干旱半干旱地区、荒漠戈壁、盐碱地	2020年，国审

参考文献

[1] 阿地力，段永贵. 牧草种子净度分析技术[J]. 新疆畜牧业，2004(5)：2.

[2] 白峰青. 湖泊生态系统退化机理及修复理论与技术研究[D]. 西安：长安大学，2004.

[3] 本刊编辑部. 2017年甘肃"三农"十大关键词[J]. 甘肃农业，2018(01)：6-16.

[4] 蔡晓锋，葛晨辉，王小丽，等. 中国菠菜育种技术研究现状及展望[J]. 江苏农业学报，2019(04)：996-1005.

[5] 曾亮，陈本建，李春杰. 甘肃省牧草种业发展现状及前景分析[J]. 草业科学，2006(11)：61-65.

[6] 柴永青，曹致中. 草地农业生态系统4个生产层理论对肃北县畜牧业可持续发展的指导[J]. 草业科学，2010(04)：160-164.

[7] 朝鲁孟，其其格，张春明. 草产品加工展望[J]. 内蒙古草业，2005(4)：38-39.

[8] 陈宝书. 牧草饲料作物栽培学[M]. 北京：中国农业出版社，2001.

[9] 陈谷. 科学利用乡土草种的原理与技术[J]. 中国畜牧业，2021 (08)：45-47.

[10] 陈海军，蔡学斌. 牧草种子加工特性研究[J]. 中国种业，2007(03)：23-24.

[11] 陈叔平，陈贞，崔聪淑，等. 作物种质资源的长期保存[J]. 种子科技，1992(05)：24-25.

[12] 程苹，卢凡，张鹏，等. 中国生物种质资源保护和共享利用的现状与发展思考[J]. 中国科技资源导刊，2018(05)：64-68.

[13] 翟桂山. 将牧草调制成草产品的加工及贮藏技术[J]. 当代畜牧，2002(1)：31-33.

[14] 董宽虎，沈益新. 饲草生产学[M]. 北京：中国农业出版社，2003.

[15] 杜青林. 中国草业可持续发展战略[M]. 北京:中国农业出版社,2006.

[16] 杜笑村,仁青扎西,白史且,等. 牧草种质资源综合评价方法概述[J]. 草业与畜牧,2010(11):8-10.

[17] 杜昕帅. 管理方式和收获时间对海北高寒草甸主要草种子产量与质量的影响[D]. 兰州:兰州大学, 2021.

[18] 高雅,林慧龙. 草业经济在国民经济中的地位、现状及其发展建议[J]. 草业学报,2015(01):141-157.

[19] 葛怀贵. 甘肃中西部干旱半干旱地区草原管理问题研究[J]. 中国畜牧兽医文摘,2016(03):13.

[20] 顾慧. 华东地区外来引种陆生植物入侵风险评估体系的构建[D]. 南京:南京林业大学,2014.

[21] 韩锋,牧草种子采购和使用前的质量检验方法[J]. 养殖技术顾问,2005(04):20-21.

[22] 贺金生, 卜海燕, 胡小文, 等. 退化高寒草地的近自然恢复:理论基础与技术途径[J]. 科学通报, 2020(34): 3898-3908.

[23]贺金生, 刘志鹏, 姚拓, 等. 青藏高原退化草地恢复的制约因子及修复技术[J]. 科技导报, 2020(17): 66-80.

[24] 胡朝华. 牧草种子检验的重要性[J]. 草业科技,2002,11(29):40-41.

[25] 胡光. 澳大利亚、新西兰种草养畜的特点及启示[J]. 中共乐山市委党校学报,2001(02):40-41.

[26] 黄春琼,刘国道,白昌军. 热带牧草种质资源收集、保存与创新利用研究进展[J]. 草地学报,2015(04):672-678.

[27] 冷文彬. 种子包衣机[J]. 草地学报,2021.

[28] 李慧,田松. 浅析人工草地建植与山羊放牧管理[J]. 农民致富之友,2014(12):249.

[29] 李凌. 园林植物遗传育种[M]. 重庆:重庆大学出版社,2016.

[30] 李新文. 草业经济管理[M]. 北京:中国农业出版社,2010.

[31] 李雄,孙鏖. 优质牧草高产栽培与加工贮藏技术[M]. 长沙:湖南科学技术出版社,2013.

[32] 李雪,赵方媛,马文馨,等. 小黑麦花药培养效果研讨[J]. 分子植物育种,2019(01):201-209.

[33] 刘海生. 种子清选加工原理与主要设备工作原理[J]. 现代农业科技，2008(15)：2.

[34] 刘洪军. 牧草种子的生产、收获及贮藏方法[J]. 养殖技术顾问，2011(7)：1.

[35] 刘荣. 内蒙古鄂尔多斯市牧草种子生产及管理[J]. 畜牧与饲料科学，2013，34(Z1)：64-67

[36] 刘旭. 农作物种质资源基本描述规范和术语[M]. 北京：中国农业出版社，2008.

[37] 刘亚钊，王明利，杨春，等. 中国牧草种子国际贸易格局研究及启示[J]. 草业科学，2012，(07)：1176-1181.

[38] 路长喜，周素梅，王岸娜. 燕麦的营养与加工[J]. 粮油加工，2008(1)：89-92.

[39] 南志标，王锁民，王彦荣，等. 中国北方草地6种乡土植物抗逆机理与应用[J]. 科学通报，2016(02)：239-249.

[40] 宁晨东，周利军，齐实，等. 京津风沙源区草地生态修复技术评价[J]. 西北农林科技大学学报(自然科学版)，2022，50(01)：126-136.

[41] 秦福明. 加快农业结构调整，推进甘肃草产业发展[J]. 草业科学，2003(09)：38-40.

[42] 任继周. 草地农业生态学[M]. 北京：中国农业出版社，1995.

[43] 任继周. 放牧，草原生态系统存在的基本方式兼论放牧的转型[J]. 自然资源学报，2012，27(08)：1259-1275.

[44] 尚小红，曹升，肖亮，等. 广西葛种质资源调查与收集[J]. 植物遗传资源学报，2020(05)：1301-1307.

[45] 师尚礼，曹致中. 论甘肃建成中国重要草类种子生产基地的可能与前景[J]. 草原与草坪，2018(02)：1-6.

[46] 师文贵，李志勇，李鸿雁，等. 国家多年生牧草种质圃资源收集、保存及利用[J]. 植物遗传资源学报，2009(03)：471-474.

[47] 石自忠，王明利. 基于因子分析法的草业生产优势区域研究[J]. 中国农业资源与区划，2014(02)：95-101.

[48] 孙鸿烈. 中国资源科学百科全书[M]. 青岛：中国石油大学出版社，中国大百科全书出版社，2000.

[49] 汪玺. 草产品加工技术[M]. 北京：金盾出版社，2002.

[50] 王加亭. 中国牧草种子生产情况[J]. 中国畜牧业，2013(14)：38-39.

[51] 王君芳. 内蒙古草原区典型露天矿生态修复植被和土壤特征研究[D]. 呼和浩

特：内蒙古农业大学，2020.

[52] 王力．中国农地规模经营问题研究[D]. 重庆：西南大学，2012.

[53] 王铁梅，张静妮，卢欣石．中国牧草种质资源发展策略[J]. 中国草地学报，2007（03）：104–108.

[54] 王伟．不同修复方式下希拉穆仁荒漠草原生态修复效果研究[D]. 呼和浩特：内蒙古农业大学，2021.

[55] 王晓斌．引进马铃薯种质资源的综合评价[D]. 兰州：甘肃农业大学，2017.

[56] 王雪萌，张涵，宋瑞，等．中美牧草种子生产比较[J]. 草地学报，2021，29（10）：2115–2125.

[57] 王志锋，徐安凯．吉林省牧草种质资源的研究与利用[J]. 草业与畜牧，2010（02）：29–32.

[58] 魏翔，刘诗吟，韩天虎．以草原生态之绿色根基推动乡村振兴[J]. 甘肃农业，2021（02）：5–12.

[59] 温芳能．牧草深加工技术[J]. 中国农业通讯，2005（13）：66–67.

[60] 文彬．植物种质资源超低温保存概述[J]. 植物分类与资源学报，2011（03）：311–329.

[61]武保国．中华人民共和国国家标准牧草种子包装、贮藏、运输[J]. 中国草地，1988（06）：10–13.

[62] 武志杰．内蒙古乌拉特中旗草原退化原因与修复途径研究[D]. 北京：中国农业科学院，2007.

[63] 徐建飞，金黎平．马铃薯遗传育种研究：现状与展望[J]. 北京：中国农业科学，2017（06）：990–1015.

[64] 徐柱．面向21世纪的中国草地资源[J]. 畜牧兽医科技信息，1998（22）：2–3.

[65] 徐柱．中国牧草手册[M]. 北京：化学工业出版社，2004.

[66] 杨国宝，柴龙春，刘天国．牧草种子加工成套工艺流程及相关注意事项[J]. 中国种业，2016（8）：2.

[67] 杨虎．20世纪中国玉米种业发展研究[D]. 南京：南京农业大学，2011.

[68] 杨青川，孙彦．中国苜蓿育种的历史、现状与发展趋势[J]. 中国草地学报，2011（06）：95–101.

[69] 杨雪．草原生态修复治理现状及措施[J]. 畜牧兽医科学（电子版），2021（03）：136–137.

[70] 尹俊,孙振中,魏巧,等. 云南牧草种质资源研究现状及前景[J]. 草业科学,2008(10):88-94.

[71] 游明鸿,卞志高,仁青扎西,等. 牧草种子加工技术规程[J]. 草业与畜牧,2009(02):61-62.

[72] 余作岳,彭少麟.热带亚热带退化生态系统植被恢复生态学研究[M].广州:广东科技出版社, 1996(06):12-33.

[73] 玉柱. 牧草饲料加工与贮藏[M].北京:中国农业大学出版社,2010.

[74] 云锦凤. 牧草及饲料作物育种学[M]. 北京:中国农业出版社,2001.

[75] 张强,陈丽华,王润元,等. 气候变化与西北地区粮食和食品安全[J]. 干旱气象,2012(04):509-513.

[76] 张榕,李德明,耿小丽,等. 甘肃省草种质资源创新利用评价[J]. 草学,2019(05):77-80.

[77] 张涛,胡跃高,崔宗均,等.草产品及其加工工艺[J].饲料博览,2004(11):28-29.

[78] 张智山,王晓斌,杨富裕,等.中国草产品加工业发展概况[J].中国草地学报,2005(5):77-80.

[79] 赵馨馨,杨春. 中国牧草种子生产分析及对策[J]. 农业展望,2020,16(03):56-61.

[80] 赵英杰,王佳佳. 美丽中国视域下草原生态安全保护立法探析[J]. 大庆师范学院学报,2021(05):46-54.

[81] 中国科学院中国植物委员会. 中国植物志·第六卷(第二分册)[M]. 北京:科学出版社,2000.

[82] 中国饲用植物志编辑委员会. 中国饲用植物志·第六卷[M]. 北京:中国农业出版社,1989.

[83] 朱桂才, 席嘉宾, 李兴祥. 国内水土保持型草本植物的研究与应用现状[J]. 四川草原, 2006(06):36-39.

[84] 邵青还. 第二次林业革命——“接近自然的林业”在中欧兴起[J]. 世界林业研究, 1991(4): 8-15.

[85] 周华坤, 姚步青, 于龙, 等. 三江源区高寒草地退化演替与生态恢复[J]. 北京: 科学出版社, 2016.

[86] 贺金生,卜海燕,胡小文,等.退化高寒草地的近自然恢复:理论基础与技术途径[J].科学通报,2020,65(34):3898-3908.